MATHEMATIK NEUE WEGE 9

ARBEITSBUCH FÜR GYMNASIEN

LÖSUNGEN RHEINLAND-PFALZ

Herausgegeben von

Henning Körner

Arno Lergenmüller

Günter Schmidt

Martin Zacharias

Schroedel
westermann

MATHEMATIK NEUE WEGE 9
Arbeitsbuch für Gymnasien
Rheinland-Pfalz

Lösungen

Herausgegeben und bearbeitet von

Armin Baeger, Miriam Dolić, Frank Förster, Aloisius Görg, Prof. Dr. Johanna Heitzer, Charlotte Jahn, Henning Körner, Arno Lergenmüller, Kerstin Peuser, Michael Rüsing, Jan Schaper, Olga Scheid, Prof. Günter Schmidt, Thomas Vogt, Laura Witowski, Martin Zacharias

Für Rheinland-Pfalz bearbeitet von: Arno Lergenmüller und Thomas Vogt

westermann GRUPPE

Druck A3 / Jahr 2018
Alle Drucke der Serie A sind im Unterricht parallel verwendbar.

Redaktion: Kira von Bülow
Grafiken: imprint, Ilona Külen, Zusmarshausen
Umschlaggestaltung: Janssen Kahlert Design & Kommunikation GmbH, Hannover
Umschlagbild: plainpicture, Hamburg (Martin Langer)

Druck und Bindung: westermann druck GmbH, Braunschweig

ISBN 978-3-507-**85785**-8

Inhalt

Vorbemerkungen

Dieses Lösungsheft richtet sich in erster Linie an die Lehrenden.

Die Lösungsskizzen gestatten einmal einen schnellen Überblick über Anspruch und Intention der vielfältigen Aufgaben, zum anderen weisen sie vor allem bei den komplexeren und offenen Aufgaben auf verschiedene Lösungswege hin, wie sie von den Lernenden individuell beschritten werden können. Zusätzlich erläutern die kurzen didaktischen Hinweise vor den Lösungen zu jedem Kapitel noch einmal die konzeptionellen Anliegen der einzelnen Kapitel.

Die Lösungen und Lösungshinweise sind andererseits aber von der Sprache und dem Umfang so gehalten, dass sie je nach der gewählten Unterrichtsform und Entscheidung der Unterrichtenden meist auch den Lernenden zur Verfügung gestellt werden können. Dies entspricht unserer Auffassung von eigentätigem und selbstständigem Lernen und dem Erwerb von Lernstrategien, die diesem Buch zugrunde liegt.

Viele Aufgaben in diesem Buch sind auf selbsttätige Aktivitäten ausgerichtet und fördern erfahrendes schüleraktives Lernen durch handelndes Entdecken von Sachzusammenhängen in Experimenten und offenen Aufgabenstellungen. Häufig werden verschiedene Lösungswege explizit herausgefordert. Insofern stellen viele der dargestellten Lösungen nur eine von vielen Möglichkeiten dar. Bei Aktivitäten, die auf Erfahrungsgewinn durch Handeln zielen, haben wir teilweise auf die Darstellung von Lösungen verzichtet und vielmehr die bei der Bearbeitung durch die Schülerinnen und Schüler aktivierten Kompetenzen und Denkprozesse für binnendifferenzierende Ansätze im Unterricht erörtert.

Zu diesem Buch

Dieses Buch verfolgt hinsichtlich Konzeption und Gestaltung den für Mathematik NEUE WEGE typischen, alternativen Ansatz eines Schulbuchs für den Mathematikunterricht am Gymnasium. Es greift schüleraktiven, problemorientierten Unterricht als Alternative zu einem traditionellen Unterrichtsgang auf und berücksichtigt in mehrfacher Hinsicht die konstruktiven Ansätze, die im Zusammenhang mit der Diskussion um die Allgemeinbildung im Mathematikunterricht und über die Ergebnisse und Folgerungen aus der PISA- und TIMS-Studie in den letzten Jahren entwickelt wurden:

1. Das Buch unterstützt eine Unterrichtskultur, in der die absolute Dominanz des Grundschemas:
   kurze Einführung → algorithmischer Kern (Kasten) → Üben
   überwunden wird zugunsten einer **Methodenvielfalt mit offenen und schüleraktiven Lernformen.**

Dies zeigt sich zunächst in der Gliederung jedes Lernabschnittes in drei Ebenen grün – weiß – grün. In der **1. grünen Ebene** werden **verschiedene treffende Zugänge zum Thema** des Lernabschnitts angeboten. Dies geschieht in Form von interessanten, aktivitäts- und denkanregenden Aufgaben, die die unterschiedlichen Interessen und Lerntypen ansprechen. Die alternativ angebotenen Aufgaben zielen auf die aktive Auseinandersetzung mit den Kerninhalten des Lernabschnitts. Sie sind schülerbezogen, situationsgebunden und handlungsauffordernd gestaltet und knüpfen an die Vorerfahrungen der Lernenden an. Sie sind weitgehend offen formuliert und regen zu unterschiedlichen Lösungsansätzen an.
Die weiße Ebene beginnt mit einer kurzen Hinleitung zum zentralen Basiswissen, das im hervorgehobenen **Kasten** festgehalten wird. Anschließend wird dieser Inhalt auf vielfältige Weise auf-

und durchgearbeitet und gefestigt (→ „intelligentes Üben"). Die **Aufgaben** hierzu sind kurz und abwechslungsreich, sie beinhalten neben dem operatorischen Durcharbeiten auch Anwendungen und Vernetzungen, selbstverständlich auch Übungen zum Ausformen von Routinen. In eigens gekennzeichneten Icons werden Möglichkeiten zur Selbstkontrolle und Tipps zum eigenständigen Lösen angeboten.

Die 2. grüne Ebene ist der **Erweiterung und Vertiefung** gewidmet. In dieser Ebene befinden sich die fakultativen Inhalte eines Lernabschnitts. Ein wesentlicher Gesichtspunkt ist dabei die Einbindung der Aufgaben in Kontexte und Anwendungen. Ein zweiter Aspekt zielt auf offenere Unterrichtsformen (Experimente, Gruppenarbeit, Projekte), ein dritter auf passende Anregungen zum Problemlösen (Knobeleien). Die Aufgaben sind auch äußerlich unter solchen Aspekten zusammengefasst. Zusätzlich finden sich hier auch lebendig und anschaulich gestaltetet Lesetexte und Informationen.

2. Den Aufgaben liegt in allen Ebenen eine Auffassung des **„intelligenten Übens"** zugrunde.

Dies richtet sich in erster Linie wider eine einseitige Ausrichtung an schematischem, schablonenhaftem Einüben von Kalkülen und nacktem Begriffswissen zugunsten eines vielfältigen Übens des Verstehens, des Könnens und des Anwendens. Intelligentes Üben bedeutet nicht, dass die Aufgaben überwiegend auf anspruchsvollere Fähigkeiten und komplexere Zusammenhänge zielen. Es sind auch hinreichend viele Aufgaben vorhanden, die einfaches Können stützen und dies auch für den Lernenden erfahrbar machen. Weitere Konstruktionsaspekte beim Aufbau der Aufgaben zum intelligenten Üben:

- Die Übungen sind nicht als vom Lernvorgang isolierte „Drillphasen" abgesetzt, vielmehr sind sie Bestandteil des Lernprozesses.
- Die Übungen sind im Umkreis von einfachen Problemen angesiedelt und durch übergeordnete Aspekte zusammengehalten. Die Probleme erwachsen aus der Interessen- und Erfahrungswelt der Schüler.
- Die Übungen ermöglichen auch häufig kleine Entdeckungen oder vergrößern das über die Mathematik hinausweisende Sachwissen. Auf diese Weise kann Üben dann mit Spaß und Freude bei der Anstrengung verbunden sein.
- Die Übungen sind häufig produktorientiert. In der Geometrie geschieht dies durch das Herstellen von Körpern oder das Zeichnen ansprechender Muster oder Figuren. In anderen Bereichen können selbst (Sach-) Aufgaben oder eigene Zahlenrätsel, Diagramme und Berichte o. ä. erstellt werden.

3. Stärkere Berücksichtigung von Aufgaben
   - für offene und kooperative Unterrichtsformen
   - mit fächerverbindenden und fächerübergreifenden Aspekten
   - zur gleichmäßigen Förderung von Jungen und Mädchen
   - mit der Möglichkeit zum Vergleich unterschiedlicher Lösungswege
   - für den konstruktiven Umgang mit Fehlern
   - für das Bewusstmachen und den Erwerb von Strategien für das eigene Lernen

4. Die Fähigkeiten zum Problemlösen werden kontinuierlich herausgefordert und trainiert.

Dies geschieht unter zwei Leitaspekten: Einmal wird in vielfältigen Anwendungssituationen der Prozess des Modellierens verdeutlicht und immer wieder mit allen Stufen eingeübt. Zum anderen werden die Strategien des Begründens und Beweisens und des kreativen Konstruierens behutsam an innermathematischen Problemstellungen entwickelt und bewusst gemacht. Für beide Aspekte werden hilfreiche Methodenkenntnisse und Strategien im übersichtlich gestalteten „Basiswissen" festgehalten.

5. Die Sprache des Buches ist einfach, griffig sowie alters- und schülerangemessen.

Das Buch unterstützt vom Kontext der Aufgaben und von der Sprache her die Entwicklung und den Ausbau von Begriffen als Prozess. Dazu dient auch die konsequente Visualisierung mit Fotos, Skizzen und Diagrammen, sowohl zur Motivation, zum Strukturieren, zum Darstellen eines Sachverhaltes als auch zum leichteren Merken von Zusammenhängen!

6. Das Buch unterstützt kumulatives Lernen, d. h. die Lernenden erfahren deutlich Zuwachs an Kompetenz.

Dies wird durch verschiedene Gestaltungselemente erreicht:
- Zunächst werden Wiederholungsaufgaben in Neuerwerbsaufgaben eingebettet.
- Zusätzlich erscheinen Wiederholungen im sogenannten **„Check - up“**. Hier gibt es übersichtliche Zusammenfassungen und zusätzliche Trainingsaufgaben, zu denen die Lösungen am Ende des Buches zu finden sind.
- Am Ende eines Kapitels befinden sich übergreifende Übungen im Abschnitt **„Sichern und Vernetzen – Vermischte Aufgaben“**, deren Lösungen im Internet unter *www.schroedel.de/NW-85779* zu finden sind. Hier werden gezielt Übungen den Aufgabenbereichen *Trainieren, Verstehen* und *Anwenden* zugeordnet, um die Fachinhalte eines Kapitels vertiefend zu behandeln und das Verstehen der jeweils dahinterliegenden mathematischen Fertigkeiten zu fördern.
- Dem Aufgreifen und Sichern von früherem Wissen und Fähigkeiten sowie zur vernetzten und binnendifferenzierenden Gestaltung von Unterricht dient ein weiteres Element, die sogenannten **„Kopfübungen“**, die häufig am Ende der weißen Ebene auftauchen. Die Kopfübungen beinhalten kleine Aufgaben zu Basiswissen und Basisfertigkeiten. Diese greifen auf vorher behandelte Begriffe, Fähigkeiten und Fertigkeiten zurück.

7. Das Buch wird eingebettet in eine integrierte Lernumgebung.

Diese Elemente sind:
- Aufforderungen und Anregungen zur **Nutzung von „elektronischen Werkzeugen“** Graphischer Taschenrechner (GTR), Tabellenkalkulation (TK) und Dynamischer Geometriesoftware (DGS) und des Internets in vielen Aufgaben und Projekten des Buches.
- Ausführliche Kommentare und Anregungen zur Vermittlung wesentlicher Kompetenzen und Basisfähigkeiten in **didaktischen Kommentaren** zu den einzelnen Kapiteln des Buches im Lösungsheft und in digitale Begleitmaterialien.
- Zusätzliche **Übungsmaterialien** in Kopiervorlagen (Doppelbände für die Jahrgangsstufen 5/6, 7/8 und 9/10). Diese unterstützen und erweitern insbesondere die im Lehrwerk bereits konsequent berücksichtigten Anliegen des Aufbaus grundlegender mathematischer Basisfähigkeiten und des kontinuierlichen Sicherns des dazu gehörigen Basiswissens. Sie bieten damit eine weitere effektive Hilfe für die Realisierung des kumulativen Lernens.

Auf das Buch abgestimmte
- **e-learning-Materialien**, mit denen einmal das selbstregulierte individuelle Lernen (Adaption an das Lernerprofil) gestützt wird und zum anderen interaktive Zugänge zu Themenfeldern zum explorativen Lernen angeboten werden.

Bemerkungen zu den Inhalten von Band 9

Die Inhalte decken den Kernlehrplan Mathematik für das Gymnasium, Sekundarstufe I, voll ab.

Im Kapitel **1** *Systeme linearer Gleichungen* werden die erworbenen Kenntnisse über lineare Funktionen sowohl zur Veranschaulichung der algebraischen Verfahren als auch zu eigenen grafischen Lösungsverfahren genutzt, dabei werden die verschiedenen Verfahren für *Lineare Gleichungen und Gleichungssysteme* nicht isoliert betrachtet. Sowohl in einem eigenen Abschnitt *Anwendungen – Modellieren mit linearen Gleichungssystemen* als auch im Zusammenhang mit *Linearen Ungleichungen und linearem Optimieren* wird wiederum das Modellieren thematisiert und trainiert.

Im Kapitel **2** *Ähnlichkeit* wird der Zugang über die zentrische Streckung gewählt. Ein eigener Lernabschnitt ist dem Verhältnis von Flächen und Volumina bei ähnlichen Figuren gewidmet, insbesondere werden die Anwendungen in Natur und Technik herausgestellt.
Die daraus abgeleiteten Strahlensätze werden vielfältig zur „Bestimmung unzugänglicher Strecken" genutzt; damit findet die im Zusammenhang mit den Kongruenzsätzen bereits ausführlich behandelte Anwendung des Messens im Gelände ihre Fortsetzung, nun mit zusätzlichen Berechnungsmöglichkeiten.

Im Kapitel **3** *„Reelle Zahlen"* wird der Begriff der Wurzel über die Umkehroperation zum Quadrieren eingeführt und somit der Weg *„Von den rationalen zu den irrationalen Zahlen"* beschritten. Die Bestimmung von Wurzeln erfolgt vielfältig mit einfachen Schätzverfahren, mit dem Taschenrechner, in geometrischen Zusammenhängen. Aus den beim Rechnen erfahrenen Problemen mit den Näherungswerten wird dann schließlich die notwendige Zahlbereichserweiterung mit den irrationalen Zahlen thematisiert, hier sowohl mit geschichtlichen Bezügen als auch mit der Weiterentwicklung von Beweisverfahren (indirekter Beweis). Ein eigener Lernabschnitt ist verschiedenen *„Näherungsverfahren und Beweisen"* zur Wurzelbestimmung gewidmet. Dabei wird das Thema Iterationen aufgegriffen und weitergeführt. Ein letzter Lernabschnitt ist dem algebraischen *„Rechnen mit Wurzeln"* gewidmet.

Das Kapitel **4** *Quadratische Funktionen und Gleichungen* folgt in seinem Aufbau der Konzeption aus dem Kapitel *Lineare Funktionen* in Band 8. In einem ersten Lernabschnitt werden vielfältige Situationen und Phänomene aus Realsituationen und innermathematischen Zusammenhängen gezeigt, in denen quadratische Zusammenhänge auftreten. **4.2** und **4.3** haben einen innermathematischen Schwerpunkt. Es werden innermathematische Klassifikationen (Verschiebungen, Streckungen) und Lösungsverfahren für quadratische Gleichungen behandelt. In **4.4** steht Modellieren und Problemlösen im Mittelpunkt.

Im Kapitel **5** *Modelle, Wurzeln, Geometrie und Parabeln* steht zunächst im ersten Lernabschnitt wiederum das Modellieren im Vordergrund, hier spielt der grafische Taschenrechner bzw. Computer (Tabellenkalkulation) als geeignetes Werkzeug eine wichtige Rolle.
Die weiteren Lernabschnitte wirken der oft beklagten Verengung des Begriffs Parabel auf den Graphen quadratischer Funktionen entgegen. Parabeläste tauchen hier in einem ersten Lernabschnitt als Graphen von Wurzelfunktionen auf. Wurzelgleichungen werden in engem Zusammenhang mit den Graphen behandelt. Im Lernabschnitt *Geometrie der Parabel* wird die Parabel als geometrische Ortslinie herausgestellt; dabei werden verschiedene Konstruktionsmöglichkeiten und auch „praktische Erzeugungen" (einschließlich des Kegelschnittes) vorgestellt.

Im Zentrum des Kapitel **6** *Satz des Pythagoras* stehen die vielfältigen geometrischen, algebraischen und zahlentheoretischen Aspekte rund um den Satz des Pythagoras. Der Satz und die Umkehrung werden von Anfang an zusammen gesehen; die angesprochenen Phänomene weisen auch viele geschichtliche Bezüge auf. Der Lernabschnitt *Begründen und Variieren des Satzes des Pythagoras* bietet reichhaltige Gelegenheiten zum eigenständigen Fragen, Entdecken und Beweisen. Ein abschließender Lernabschnitt ist den Strategien zum *Probleme lösen mit dem Satz des Pythagoras* gewidmet, hier werden zudem viele Bezüge zu anderen Bereichen der Mathematik hergestellt.

Im Mittelpunkt der ersten beiden Lernabschnitte des Kapitel **7** *Statistik und Wahrscheinlichkeitsrechnung* steht die Darstellung unübersichtlicher Situationen mithilfe von Vierfeldertafeln und Baumdiagrammen. Damit wird ein wichtiges Instrument zur Verfügung gestellt, um Daten darzustellen und auszuwerten. Dabei erweist sich die Verwendung von absoluten Zahlen statt dem zu frühen Übergang zu Anteilen als verständnisfördernd. Auf eine Systematisierung im Sinne der Bayes'schen Regel wird ganz verzichtet.
Der dritte Lernabschnitt setzt die bereits in Band 5, Band 6 und Band 8 begonnene Auseinandersetzung mit grafischen Darstellungen fort, wobei verstärkt die kritische Analyse von Grafiken in den Blickpunkt rückt.

Kapitel 1
Systeme linearer Gleichungen

Didaktische Hinweise

Dieses Kapitel baut sowohl auf Kapitel 5 (Gleichungen und Terme) in Band 7 als auch auf die Kapitel 1 (Sprache der Algebra) und insbesondere Kapitel 4 (Lineare Funktionen) in Band 8 auf.

In Abschnitt **1.1** wird für das Lösen von zwei Gleichungen mit zwei Variablen zunächst der Zusammenhang zwischen dem Probierverfahren mittels einer Tabelle, dem grafischen Lösen mit linearen Funktionen sowie dem rechnerischen (algebraischen) Lösen hergestellt. Für das rechnerische Lösen eines Systems linearer Gleichungen wird in diesem Abschnitt das Gleichsetzungsverfahren in zahlreichen Aufgabensituationen geschult. Da das Aufstellen eines Gleichungssystems eine zentrale Rolle spielt, werden verschiedene Hilfestellungen gegeben.

Die Lösbarkeit von Gleichungssystemen wird mithilfe der zeichnerischen Lösung frühzeitig thematisiert und rechnerisch unterstützt.

Der Lernabschnitt **1.2** befasst sich mit weiteren Lösungsmethoden. Einsetzungsverfahren und Additionsverfahren werden erarbeitet und angewendet. Dabei werden die Verfahren nicht isoliert betrachtet, vielmehr wird die Frage „Wann wendet man welches Verfahren an?" für geschicktes Lösen genutzt. Durch die Erfahrung der Stärke der einzelnen Verfahren in bestimmten Situationen, aber auch deren Schwächen, wird erlebbar, wieso es sinnvoll ist, für ein Problem verschiedene Lösungsverfahren zu haben.

In diesem Abschnitt werden auch 3×3-Systeme angesprochen, und der Gauß-Algorithmus wird vorgestellt. Dieser entfaltet jedoch seine Kraft erst an größeren als an 2×2-Systemen. Da diese hier aber nur eine untergeordnete Rolle spielen, wird auch der Gauß-Algorithmus nicht so intensiv angesprochen, als dass der „automatisiert" würde. So bleibt auch dessen Darstellung in Matrizenform späteren Klassen vorbehalten.

Im Abschnitt **1.3** steht das Modellieren, als Problemlösen in komplexeren Aufgabensituationen, im Vordergrund. Vom Problem, das in mathematische Sprache übersetzt wird, wird in einer 5-Schritt-Methode eine geeignete Lösungsstrategie als Basiswissen angeboten:
1. Problem erfassen
2. Gleichungssystem aufstellen
3. Gleichungssystem lösen
4. Problemprobe
5. Lösung des Problems

Als besondere Aufgaben werden Wind- und Strömungsaufgaben sowie Aufgaben aus der Wirtschaft berücksichtigt. Abschließend fordern etwas umfänglichere Aufgaben die Fertigkeiten der Schülerinnen und Schüler heraus. Deren Komplexität liegt zum einen in der Analyse der Situation, die es zu mathematisieren gilt, aber auch in der Art der weiteren Bearbeitung und Auswertung. Daher eignen sich diese Aufgaben gut für die gemeinsame Bearbeitung im Unterricht, da zwar die benötigten Hilfsmittel verfügbar sein sollten, die Mathematisierung in der Lerngruppe jedoch besser gelingt als in Einzelarbeit.

Als besonders wirkungsvoll hat sich das Gruppieren von Aufgaben in bestimmten charakteristischen Klassen von Problemen (Altersrätsel, Münzenrätsel, Rätsel mit Zahlen und Ziffern) erwiesen. Mischungsaufgaben runden diesen Abschnitt ab. Durch Erkennen des Typs von Aufgaben (das ist ja wie bei ...) können frühere Erfahrungen fruchtbar gemacht und so der subjektive Schwierigkeitsgrad gesenkt werden. Da die Schülerinnen und Schüler die Aufgaben zunehmend eigenverantwortlich und eigenständig bearbeiten können, wird auch der Zuwachs an eigener Kompetenz erfahrbar.

Systeme von linearen Ungleichungen werden im Lernabschnitt **1.4** behandelt. Sie eignen sich in hervorragendem Maße dazu, sowohl Alltagssituationen zu mathematisieren (zumeist sprechen wir ja auch von „mindestens“, „höchstens“, „mehr als“ usw., was typisch für Ungleichungen ist), als auch „Koordinatengeometrie" (Beschreibung von Gebieten in der Koordinatenebene durch Systeme von Ungleichungen) zu betreiben. Die Lösungen von Ungleichungssystemen unterscheiden sich von denen der linearen Gleichungssysteme. Eine genauere Untersuchung der verschiedenen Lösungsmengen oder „Lösungsgebiete“, die bei Ungleichungssystemen auftreten können, ist ein interessanter „Forschungsauftrag“. In aller Regel haben Schülerinnen und Schüler viel Freude daran, wie eine Art Detektiv, die jeweiligen Planungsvielecke zu identifizieren. Daher sollte auch die Verwendung des GTR in der ersten Phase keine und später eher eine untergeordnete Rolle spielen. Das eigene Zeichnen ist zudem eine schöne Wiederholung vieler Fertigkeiten, die im Zusammenhang mit linearen Funktionen erworben wurden.

Den Abschluss dieses Lernabschnitts bildet ein kurzer Ausflug in das außerordentlich interessante und anwendungsrelevante „Lineare Optimieren“. Das Mathematisieren wird vertieft, erworbene Kenntnisse (lineare Funktionen, Ungleichungssysteme, Planungsvieleck, Zielfunktion usw.) werden im Sinne des kumulativen Lernens zusammengeführt und beim Lösen von Problemen, die zunächst komplex und unüberschaubar sind, fruchtbar gemacht.

Lösungen

1.1 Lineare Gleichungen und Gleichungssysteme

10 **1** *Zwei Zahlenrätsel*

a) Das gelbe Zahlenrätsel kann man leichter lösen, da hier nur eine Variable auftaucht.

b) Bei $2x + 3y = 18$ tauchen zwei Variablen wie beschrieben auf.
$(3|4)$; $(-6|10)$; $\left(\frac{3}{4}\middle|\frac{11}{2}\right)$ lösen die Gleichung.

c)

x	−1	0	1	2	3	4
y	$\frac{20}{3}$	6	$\frac{16}{3}$	$\frac{14}{3}$	4	$\frac{10}{3}$

Steigt x um 1, so sinkt y um $\frac{2}{3}$

d) $y = -\frac{2}{3}x + 6$

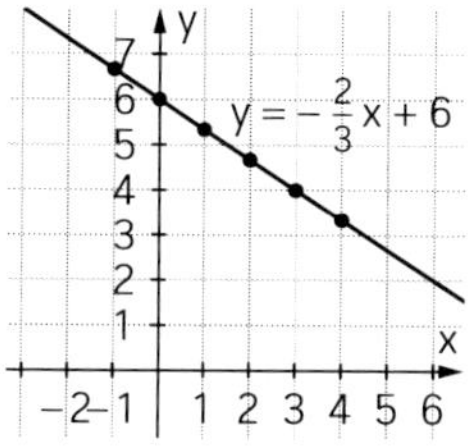

2 *Postkartenkauf*

a) Ja, es kann stimmen. Dennoch gibt es noch mehr Möglichkeiten, solange eine gerade Zahl an großen Postkarten gekauft wird und der Rest mit kleinen Karten bis zu 30 € Gesamtbetrag aufgefüllt wird.

b) Nein, da der entstehende Betrag von 10,50 € nicht mit kleinen Karten zu 1 € auf 30 € Gesamtbetrag angehoben werden kann. Es verbleibt immer ein Betrag von x,50 €.

c) x steht für die Anzahl an großen Karten zu je 1,50 € und y für die Anzahl von kleinen Karten zu je 1 €.

11 **3** *Gleichungssystem*

a) (1) $0 + 4 = 4$; $1 + 3 = 4$; A und B gehören zur Gleichung 1
(2) $1 - (-1) = 2$; $4 - 2 = 2$; C und D gehören zur Gleichung 2
Die jeweiligen x- und y-Koordinaten werden in die Gleichung eingesetzt und es wird darauf geachtet, ob das jeweilige Ergebnis erhalten wird.

b) Es ist der Schnittpunkt der beiden Geraden, die sich aus den Gleichungen ergeben. Er erfüllt also beide Gleichungen.

c) $y = -x + 4$; $y = x - 2$. Der Schnittpunkt wird wie oben angegeben berechnet und durch Gleichsetzen der Gleichungen ergibt sich $(3|1)$.

12 **4** *Stimmt die Lösung?*

a) F, E sind Lösungen der linearen Gleichung.

b) L, D sind Lösungen der Gleichung.

c) M, A sind Lösungen der Gleichung.

d) U, S sind Lösungen der Gleichung.

(Feldmaus)

12 **5** *Lösungsmenge tabellarisch und als Graph*

a) $6x + 4y = 20$

x	−1	0	1	2	3
y	6,5	5	3,5	2	0,5

b) $3x - 5y = 10$

x	−1	0	1	2	3
y	−2,6	−2	−1,4	−0,8	−0,2

c) $-x + 2y = 12$

x	−1	0	1	2	3
y	5,5	6	6,5	7	7,5

d) $-2x - y = 6$

x	−1	0	1	2	3
y	−4	−6	−8	−10	−12

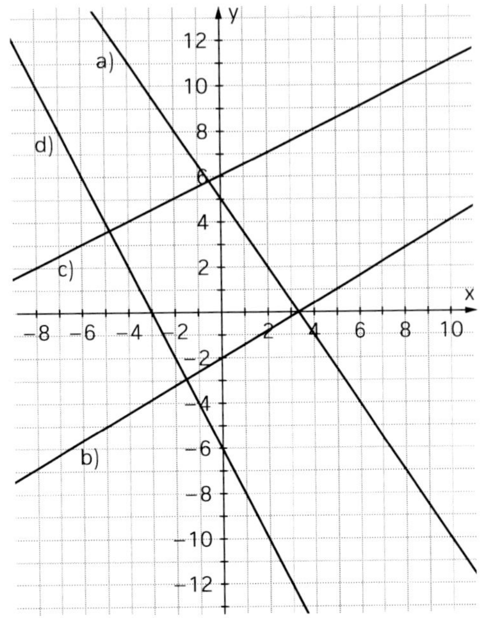

6 *Lineare Gleichung – lineare Funktion*

a) $4x + y = -4 \Rightarrow y = -4x - 4$

b) $x + 3y = 12 \Rightarrow y = -\frac{1}{3}x + 4$

c) $-x + 2y = 5 \Rightarrow y = \frac{1}{2}x + 2{,}5$

d) $5x - 8y = 16 \Rightarrow y = \frac{5}{8}x - 2$

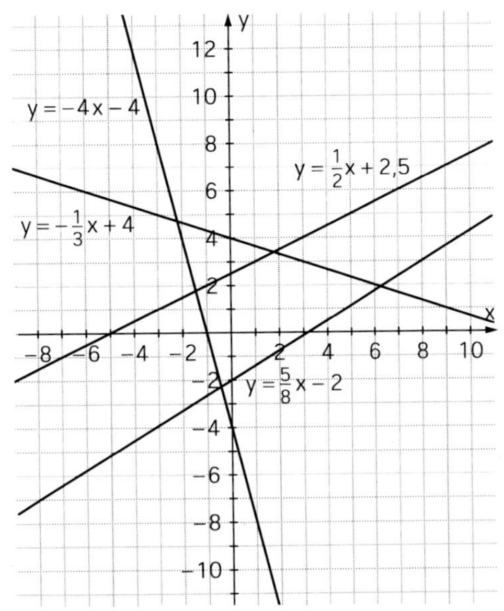

7 *Wer passt zu wem?*

Man formt die Gleichungen zu Rechenvorschriften um:

a) $y = -2x + 3$ Gerade (1)

b) $y = x - 2$ Gerade (3)

c) $y = \frac{1}{2}x$ Gerade (2)

d) $y = -2x + 3$ Gerade (1)

e) $y = -2x + 3$ Gerade (1)

f) $y = x - 2$ Gerade (3)

g) $y = x - 2$ Gerade (3)

h) $y = 3 - 2x$ Gerade (1)

13 **8** *Kinobesuch*

a) Wäre Peter keinmal oder einmal im Cinestar gewesen, hätte er 33 € bzw. 26 € für Eintritte im Capitol ausgegeben. Beide Beträge sind nicht durch 6 teilbar; also ist Peter mehr als einmal im Cinestar gewesen.

b) x = Anzahl der Besuche im Cinestar, y = Anzahl der Besuche im Capitol
$7x + 6y = 33$
Einzige Lösung mit natürlichen Zahlen: $x = 3,\ y = 2$
Peter war dreimal im Cinestar und zweimal im Capitol.

9 *Eine seltsame Gleichung*

a) In der Gleichung kommt eine der Variablen im Quadrat vor; an der Tabelle erkennt man, dass y nicht mit wachsendem x linear wächst; im Diagramm sieht man, dass der Graph keine Gerade ist.

b) (2) ist von der Form $ax + by = c$ und somit eine lineare Gleichung. (3) kann man zu einer linearen Gleichung umformen, sie ist allerdings in $x = 0$ nicht definiert.

10 *Lineare Gleichung – lineare Funktion*

a) $y = \left(-\frac{a}{b}\right)x + \left(\frac{c}{b}\right)$, wobei man für alle $b \neq 0$ eine klassische lineare Funktion mit $y = mx + b$ erhält.

b) Für $b = 0$ ergibt sich $ax = c$, also eine Parallele zur y-Achse bei $x = \frac{c}{a}$.

c) Dann muss $c = 0$ sein und alle Punkte $(x|y)$ erfüllen die Gleichung.

11 *Gemeinsame Lösung zweier linearer Gleichungen grafisch bestimmen*

a) $y = x - 3$; $(0|-3)$; $(1|-2)$; $(5|2)$
$-3 = 0 - 3$ stimmt; $-2 = 1 - 3$ stimmt; $2 = 5 - 3$ stimmt
$y = 5 - 3x$; $(0|5)$; $(1|2)$; $(2|-1)$
$5 = -3 \cdot 0$ stimmt; $2 = 5 - 3 \cdot 1$ stimmt; $-1 = 5 - 3 \cdot 2$ stimmt

b) Der Schnittpunkt liegt bei $(2|-1)$.
$y = 5 - 3x$: $-1 = 5 - 3 \cdot 2 \Rightarrow$ löst die Gleichung
$y = x - 3$: $-1 = 2 - 3 \Rightarrow$ löst die Gleichung

c) Auf diese Weise wird die x-Koordinate des gemeinsamen Schnittpunktes errechnet:
$x - 3 = 5 - 3x \Rightarrow x = 2$

12 *Wie gut sind Näherungslösungen?*

a) $4x + 3y = 6 \Rightarrow y = \left(-\frac{4}{3}\right)x + 2$
$2y = x + 2 \Rightarrow y = 0{,}5x + 1$

b) Schüleraktivität.

c) Schüleraktivität.

Der exakte Schnittpunkt liegt bei $\left(\frac{6}{11}\middle|\frac{14}{11}\right)$.

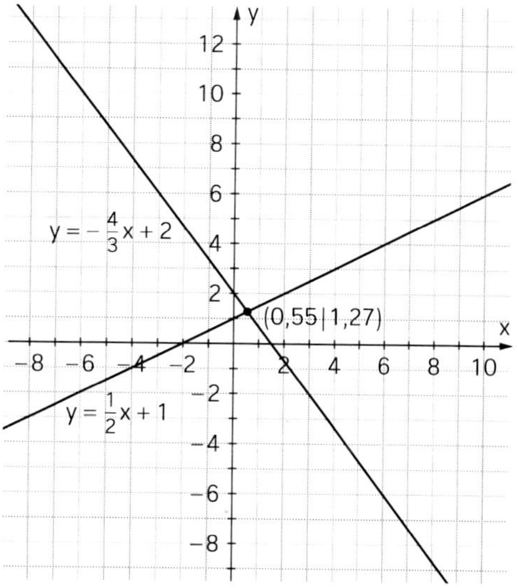

14 **13** *Lösung von zwei Gleichungen gesucht*

a) Die Gleichungen passen zum linken Diagramm.
Lösung der beiden Gleichungen entspricht dem Schnittpunkt, aus Diagramm abgelesen: (3|2).

b) Die Gleichungen passen zum rechten Diagramm.
Es gibt keinen Schnittpunkt, da die Geraden parallel verlaufen. Es gibt also keine Lösung.

15 **14** *Lösungen prüfen*

a) keine Lösung b) keine Lösung c) (2|−1) ist Lösung d) (5|4) ist Lösung

16 **15** *Training*

a) (7|4) b) (−1,5|4) c) (−4|14) d) $\left(\frac{29}{16}\middle|\frac{17}{16}\right)$

16 *Grafisch lösen. Mache die Probe.*

a) (3|2)

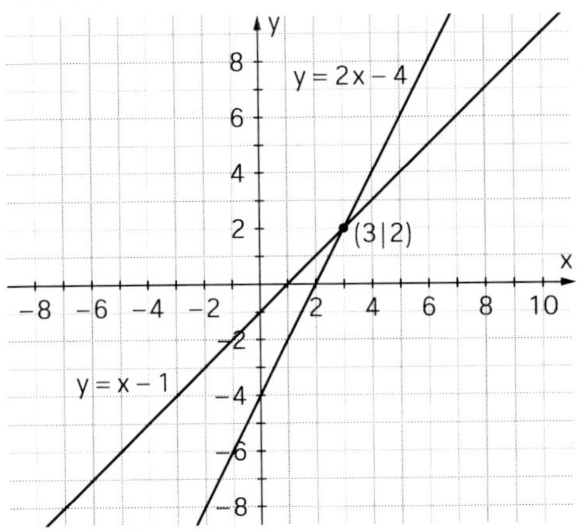

b) (2|−1)

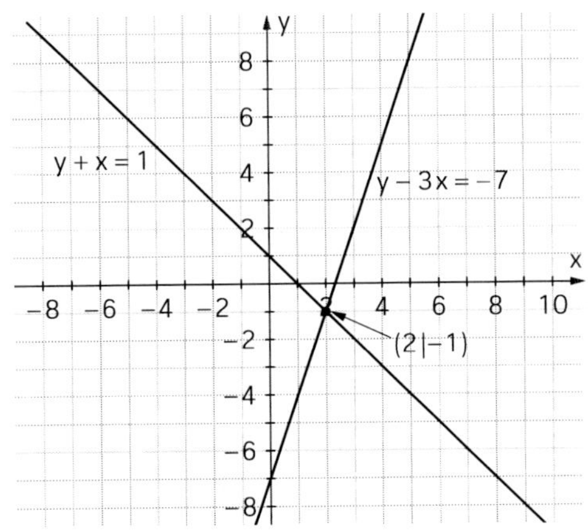

c) (20|24)

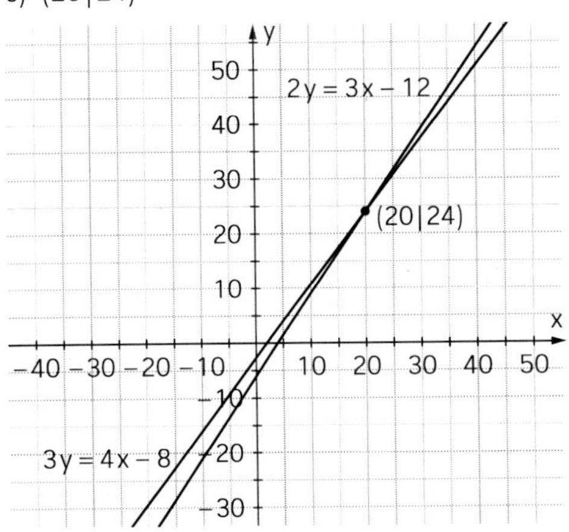

d) keine Lösung

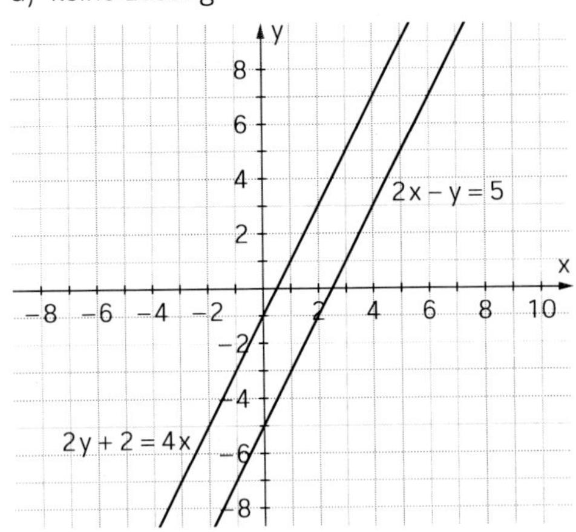

16

17 *Unterschiedliche Wege führen zum Ziel*

- Grafische Lösung, aus der der Schnittpunkt und somit die Lösung der Gleichungssysteme ermittelt wird,
- Tabellarisch durch Entdecken von gemeinsamen Punkten in der Tabelle,
- Gleichsetzungsverfahren

18 *Welche zweistellige Zahl ist gemeint?*

Man kann die Bedingungen in diesen Gleichungen festhalten:

$x + y = 9$

$10x + y + 9 = 10y + x$

Wobei x die erste und y die zweite Ziffer ist. Die Lösung dieses Gleichungssystem ist $x = 4$ und $y = 5$, die gesuchte Zahl lautet 45.

19 *Pralinenmischung*

x ist der Mengenanteil der Sorte für 7 € (in 100 g), y ist der Mengenanteil der Sorte für 5 € (in 100 g):

$5{,}50 = 7x + 5y$

$x + y = 1$, da beide Mengenanteile 1 ergeben sollen.

$y = 0{,}75$; $x = 0{,}25$, somit besteht die Mischung aus 25 % der teureren Sorte und aus 75 % der billigeren Sorte (25 g und 75 g). Für 10 kg dieser Mischung müssen somit $100 \cdot 25\,g$ und $100 \cdot 75\,g$, also 2,5 kg und 7,5 kg verarbeitet werden.

20 *„Sagenhaft"*

Anzahl der Griechen: x; Anzahl der Zentauren: y

$x + y = 420$

$2x + 4y = 1\,040$

$\Rightarrow x = 320$; $y = 100$; es kämpften 320 Griechen gegen 100 Zentauren.

21 *Schulkonzert*

a) Erwachsenenkarten: x; Schülerkarten: y

$x + y = 400$

$4x + 1{,}5y = 1\,037{,}50$

$\Rightarrow x = 175$; $y = 225$; 175 Erwachsene und 225 Schüler kamen zum Konzert.

b) Die 175 Erwachsenen müssten noch zusätzlich 462,50 € zahlen; das sind rund 2,65 € pro Person. Die Karten müssten also 6,65 € kosten.

22 *„Richtig schwer"*

Gewicht von Kräftig: x; Gewicht von Lang: y

$2x + y = 361 \Rightarrow x + 2y = 362$

$\Rightarrow x = 120$; $y = 121$; Hans Kräftig wiegt 120 Pfund, Klaus Lang 121 Pfund.

17 23 *Erforsche und klassifiziere Gleichungssysteme*

a) Zwei sich schneidende Geraden; das Gleichungssystem hat genau eine Lösung.

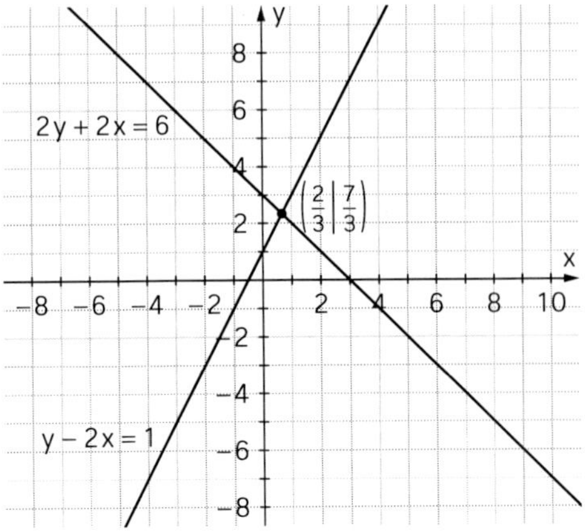

b) Zwei identische Geraden; das Gleichungssystem hat unendlich viele Lösungen.

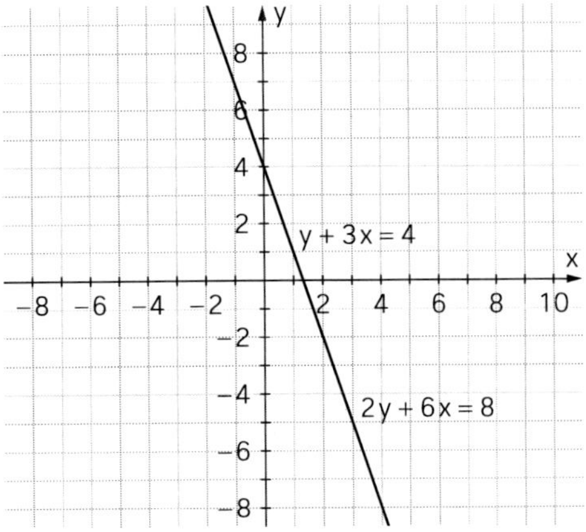

c) Zwei parallele Geraden; das Gleichungssystem hat keine Lösung.

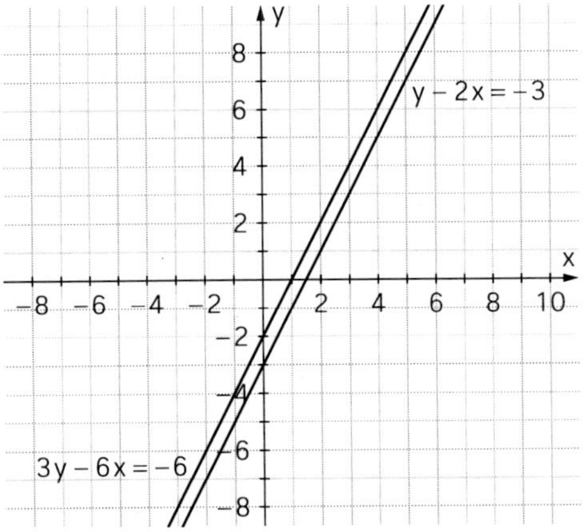

17 24 *Lösbar?*

a) $x = -3{,}5$; $y = 10$

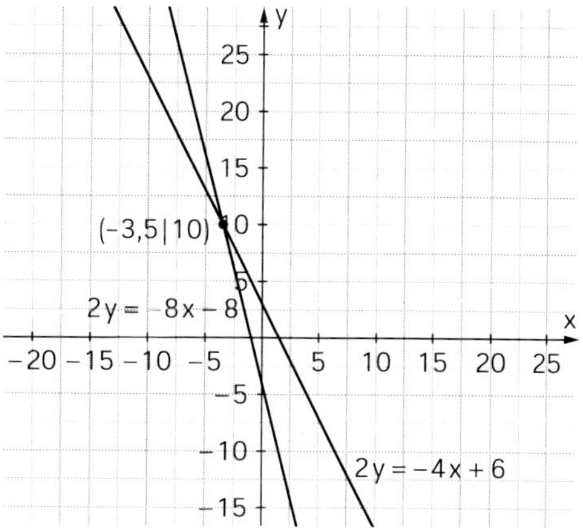

b) $x = 4{,}5$; $y = 0$

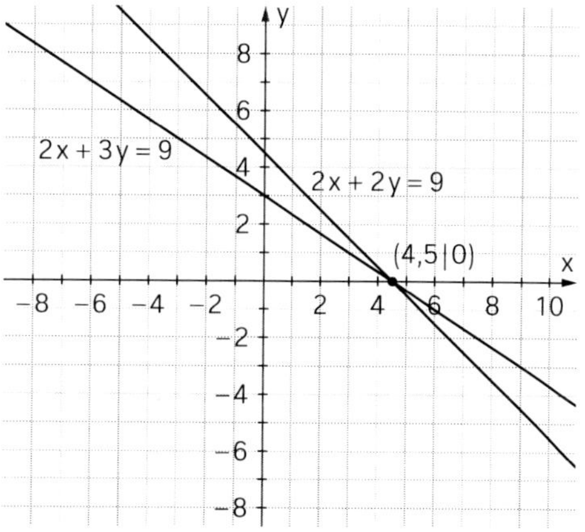

c) keine Lösung ; Geraden verlaufen parallel

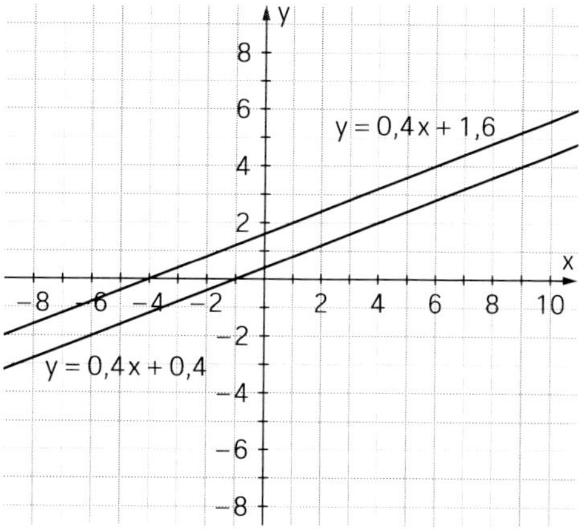

18 25 *Gleichungssystem-Memory*

a) 1 E; 2 F; 3 B; 4 C; 5 A; 6 D

b) 6 D : parallele Geraden → keine Lösung

2 F : Geraden liegen übereinander → unendlich viele Lösungen

18 Kopfübungen

1. 5 000 000 Tonnen
2. a) Raute oder Quadrat
   b) gleichschenkliges Dreieck
3. 1,60 €
4. $2 \cdot a \cdot b$
5. 77,6 °C
6. $\frac{3}{450} = \frac{1}{150}$, also ca. 0,67 %
7. $y = -9{,}5x + 190$

19

26 *Preisgestaltung bei den Tickets für eine Show*

- $161\,000 = 1200 \cdot r + 1800 \cdot p$
  $p = 20 + r$
- $r = 41{,}70$ €; $p = 61{,}70$ €
- Die gefundene Lösung deckt die Kosten ab, ein Gewinn ist damit noch nicht erzielt.
  Wenn man den Preis für den Rang auf 43 € und den für Parkett auf 63 € fest legt, macht man pro Karte 1,30 € Gewinn, was einen Gesamtgewinn von 3900 € einbringt.
- Hierbei gibt es verschiedene Möglichkeiten, die es auszuprobieren gilt.
  Eine davon wäre z. B.
  1) $500\,000 = 6000 \cdot r + 8000 \cdot p$
  2) $p = 10 + r$
  Somit wäre $r = 30$ und $p = 40$ €.

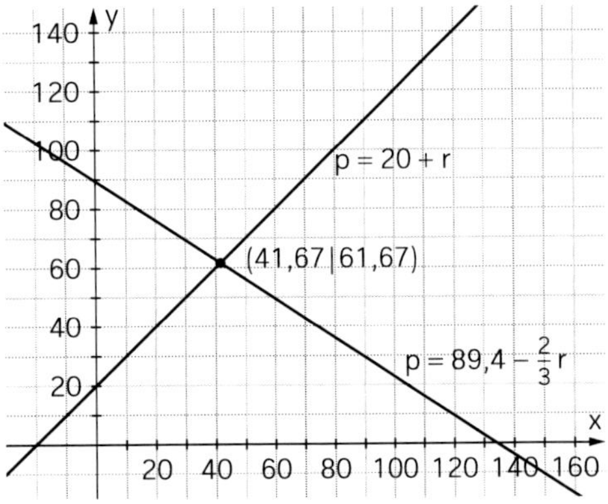

27 *Finde passende Gleichungen*

$3x - 4y = 8 \Rightarrow y = 0{,}75x - 2$

a) Jede beliebige Geradengleichung, die eine andere Steigung aufweist.
b) Parallel verlaufende Geraden mit unterschiedlichen Werten für b bei gleicher Steigung, z. B. $y = 0{,}75x + 1$.
c) Identische, übereinanderliegende Geraden.

28 *Miniforschungsauftrag*

a) $b = -5$; $a \neq 2$ b) $b = -5$; $a = 2$ c) $b \neq -5$; a beliebig

29 *Lösungen auf den ersten Blick, manches Mal auch erst auf den zweiten*

a) $2y = 2$
b) Da die x-Werte in beiden Gleichungen identisch sind, hängt die Differenz der Endergebnisse nur vom Wert der Differenz der y-Werte ab.
$3x - 4y = 7$
$2x + 2y = 5$, erweitern zu $4x + 4y = 10$, also $7x = 17$
$\Rightarrow x = \frac{17}{7}$, $y = \frac{1}{2}(5 - 2x) = \frac{1}{14}$

19 **30** *Drei Gleichungen mit zwei Unbekannten, was nun?*

a) Eine Variable wird nach der anderen umgeformt und in eine Gleichung eingesetzt.
Bsp. $y = 2x$:
(1) $x + 2x = 3 \Rightarrow x = 1$
(3) $y = 1 + 1 = 2$, also ist $x = 1$ und $y = 2$

b) y ist wieder als $2x$ vorgegeben, weshalb es direkt für y eingesetzt werden kann:
(1) $x + 2x = 3 \Rightarrow x = 1$
(3) $y = 1 - 1 = 0$
(2) $0 \neq 2 \cdot 1$
Dieses Gleichungssystem hat somit keine Lösung.

1.2 Lösen von Gleichungssystemen mit Einsetzungs- und Additionsverfahren

20 **1** *Gleichungssystem anders lösen*

a) Aus der zweiten Gleichung ist Anna bekannt, dass man anstelle von y den Term $3x - 4$ einsetzen kann. Ersetzt sie also in der ersten Gleichung y durch $3x - 4$, so erhält sie eine Gleichung mit einer Variablen. Man nennt das Verfahren Einsetzungsverfahren.

b) $3(y - 2) + 5y = 0$
$\Rightarrow y = \frac{6}{8} = \frac{3}{4} \Rightarrow x = \frac{3}{4} - 2 = -\frac{5}{4}$

2 *Es gibt seltsame Gleichungssysteme!*

a)
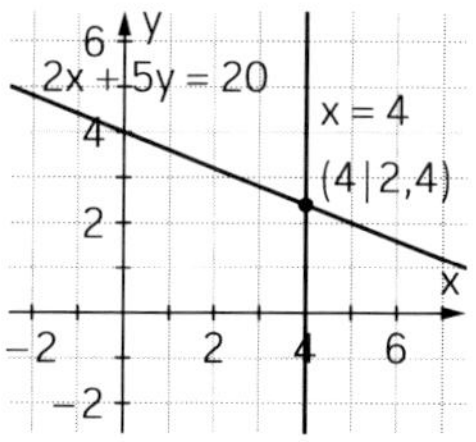

b) Einsetzen von $x = 4$ in die erste Gleichung ergibt $2 \cdot 4 + 5y = 8 + 5y = 20$. Umstellen nach y liefert also $y = \frac{12}{5}$ und folglich als Lösung $(x|y) = \left(4 \middle| \frac{12}{5}\right)$.

3 *Ein Gleichungssystem in Bildern*

a) $3x + 2y = 14$
$y = x + 2$

b) Das dritte Bild veranschaulicht, wie die erste Gleichung nach Einsetzen der zweiten aussieht.

c) $3x + 2(x + 2) = 14 \Rightarrow x = 2,\ y = 2 + 2 = 4$

d) Schüleraktivität.

21 **4** *Löse die Gleichungssysteme. Mache bei jeder Aufgabe die Probe.*

a) $x - 5 \cdot (2x + 1) = 4 \Leftrightarrow x - 10x - 5 = 4 \Leftrightarrow -9x - 5 = 4 \Leftrightarrow -9x = 9$
Folglich erhält man $x = -1$ und damit $y = -1$.

b) $3 \cdot (5 + 3y) - 2y = 1 \Leftrightarrow 15 + 9y - 2y = 1 \Leftrightarrow 15 + 7y = 1 \Leftrightarrow 7y = -14$
Folglich erhält man $y = -2$ und damit $x = -1$.

c) $2x + (2 + x) = 6 \Leftrightarrow 3x + 2 = 6 \Leftrightarrow 3x = 4$ also $x = \frac{4}{3}$ und $y = \frac{10}{3}$.

d) $2 \cdot (-6y + 2) + 3y = 5 \Leftrightarrow -12y + 4 + 3y = 5 \Leftrightarrow -9y + 4 = 5 \Leftrightarrow -9y = 1$
Folglich erhält man $y = \frac{-1}{9}$ und damit $x = \frac{8}{3}$.

e) $-2x = -4 \cdot 4 - 8 \Leftrightarrow -2x = -24 \Leftrightarrow x = 12$

f) $y + \frac{1}{2} + 2y = 2 \Leftrightarrow 3y = 1{,}5 \Leftrightarrow y = \frac{1}{2}$ und damit $x = 1$.

Beispiel: Probe zu a)

$(-1) - 5 \cdot (-1) = 4$
$-1 + 5 = 4$ stimmt!

$(-1) = 2 \cdot (-1) + 1$
$-1 = -2 + 1$ stimmt!

22 **5** *Lösen mit Probe*

a) Aus der ersten Gleichung erhält man $y = 9 - x$ und damit
$2x - 3y = -2 \Leftrightarrow 2x - 3(9 - x) = 2x + 3x - 27 = 5x - 27 = -2$
also $5x = 25 \Leftrightarrow x = 5$ und folglich $y = 4$.

b) Aus der zweiten Gleichung erhält man $x = 2y - 6$ und damit
$5y = 2 + 2 \cdot (2y - 6) = 2 + 4y - 12 = -10 + 4y \Leftrightarrow y = -10$ also $x = -26$.

c) Aus der ersten Gleichung erhält man $y = 2x - 7$ und damit
$2x + 3 \cdot (2x - 7) = 3 \Leftrightarrow 2x + 6x - 21 = 3 \Leftrightarrow 8x = 24 \Leftrightarrow x = 3$ also $y = -1$

6 *Lösungsverfahren beschreiben*

Lösungsschritte:

1. Eine der beiden Gleichungen (z. B. die zweite) nach einer der beiden Variablen auflösen.
   $y = 2x - 4$
2. In der anderen Gleichung diese Variable durch den in 1. gewonnenen Term ersetzen.
   $3x + 2(2x - 4) = 6$
3. Diese Gleichung nach der verbliebenen Variablen auflösen.
   $x = 2$
4. Mit dem Ergebnis und der Gleichung aus 1. die andere Variable ausrechnen.
   $y = 0$

7 *Zeichnerisch und rechnerisch Lösen mit Probe*

a) $x = 7,\ y = 10$

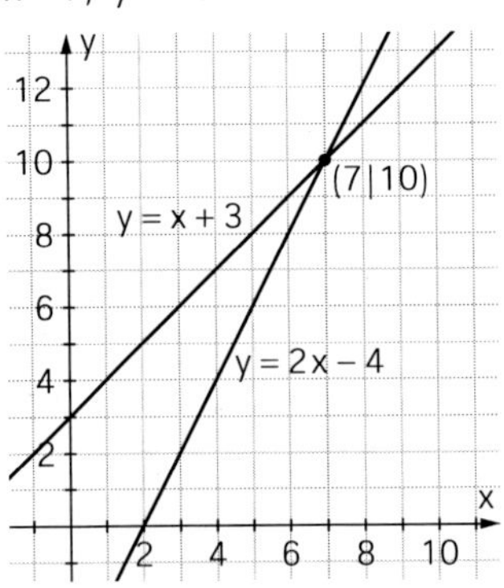

b) $x = \frac{4}{5},\ y = \frac{21}{5}$

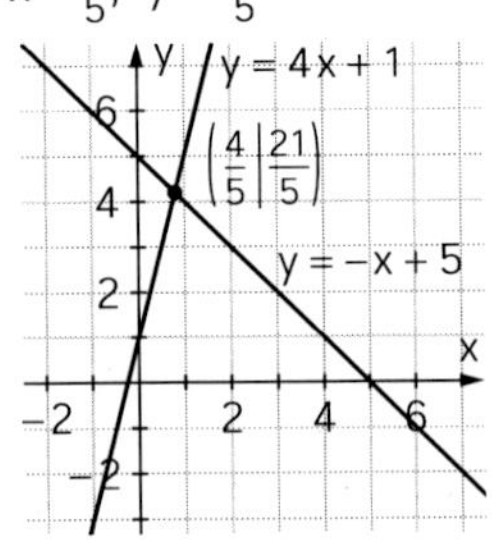

22 **7** c) $x = 6,\ y = -5$

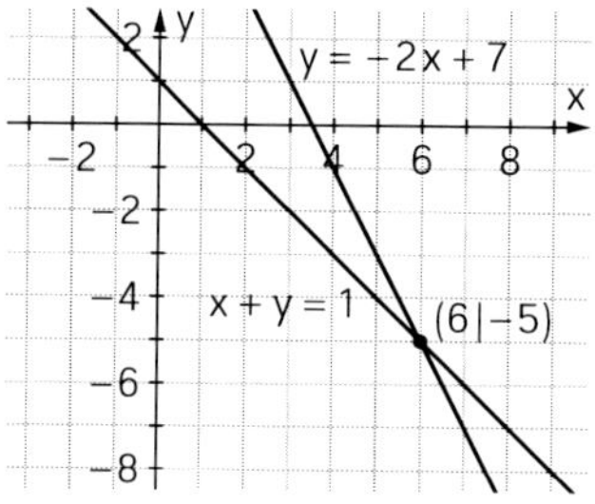

d) $x = \frac{2}{3},\ y = \frac{2}{3}$

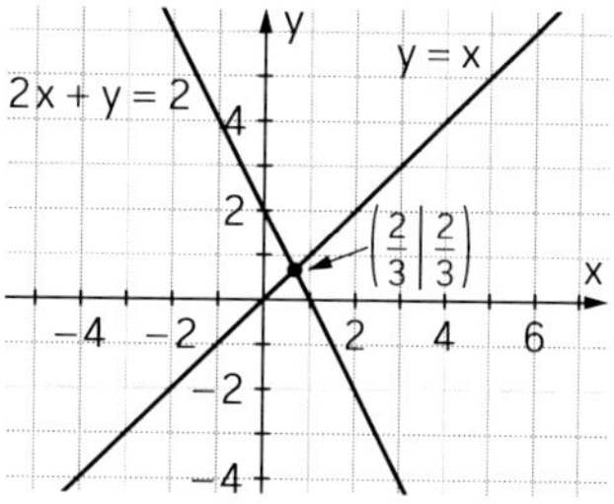

e) $x = \frac{5}{12},\ y = \frac{1}{3}$

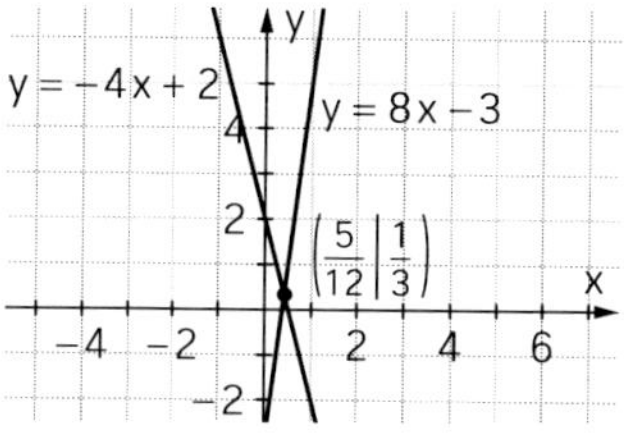

f) $x = 0,\ y = 0$

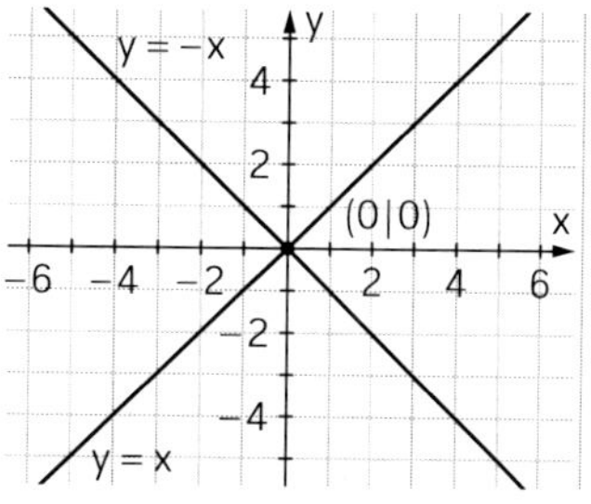

8 *„Verwandtschaft" klären*

Beispiel a): Für das y in der ersten Gleichung wird $2x - 4$ eingesetzt; das entspricht dem Gleichsetzungsverfahren.
Beim Einsetzungsverfahren werden anders als beim Gleichsetzungsverfahren nicht beide Gleichungen nach derselben Variablen aufgelöst.

9 *Was passiert denn hier?*

Das erste Gleichungssystem hat unendlich viele Lösungen, zeichnerisch fallen die dazugehörigen Geraden aufeinander.
Das zweite Gleichungssystem ist nicht lösbar, die dazugehörigen Geraden verlaufen parallel.

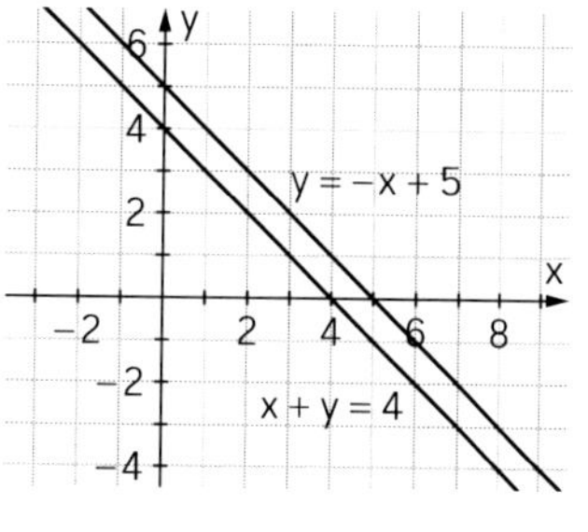

10 *Ein Liebhaber von Tomatensuppe*

Anzahl der Teller Suppe: x; Anzahl der Scheiben Brot: y

$400x + 280y = 9200$

$18x + 13y = 420$

$\Rightarrow x = 12{,}5;\ y = 15;\ 12\frac{1}{2}$ Teller Tomatensuppe und 15 Scheiben Weißbrot.

Bei entsprechender Konstitution und körperlicher Betätigung der Person ist dies eine durchaus realistische Menge an aufgenommener Nahrung, zumal sonst nach eigenenen Angaben nichts weiter verzehrt wurde und Tomatensuppe zu einem Großteil nur aus Wasser besteht.

22 **11** *Theoretisch einfach – aber nicht leicht zu rechnen*

a) Auflösen der zweiten Gleichung nach x liefert $x = \frac{1}{2} \cdot (191 - 135y)$. Damit erhält man $2 \cdot (191 - 135y) + 460y = 386 \Leftrightarrow 382 - 270y + 460y = 386 \Leftrightarrow 190y = 4$. Damit betragen die Kosten pro Kilometer $y = \frac{2}{95}$ € ≈ 0,021 € und die Tagesgebühr ist $x \approx 94{,}08$ €.

b) Die zeichnerische Lösung erfordert die geschickte Wahl einer geeigneten Skalierung des Koordinatensystems, um den Schnittpunkt der beiden Geraden gut ablesen zu können. Ansonsten wird man nur sehr ungenau ablesen können.

23 **12** *Ein weiteres Verfahren zum Lösen eines Gleichungssystems*

a) $x = 228\,\text{cm}$, $y = 64\,\text{cm}$

b) Durch Addieren der beiden Gleichungen ergibt sich $3x = 15 \Leftrightarrow x = 5$ und damit $y = -2{,}5$.

c) Durch Addieren der beiden Gleichungen fällt eine der beiden Unbekannten weg, übrig bleibt eine Gleichung für die verbleibende Variable. Um das Wegfallen einer Variable zu gewährleisten, muss diese in den beiden Gleichungen jeweils denselben Betrag, aber unterschiedliches Vorzeichen haben.

d) Addition der beiden Gleichungen führt nicht dazu, dass eine der Variablen wegfällt (s. Teil c)). Hierzu ist zunächst die Multiplikation der ersten Gleichung mit einem Faktor −2 oder 0,5 erforderlich. (Alternativ lässt sich natürlich auch die zweite Gleichung mit entsprechenden Faktoren geeignet modifizieren.)

24 **13** *Additionsverfahren*

a) $x = -\frac{1}{2}$, $y = -1$ b) $x = 4$, $y = \frac{15}{7}$ c) $x = \frac{1}{2}$, $y = -\frac{1}{3}$

d) $x = -1$, $y = 4$ e) $x = -\frac{1}{2}$, $y = \frac{1}{2}$ f) $x = \frac{2}{9}$, $y = -\frac{2}{3}$

14 *Manches Mal geht es mit Subtrahieren*

Dem Prinzip nach ist das Subtraktionsverfahren ein Additionsverfahren, bei dem zuvor eine der Gleichungen mit dem Faktor −1 multipliziert wurde.

a) $x = 2$; $y = 0$ b) $x = -1{,}5$; $y = 1$ c) $x = 1$; $y = \frac{1}{5}$

15 *Wann wendet man welches Verfahren an?*

a) Additionsverfahren mit Multiplikation $\Rightarrow x = 1;\ y = 3$

b) Gleichsetzungsverfahren $\Rightarrow x = -6;\ y = -20$

c) Einsetzungsverfahren $\Rightarrow x = 2{,}2;\ y = 1{,}2$

d) Zeichnerische Lösung $\Rightarrow x \approx -0{,}053;\ y \approx 0{,}769$

e) Additionsverfahren $\Rightarrow x = 3;\ y = \frac{1}{3}$

f) Einsetzungsverfahren $\Rightarrow x = 2{,}5;\ y = 3$

25 **16** *Verschiedene Verfahren stehen zur Auswahl*

a) Mit Additionsverfahren (die Koeffizienten vor dem y heben sich bereits weg): $\Rightarrow x = 1,\ y = 3$

b) Mit Additionsverfahren (die Koeffizienten vor dem x heben sich bereits weg): $\Rightarrow x = -2,\ y = 1$

c) Einsetzungsverfahren $\Rightarrow x = -4,\ y = -2$

d) Additionsverfahren mit Multiplikation (Faktor 5 in erster Gleichung): $\Rightarrow x = 3,\ y = -1$

e) Additionsverfahren mit Multiplikation (erste Gleichung Faktor −3, zweite Gleichung Faktor 2): $\Rightarrow x = -3,\ y = 0$

f) Mit dem Gleichsetzungsverfahren sieht man, dass dieses Gleichungssystem keine Lösung hat.

25 **16** g) Nach Multiplikation der ersten Gleichung mit 2 kann man beide Gleichungen gleichsetzen und erhält so $x = 1,\ y = 1$.

h) Multiplizieren der zweiten Gleichung mit 3,5 und anschließendes Einsetzen des Ergebnisses in die erste Gleichung liefert $x = 3,\ y = 1$.

i) Das Gleichsetzungsverfahren zeigt, dass dieses Gleichungssystem keine Lösung hat.

17 *Urlaub und Mathematik*

Sei x der Preis in € pro Übernachtung und y der Preis in € für eine Mahlzeit. Das Gleichungssystem $2x + 4y = 180€,\ 3x + 8y = 290€$ löst sich durch Multiplizieren der ersten Gleichung mit -2 und anschließendem Addieren des Ergebnisses zur zweiten Gleichung. Man erhält so $x = 70$ und $y = 10$.

18 *Anzeigen schalten*

Sei x der Preis in € für eine ganzseitige, y der Preis in € für eine halbseitige Anzeige.
Gleichungssystem:
$6x + 6y = 1224€$
$8x + 4y = 1400€$
Man löst hier durch Multiplikation der ersten Gleichung mit dem Faktor 4, Multiplikation der zweiten Gleichung mit dem Faktor -6 und anschließendem Addieren der beiden Ergebnisse. So ergibt sich $x = 146,\ y = 58$.

19 *Gleichungssysteme mit mehr als zwei Gleichungen und zwei Variablen*

a) Da man z bereits kennt, kann man dies in die ersten beiden Gleichungen einsetzen. Dann erhält man aus der zweiten Gleichung schnell y und setzt das in die erste Gleichung ein um x zu erhalten. $(x|y|z) = (8|8|4)$

b) $(x|y|z) = (-9|14|4)$

Kopfübungen

1. Schüleraktivität.
2. 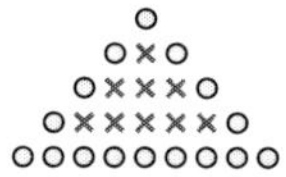

   Anzahl der Punkte bei Stufe 4: 20, Anzahl der Sterne: 9.
   Die Anzahl der Punkte kann man durch $4(n + 1)$ berechnen und die Anzahl der Sterne durch n^2. Also sind in der 10. Stufe 44 Punkte und 100 Sterne.
3. In der Zeichnung entspricht ein Kästchen einem Zentimeter.

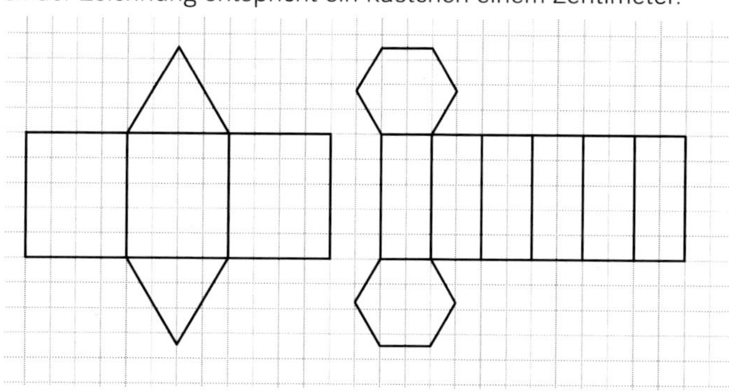

26 **20** *Drei Unbekannte, nicht ganz so leicht*

a) $x = -1,\ y = 0,\ z = 2$

b) $x = 2,\ y = 1,\ z = 4$

26 **21** *Lösen mit „GAUSS"*

a) $x = 2,\ y = -1,\ z = 0$
b) $x = 3,\ y = -1,\ z = 2$
c) $x = -3,\ y = -1,\ z = 2$
d) $x = -12,\ y = 28,\ z = 2$

1.3 Anwendungen – Modellieren mit linearen Gleichungssystemen

27 **1** *Aus der Wirtschaft*

a) Für den Inhaber der Pizzeria ist es vorteilhafter, wenn der Umsatz sehr hoch ist, nach Modell A zu zahlen, und wenn der Umsatz sehr niedrig ist, nach Modell B.
Für Simon ist das genau umgekehrt.

b) $y = 40 + 0{,}08x$
$40 + 0{,}08x = 50 + 0{,}05x$
$\Rightarrow x = 333{,}33$
Bei einem Umsatz von 333,33 € erhält Simon bei beiden Modellen denselben Verdienst, nämlich 66,67 €.

c) In dem Fall würde er sich für Modell A entscheiden, weil das Grundgehalt höher ist und die Höhe des Umsatzes mit einem gewissen Risiko verbunden ist.

2 *Aus China*

Gutes Ackerland: x; schlechtes Ackerland: y
$x + y = 200$
$300x + 125y = 46\,000$
$\Rightarrow x = 120;\ y = 80;$ gekauft wurden 120 Morgen gutes und 80 Morgen schlechtes Ackerland.

28 **3** *Beim Basketballspiel*

Anzahl Drei-Punkt-Würfe: x Anzahl Zwei-Punkt-Würfe: y
$x + y = 9$
$3x + 2y = 20$
$\Rightarrow x = 2;\ y = 7.$ Er hat 7 Zwei-Punkt-Würfe und 2 Drei-Punkt-Würfe gemacht.

4 *Richtig Anlegen*

x: angelegtes Geld in Fond A; y: angelegtes Geld in Fond B

a) $0{,}02x + 0{,}045y = 490$
$x + y = 12\,000$
$\Rightarrow x = 2000;\ y = 10\,000;$ Fond A: 2000 €, Fond B: 10 000 €

b) Die erste Gleichung ändert sich zu: $0{,}015x + 0{,}045y = 490$
$\Rightarrow$ Fond A: 1666,67 €, Fond B: 10 333,33 €

5 *Ein Schwimmbad*

$x =$ Breite; $y =$ Länge
$2x + 2y = 130$
$3y = 10x$
$\Rightarrow x = 15\,\text{m};\ y = 50\,\text{m}$

29 **6** *Hotelmanagement*

Anzahl der vermittelten Zimmer pro Tag: x;
Anzahl der leerstehenden Zimmer pro Tag: y
$x + y = 100$
Für die Jahreseinnahmen gilt: $E = 365 \cdot 60x$
Für die Jahreskosten gilt: $K = 150\,000 + 365(30x + 10y)$
Im „Break-even-Punkt" sind die Einnahmen sowie die Kosten gleich.
Also: $365\big(30x + 10(100 - x)\big) + 150\,000 = 365 \cdot 60x \Rightarrow x = 35{,}27$
Das Hotel muss im Durchschnitt pro Tag 35,27, also 36 Zimmer vermieten, um kostendeckend arbeiten zu können.

7 *Produktion von Schokoriegeln*

a) Anzahl der verkauften Riegel: x;
Kosten der Riegelproduktion pro Jahr: y
Jahreseinnahmen: $E = x \cdot 0{,}45$
Jahreskosten: $y = 925\,000 + x \cdot 0{,}30$
Break-even-point: $x \cdot 0{,}45 = 925\,000 + x \cdot 0{,}30$
$\Rightarrow x = 6\,166\,666$, also ca. 6,2 Millionen Riegel müssen mindestens verkauft werden, damit sich die Produktion rechnet.

b) $x \cdot 0{,}45 = 925\,000 + x \cdot 0{,}34$
$\Rightarrow x = 8\,409\,090$, der Break-even-point erhöht sich auf ca. 8,4 Millionen Riegel bei gleichbleibendem Preis.

8 *Schülerfirma*

Anzahl der verkauften Becher: x;
Kosten pro hergestelltem Becher: $450 + x \cdot (1{,}95 + 0{,}45)$
Break-even-Point: $210 + 3{,}50 \cdot x = 450 + x \cdot (1{,}95 + 0{,}45)$
$\Rightarrow x = 218{,}182$, somit müssen 219 Becher verkauft werden, damit sich das Geschäft lohnt.

9 *Miete und Kaution*

x = Monatsmiete; y = Kaution
$12 \cdot x + y = 9\,200$
$x + y = 2\,050 \Rightarrow x = 650\,€,\ y = 1\,400\,€$

30 **10** *Altersrätsel*

a) $x = 31,\ y = 7$; die Mutter ist 31 Jahre alt, der Sohn 7 Jahre

b) Alter des Vaters: x; Alter des Sohnes: y
$y = x - 28$
$3(y + 9) = x + 9$
$\Rightarrow x = 33;\ y = 5$; der Vater ist 33 Jahre, der Sohn 5 Jahre alt.

c) Alter der Mutter: x, Alter der Tochter: y
$x = 3y$
$(x - 5) + (y - 5) = 50$
$\Rightarrow y = 15;\ x = 45$, die Mutter ist 45 Jahre, die Tochter 15 Jahre alt.

11 *Altersrätsel und Tabelle*

a) $y = 4x$
$y + 4 = 2(x + 4)$

b) $x = 2;\ y = 8$; Johanna ist heute 2 Jahre, Christoph 8 Jahre alt.

30

12 *Noch ein Altersrätsel*

a)

	Alter von Tim: x	Alter der Schwester: y
heute	x	$y = x - 4$
vor 6 Jahren	$x - 6$	$y - 6 = \frac{1}{2}(x - 6)$

$\Rightarrow x = 14;\ y = 10;$ Tim ist heute 14 Jahre, seine Schwester 10 Jahre alt.

b) Schüleraktivität.

13 *Doppelt und Dreifach alt*

	Alter von Sebastian: x	Alter von Peter: y
heute	x	$y = 2x$
in 3 Jahren	$x + 3$	$y + 3 = 3(x + 3)$

$\Rightarrow x = -6$

Eine negative Lösung ergibt keinen Sinn. Peters Aussage kann nicht zutreffen. Überlegung: Der Altersabstand der beiden bleibt gleich; dadurch verringert sich der relative Abstand der beiden mit zunehmenden Alter. Peters Aussage stimmt deshalb nicht.

14 *Anja und Carol*

Anjas Alter: x; Carols Alter: y

$x + y = 66$

$x = 2y + 2$

$\Rightarrow x = 44{,}7;\ y = 21{,}3;$

Anja ist somit 44 Jahre und 8 Monate, Carol ist 21 Jahre und 4 Monate alt.

31

15 *Was könnte in dem Sparschwein sein?*

a)

	50-Cent-Münze	1-Euro-Münze	insgesamt
Anzahl der Münzen	x	y	61
Wert in Cent	$50 \cdot x$	$100 \cdot y$	4800

b) $x + y = 61$

$50x + 100y = 4800$

$\Rightarrow x = 26;\ y = 35;$ es sind 26 50-Cent-Münzen und 35 1-Euro-Münzen.

16 *Ein weiteres Münzrätsel*

a)

	50-Cent-Münze	2-Euro-Münze	insgesamt
Anzahl der Münzen	x	y	73
Wert in Cent	$50 \cdot x$	$200 \cdot y$	12350

b) $x + y = 73$

$50x + 200y = 12350$

$\Rightarrow x = 15;\ y = 58;$ es sind 15 50-Cent-Münzen und 58 2-Euro-Münzen.

17 *Wechselgeld in einem Automaten*

Anzahl der 10-Cent-Münzen: x; Anzahl der 50-Cent-Münzen: y

$x = 6y$

$10x + 50y = 4400$

$\Rightarrow x = 240;\ y = 40;$ es sind 240 10-Cent-Münzen und 40 50-Cent-Münzen.

31 **18** *Zahlenrätsel*

$x + y = 85$

$x - y = 17$

$\Rightarrow x = 51;\ y = 34$

19 *Zahlenrätsel ohne Ende*

$y = x + 6$

$y = 4x$

$\Rightarrow x = 2;\ y = 8$

20 *Zweistellige Zahl gesucht*

x = Einerziffer; y = Zehnerziffer

$x = 3y$

$x + y = 12$

$\Rightarrow x = 9;\ y = 3$; die gesuchte Zahl ist 93.

32 **21** *Gegen- und Rückenwind*

a)

	Entfernung	Geschwindigkeit	Zeit
Gegenwind	6150 km	$x - y$	8,2 h
Rückenwind	6150 km	$x + y$	7,5 h

b) $6150 = 8{,}2 \cdot (x - y)$

$6150 = 7{,}5 \cdot (x + y)$

$\Rightarrow x = 785;\ y = 35$; das Flugzeug fliegt 785 km/h, die Windgeschwindigkeit beträgt 35 km/h.

22 *Etwas für angehende Piloten*

Flugzeuggeschwindigkeit: x; Windgeschwindigkeit: y

Geschwindigkeit: zurückgelegte Strecke pro Stunde

$x + y = \frac{4800}{5}$

$x - y = \frac{4800}{6}$

$\Rightarrow x = 880;\ y = 80$; das Flugzeug fliegt 880 km/h, die Windgeschwindigkeit beträgt 80 km/h.

23 *Auf dem Rhein*

Geschwindigkeit des Schiffes: x; Strömungsgeschwindigkeit: y

$x + y = \frac{46}{2}$

$x - y = \frac{51}{3}$

$\Rightarrow x = 20;\ y = 3$; das Schiff fährt 20 km/h, die Strömung ist 3 km/h schnell.

24 *Kochsalzlösung*

$x + y = 500$

$0{,}1x + 0{,}04y = 0{,}06 \cdot 500$

$\Rightarrow x = 166{,}667;\ y = 333{,}333$

Sie nimmt 333,33 ml von der 4 %igen und 166,67 ml von der 10 %igen Lösung.

33 **25** *Säureherstellung*

Menge der 1 %igen Lösung: x; Menge der 4 %igen Lösung: y

$x + y = 180$

$0{,}01x + 0{,}04y = 0{,}03 \cdot 180$

$\Rightarrow x = 60;\ y = 120;$ 60 ml der 1 %igen Säure werden mit 120 ml der 4 %igen Säure vermischt.

26 *In der Apotheke*

Menge der 90 %igen Lösung: x; Menge der 10 %igen Lösung: y

$x + y = 300$

$0{,}9x + 0{,}1y = 0{,}7 \cdot 300$

$\Rightarrow x = 225;\ y = 75;$ 225 ml der 90 %igen Lösung werden mit 75 ml der 10 %igen Lösung vermischt.

27 *Voll- und Magermilch*

Menge der 3,5 %igen Milch: x; Menge der 0,3 %igen Milch: y

$x + y = 4$

$3{,}5x + 0{,}3y = 4$

$\Rightarrow x = 0{,}875;\ y = 3{,}125;$ zu 3,125 l Magermilch werden 0,875 l Vollmilch gemischt.

28 *Eine besondere Teigmischung*

Menge des Weizenmehls: x; Menge der Milch: y

$13{,}6x + 3{,}4y = 7500$

$2{,}5x + 3{,}7y = 1500$

$\Rightarrow x = 541{,}61;\ y = 39{,}45;$ der Bäcker verwendet rund 540 g Weizenmehl und 40 g Milch.

29 *Teemischung*

Menge des Tees aus Indien: x; Menge des Tees aus Sri Lanka: y

$x + y = 2000$

$2{,}5x + 3{,}5y = 2{,}8 \cdot 2000$

$\Rightarrow x = 1400;\ y = 600;$ gemischt werden 1400 g Tee aus Indien mit 600 g Tee aus Sri Lanka.

Kopfübungen

1. A und C = 20 %; B = 60 %
2. a) Trapez   b) Gleichseitiges Dreieck
3. (A) und (C)
4. a) falsch   b) richtig
5. 287 v. Chr.
6. $0{,}02 \cdot 0{,}02 = 0{,}0004 = 0{,}04\,\%$
7. Fläche $(x) = 3 \cdot 10 + x \cdot 5$

34 **30** *Experten für Verkehrssteuerung*

a) (1) 1. Regel; Ein- und Ausgang aus dem Netz
(2) 2. Regel, große Kreuzung oben rechts
(3) 2. Regel, Kreuzung unten rechts
(4) 2. Regel, Kreuzung unten links
(5) 2. Regel, Kreuzung oben links

34 **30** b) Zunächst werden die Gleichungen mit einer Variable gesucht, da sich diese sofort berechnen lassen.

(3) $\Rightarrow x_4 = 25$; (2) $\Rightarrow x_1 = 45$, diese Werte werden in andere Gleichungen eingesetzt:

(5) $85 = 45 + x_2 \Rightarrow x_2 = 40$

(4) $40 + x_3 = 70 + 30 \Rightarrow x_3 = 60$

Zusammenfassung: $x_1 = 45$, $x_2 = 40$, $x_3 = 60$, $x_4 = 25$

31 *Mitgliedsbeiträge in einem Sportverein*

Beitrag Erwachsener: x; Beitrag Jugendlicher: y

Vorschlag: Erwachsene zahlen doppelt so viel wie Jugendliche

$1500x + 1000y = 30000$

$x = 2y$

$\Rightarrow x = 15$; $y = 7{,}50$

Somit müsste der ursprüngliche Preis für Erwachsene um mindestens 50 % angehoben werden, um die Kosten zu decken. Das ist schwer vertretbar, andere Modelle sind geeigneter. Da das ursprüngliche Preisverhältnis bei $1 : \frac{5}{3}$ lag, sollte das neue Preisverhältnis von Jugendlichen und Erwachsen zwischen $\frac{5}{3}$ und $\frac{6}{3}$ liegen.

35 **32** *Kalkulation eines Konzertes*

a) Höchstens 10000 Karten können verkauft werden; die Karten für den 1. Rang sollten die teuersten sein. Der Veranstalter sollte bedenken, dass auch für seine Arbeit noch ein Gewinn übrig bleiben sollte.

b) Karten im 1. Rang: x; Karten im 2. Rang: y

$x + y = 10000$

Gesamteinnahmen: $36x + 28y$

Kosten: $20000 + 0{,}75\,(36x + 28y) + 50000$

$36x + 28y - \big(20000 + 0{,}75\,(36x + 28y) + 50000\big) = 5000$

$9x + 7y = 75000$

$x = 2500$; $y = 7500$; verkauft werden 2500 Karten im 1. Rang und 7500 Karten im 2. Rang.

1.4 Lineare Ungleichungen und lineares Optimieren

36 **1** *Hinter den Theaterkulissen*

a) Die Kosten in Höhe von 19916,45 € liegen noch im Rahmen des Budgets.

b) Die Punkte auf der Geraden entsprechen einer Gesamtausgabe von genau 20000 €.

c) Zur Lösungsmenge der Ungleichung gehören alle Punkte unterhalb der Geraden; also gehört P zur Lösungsmenge und Q nicht. Zur Lösung des Sachproblems gehören allerdings nur die Punkte, für die zusätzlich $x \geq 0$, $y \geq 0$ gilt, das sind die Punkte im Dreieck, das aus den beiden Koordinatenachsen und der Geraden gebildet wird.

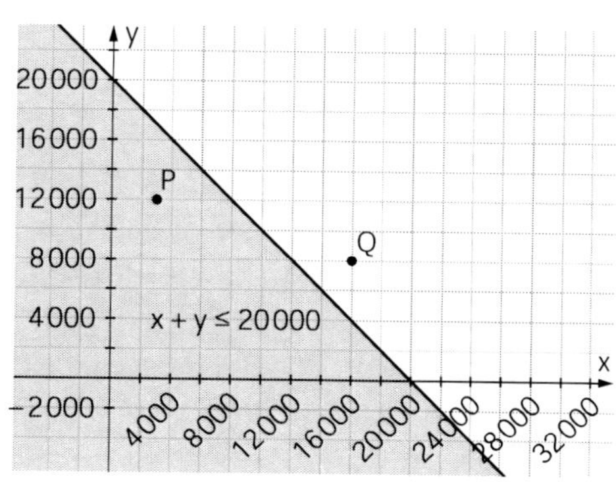

36 **2** *Ungleichungen*

a) Die Gebiete enthalten jeweils alle Punkte, für die gilt:

(1) $x \leq 2$

(2) $x \leq 2$, $y \leq 1$

(3) $y \geq x$

(4) $y \geq x$, $y \leq 2$

b)

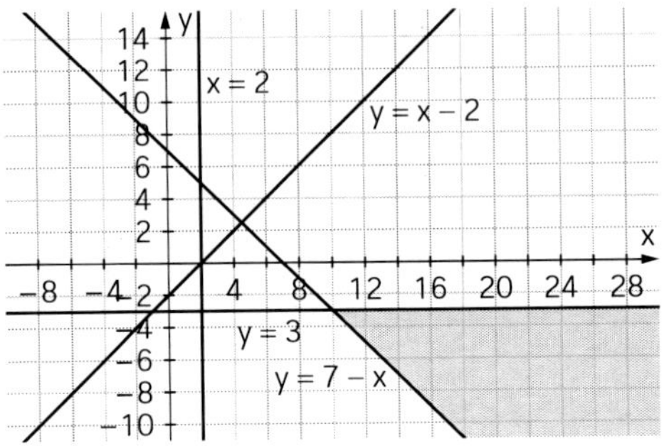

37 **3** *Gebiete auf der Landkarte*

a) Schüleraktivität.

b) Zur Beantwortung der folgenden Fragen, werden immer nur einige wenige Beispiele genannt.

- z. B. Herford, Bielefeld, Münster
- z. B. Bramsche, Greven und auch noch Enschede
- z. B. Hamm, Warendorf, Bückeburg
- z. B. Dortmund, Herne, Essen
- Münster, Ahlen, Warendorf, Hamm

c) Oberes hellrotes Gebiet: südlich der A30, westlich der A1, östlich der Ems
Unteres hellrotes Gebiet: östlich der A43, nördlich der A2, westlich der A1

4 *Farbige Gebiete*

a) Die Randgeraden sind für die drei Gebiete die gleichen, unterschiedlich ist nur, ob die Gebiete rechts oder links, bzw. oberhalb oder unterhalb der Geraden liegen:
$y = 1$, $y = 2x$, $y = -x + 4$

b) Rotes Gebiet: $y \geq 1$, $y \leq 2x$, $y \geq -x + 4$
Gelbes Gebiet: $y \leq 1$, $y \leq 2x$, $y \leq -x + 4$

c) Rot und blau: $y \geq 1$
Rot und gelb: $y \leq 2x$
Gelb und blau: $y \leq -x + 4$

38

5 *Lösen mithilfe eines Diagramms*

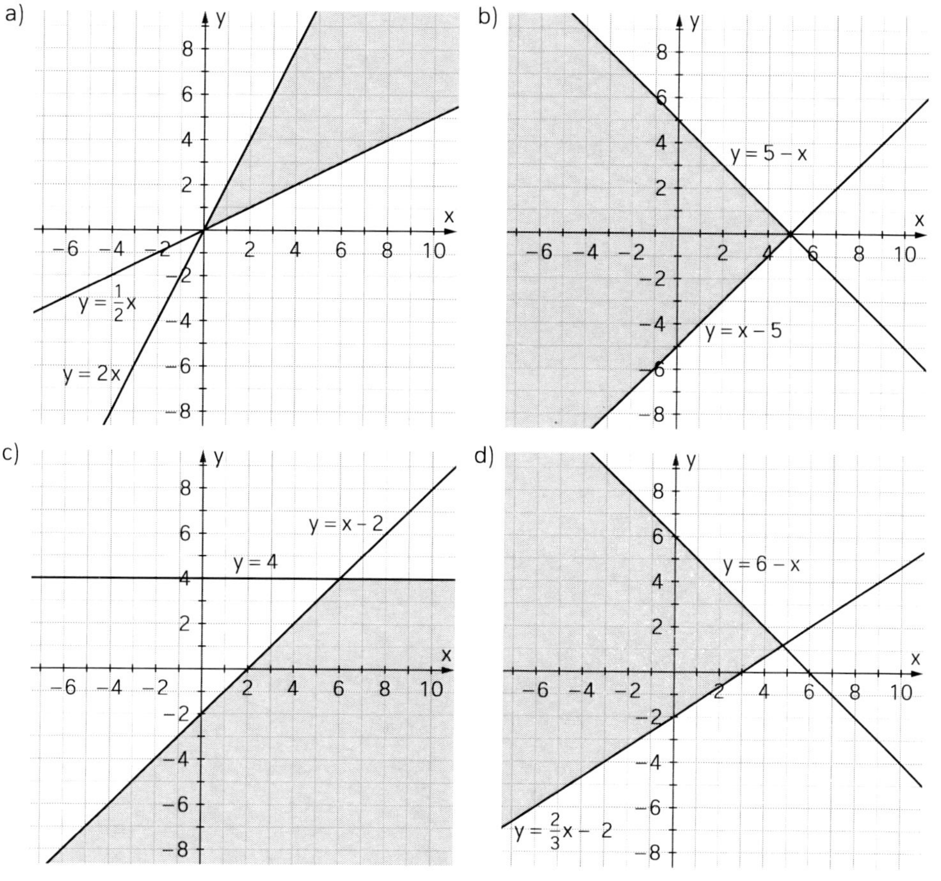

6 *Lösung und Ungleichungssystem*

1) $y \leq 2x$
$y \leq -2x + 4$
$y > -3$

2) $y \leq 2$
$y \geq 2x - 4$
$y > -x - 1$

7 *Ferienjob*

a) x = Anzahl der Arbeitsstunden im Supermarkt
y = Anzahl der Arbeitsstunden in der Bibliothek
Die Ungleichung drückt aus, dass der Gesamtverdienst aus den beiden Tätigkeiten mindestens 120 € betragen soll.

b) $x + y \leq 30$
Eine Möglichkeit ist z. B. 15 Stunden Arbeit im Supermarkt und 10 Stunden in der Bibliothek; Verdienst: 165 €.

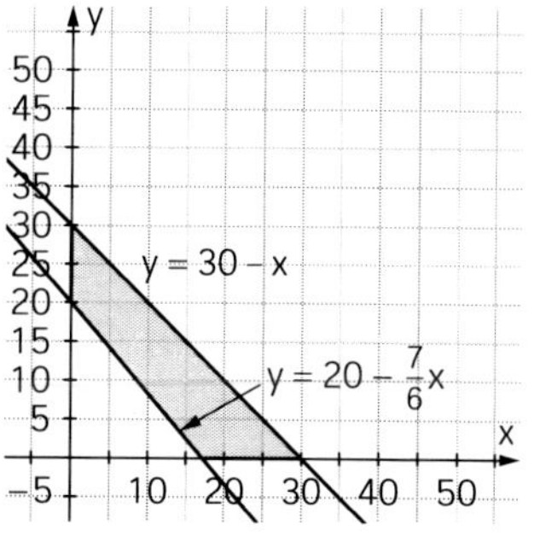

39

8 *Aus der Geschäftswelt*

a) $100x + 60y \geq 1500$

$x + y \geq 20$

b)

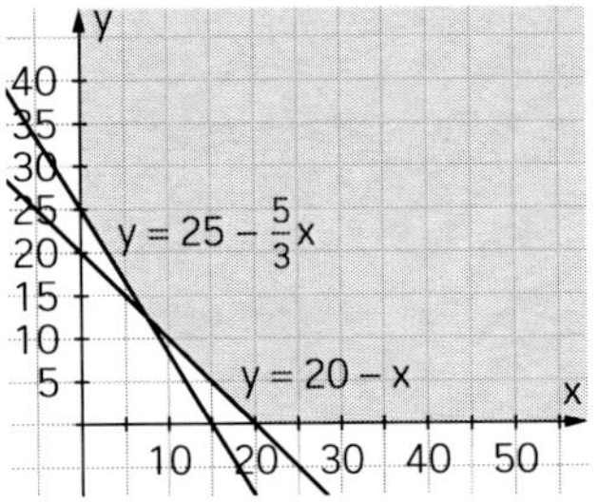

c) $100x + 60 \cdot 15 \geq 1500$

$\Rightarrow x \geq 6$

Es müssen also noch mindestens 6 Elektrorasenmäher verkauft werden.

9 *Kostenkalkulation für ein Jahrbuch*

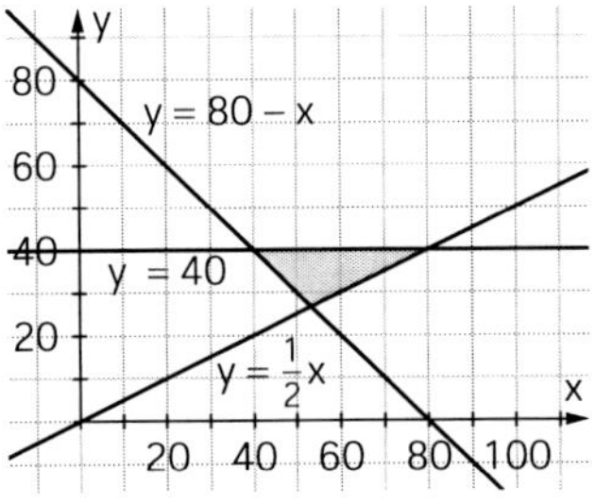

a) x = Anzahl der schwarz-weißen Seiten

y = Anzahl der farbigen Seiten

$y \geq \frac{x}{2}$

$y \leq 40$

$x + y \geq 80$

b) Lösungen sind z. B.

50 schwarz-weiße Seiten und 30 farbige Seiten (ausgewogene Mischung);

80 schwarz-weiße Seiten und 40 farbige Seiten (maximale Seitenzahl);

je 40 schwarz-weiße und farbige Seiten (größtmöglicher Farbanteil);

53 schwarz-weiße Seiten und 27 farbige Seiten (minimale Kosten).

10 *Fahrradfabrikant*

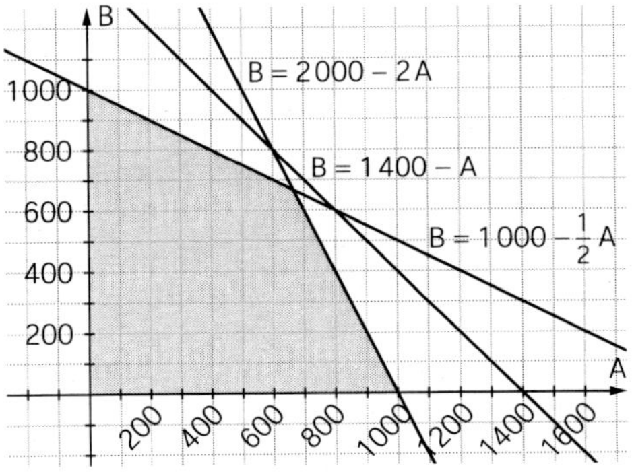

a) $3A + 3B \leq 4200$

$A \geq 0$

$A + 2B \leq 2000$

$B \geq 0$

$2A + B \leq 2000$

b) Die Punkte auf der Geraden $2A + B = 2000$, also z. B. (900 | 200) oder (800 | 400), geben die optimale Auslastung der Maschinen an.

Die Punkte auf der Geraden $A + 2B = 2000$ geben die maximale Facharbeitskapazität an, am Schnittpunkt (666,7 | 666,7) entsprechend die maximale Auslastung sowohl der Facharbeit als auf der Maschinen.

c) Man würde möglichst viele Fahrräder vom Typ A produzieren, aber dabei auch eine möglichst hohe Nutzung der Kapazitäten von Beschäftigten und Maschinen berücksichtigen.

39 11 *Koordinatengeometrie*

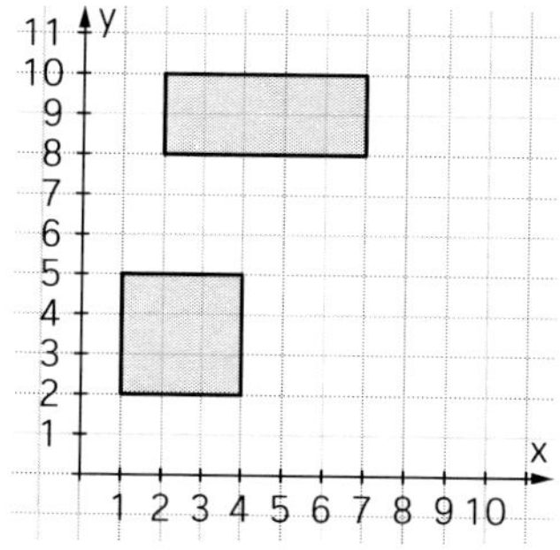

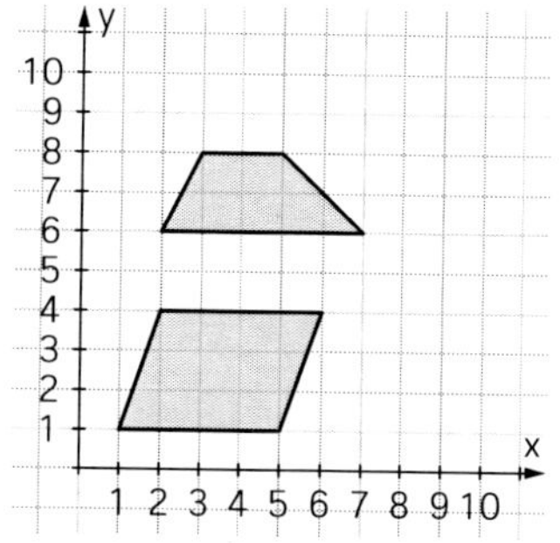

Quadrat:	Rechteck:	Parallelogramm:	Trapez:
$x \geq 1$	$x \geq 2$	$y \leq 3x - 2$	$y \leq 8$
$x \leq 4$	$x \leq 7$	$y \geq 3x - 14$	$y \geq 6$
$y \geq 2$	$y \geq 8$	$y \leq 4$	$y \leq 2x + 2$
$y \leq 5$	$y \leq 10$	$y \geq 1$	$y \leq -x + 13$

40 12 *Gruppenarbeit zum linearen Optimieren*

- Nebenbedingungen sind beschränkende Faktoren, wie im Beispiel die zugelassene Zuschauerzahl und die Platzanzahlen.
- Das Planungsvieleck ist der von den Geraden der Nebenbedingungen eingegrenzte Bereich, in dem alle zulässigen Lösungen liegen.
- Die Zielfunktion stellt die Bedingung dar, die unter Berücksichtigung der Nebenbedingungen optimiert werden soll, im Beispiel sind das die Einnahmen, die möglichst hoch sein sollen.

Die Randgeraden zeichnet man, indem man die Ungleichheitszeichen der Nebenbedingungen durch Gleichheitszeichen ersetzt und die sich daraus ergebende Gerade zeichnet, z. B. gehört zu der Nebenbedingung $x + y \leq 30\,000$ die Randgerade $y = 30\,000 - x$.

41 13 *Elektronikmarkt*

Eckpunkt	Z(x, y)
(0|0)	0
(250|0)	11 250
(200|50)	11 500 Max.
(0|175)	8 750

200 Monitore von Typ A und 50 Monitore von Typ B sollten bestellt werden.

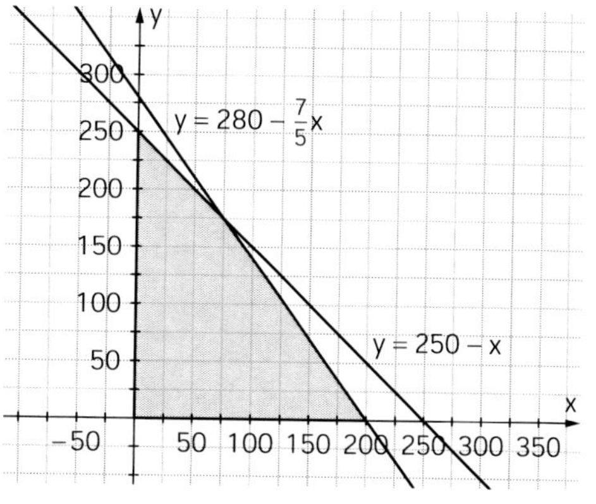

Kapitel 2
Ähnlichkeit

Didaktische Hinweise

Der Begriff der Ähnlichkeit wird zu Recht als eine der fundamentalen Ideen in der Geometrie herausgestellt. In diesem Kapitel wird ein vielschichtiger Zugang zu diesem Begriff gewählt. Zunächst werden ähnliche Figuren mit Hilfe der zentrischen Streckung erzeugt, über die Eigenschaften der Abbildung findet der Lernende einen dynamischen Zugang zu den Phänomen der Ähnlichkeit. Die Strahlensätze werden eingebettet in das Bestimmen von unzugänglichen Streckenlängen, damit wird das in Band 7 bereits ausführlich betriebene Messen im Gelände erstmals über die Konstruktion hinaus um rechnerische Bestimmungen angereichert. Dies findet mit dem Satz des Pythagoras noch in diesem Band seine Fortsetzung und wird schließlich im Rahmen der Trigonometrie im Band 10 fortgeführt. Die vor allem für viele Anwendungen relevante Bedeutung der Verhältnisse von Längen, Flächeninhalten und Volumina bei ähnlichen Figuren wird in einem eigenen Lernabschnitt erfahren. Schließlich führt der Begriff der Selbstähnlichkeit zu einer spannenden Exkursion in die Welt der Fraktale und damit zu einer aktuellen Anreicherung der Beschreibung von Naturphänomenen mit einer ganz anderen Art von Geometrie.

Im ersten Lernabschnitt **2.1** wird zunächst die zentrische Streckung mit Streckfaktor $k > 1$ aus bekannten Phänomen aus Kunst und technischen Vergrößerungen erschlossen und dann als geometrische Abbildung mit den kennzeichnenden Eigenschaften herausgestellt. Neben den Übungen zum operatorischen Durcharbeiten der Konstruktionen wird die zentrische Streckung auch als nützliche Strategie zum Lösen innermathematischer Problemaufgaben und außermathematischer Anwendungen (Projekt, Seite 54) herausgestellt. In einem kürzeren Lernabschnitt **2.2** erfolgt dann die Erweiterung auf Streckfaktoren $k < 1$; über die Computeranwendung wird auch der Aspekt des Berechnens von zentrischen Streckungen im Koordinatensystem (Abbildungsvorschrift) angesprochen.

Dem Verhältnis von Längen, Flächeninhalten und Volumina bei ähnlichen Figuren ist ein eigener Lernabschnitt **2.3** gewidmet. Hier wird insbesondere die Relevanz dieser unterschiedlichen Verhältnisse bei Phänomenen in der Natur und Technik in interessanten Anwendungen eindrucksvoll erfahren und damit ein schöner Ansatz zum fächerübergreifenden Arbeiten geboten.

Der Lernabschnitt **2.4** thematisiert die Strahlensätze im Umfeld des Messens im Gelände. Hierzu gibt es zahlreiche Übungen mit historischen und aktuellen Bezügen.

Im Lernabschnitt **2.5** werden mithilfe exakter Definitionen vielfältige Eigenschaften und Beziehungen ähnlicher Figuren untersucht und begründet. In der zweiten grünen Ebene wird ein Ausflug in die faszinierende Welt der Fraktale angeboten.

Lösungen

2.1 Zentrische Streckungen entdecken und durchführen

48 **1** *Zentralsperspektive – so machen es die Künstler*

a) Schüleraktivität.

b) $\overline{AB}$ ist die Hypotenuse eines rechtwinkligen gleichschenkligen Dreiecks ABC und stellt die Straße dar. $\overline{BC}$ stellt den ersten Telefonmasten dar.

(1) Wähle in beliebigem Abstand von C auf $\overline{AC}$ den Punkt Q_1 und zeichne durch Q_1 eine Parallele zu $\overline{BC}$.

(2) Den Schnittpunkt dieser Parallelen mit $\overline{AB}$ nenne P_1.
$\overline{P_1Q_1}$ ist der zweite Telefonmast.

(3) Konstruiere die Seitenhalbierende $\overline{AM}$, die $\overline{P_1Q_1}$ in S_1 schneidet.

(4) Zeichne die Gerade CS_1, die $\overline{AB}$ in P_2 schneidet.

(5) Zeichne durch P_2 eine Parallele zu $\overline{BC}$, die $\overline{AC}$ in Q_2 schneidet.
$\overline{P_2Q_2}$ ist der dritte Telefonmast.

Wiederhole diese Konstruktion im Dreieck AP_1Q_1 usw.

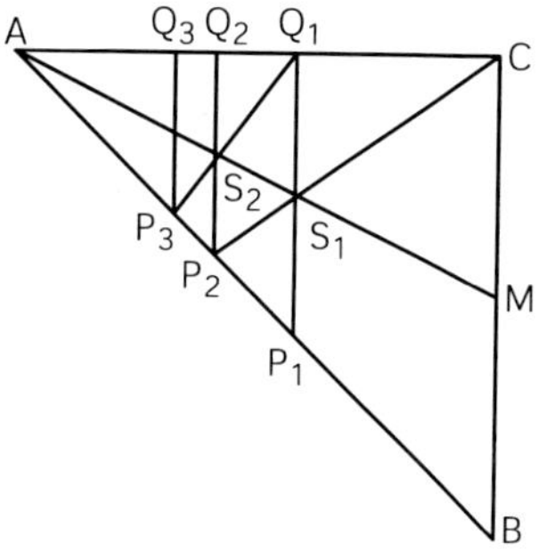

c) Schüleraktivität.

2 *Ein Porträt hat es in sich*

a) Es handelt sich um das gleiche Foto. Das Foto rechts ist eine Vergrößerung des Fotos links. Zudem wurde ein anderer Ausschnitt gewählt.

b) Man kann das Verhältnis bestimmter Längen zueinander angeben. Hier kann man z. B. angeben, um wie viel Prozent die Kopfhöhe (Kinn bis Scheitel) vergrößert oder verkleinert wurde: Die Kopfgrößen verhalten sich hier wie 6,4 : 2,4. Folglich ist das rechte Bild gegenüber dem linken um das ungefähr 2,6-fache vergrößert.

c) Der Zoomfaktor kann analog b) durch Messen bestimmter Streckenlängen ermittelt werden.

49 **3** *Die Hosengummi-Streckung*

Hinweise zur Unterrichtspraxis: Neben einem ausreichend langen Hosengummi (2 m genügen) wird eine geeignete Markierung benötigt. Hierfür sind farbige Klebepunkte ebenso geeignet wie farbige Pins, die mit Klebeband am Gummi fixiert werden können. Wegen der Proportionen (Ausgangsfigur und Bild sollen auf die Tafel passen) wird geraten, die Konstruktion vorher auszuprobieren.

4 *Zentrische Streckung eines Dreiecks mit DGS*

a) r entspricht dem Abstand des Streckzentrums zum Bildpunkt A′.

b) (1) Durch Veränderungen des Streckfaktors k wird die Bildfigur größer oder kleiner.

(2) Zieht man an den Eckpunkten der Ausgangsfigur, so ändern sich auch die Eckpunkte der Bildfigur entsprechend.

c) Schüleraktivität.

51

5 *Buchstaben vergrößern*

a)

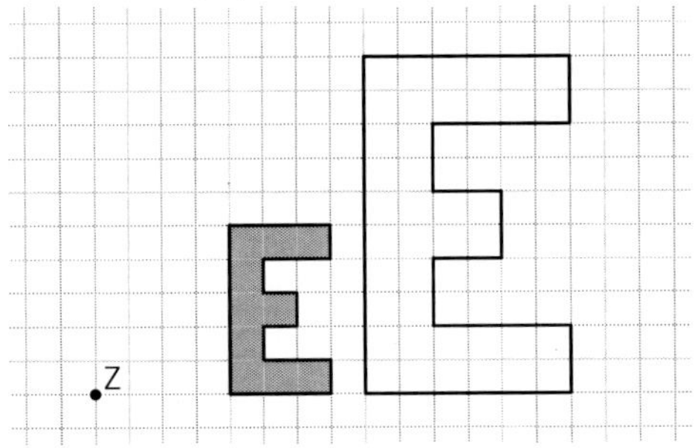

Streckfaktor: $k = 2$

b) Schüleraktivität.

6 *Vergrößerte Figuren*

a)

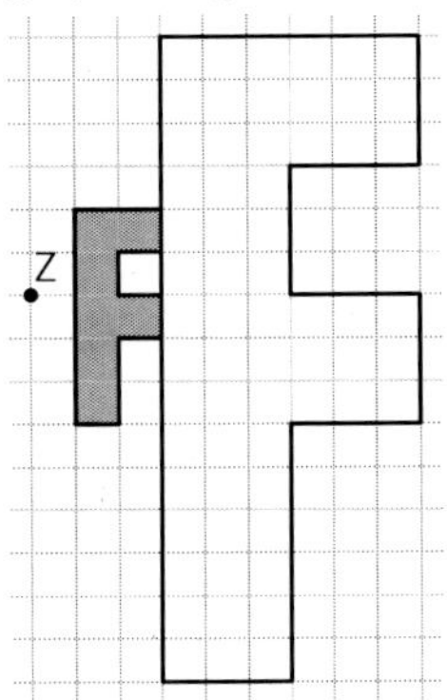

b)

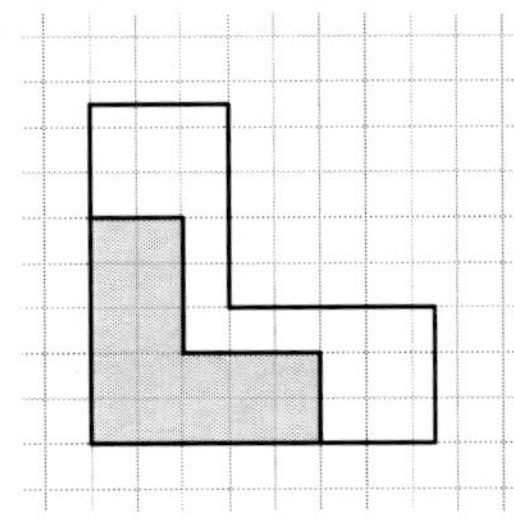

c)

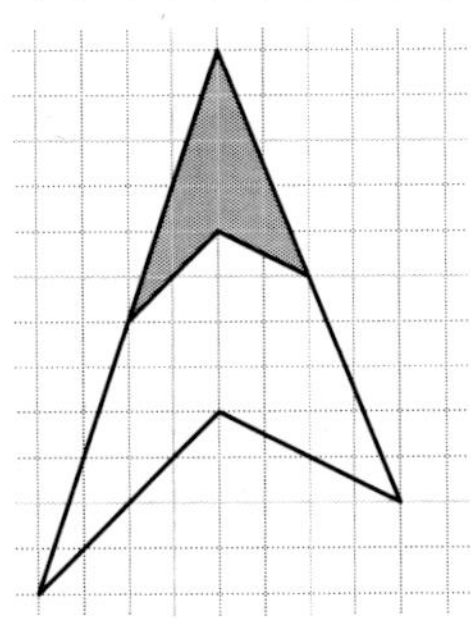

d)

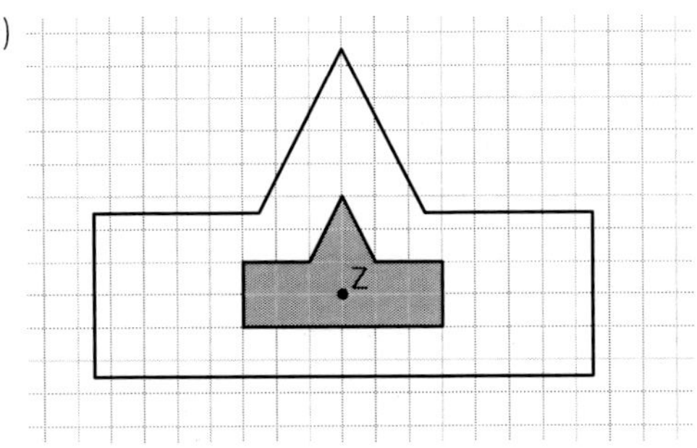

7 *Streckzentren gesucht*

Anleitung: Durch Verbinden der jeweils einander entsprechenden Punkte A und A′ etc. und Verlängerung dieser so, dass sich ein gemeinsamer Schnittpunkt, das Streckzentrum, ergibt, erhält man die Strahlenfigur. Aus dieser lassen sich die Streckfaktoren k direkt ablesen. Es ergibt sich auf diese Weise für k:

a) 3　　b) 3　　c) 2　　d) 2,5

8 *Blick in die offene Kiste*

Ein von oben in die Kiste blickender Beobachter sieht die Deckelfläche als mit Faktor $k = 2$ gestreckten Boden. Das Streckzentrum befindet sich dabei in der Mitte der oberen Kante der Bodenfläche.

52 **9** *Fragmente*

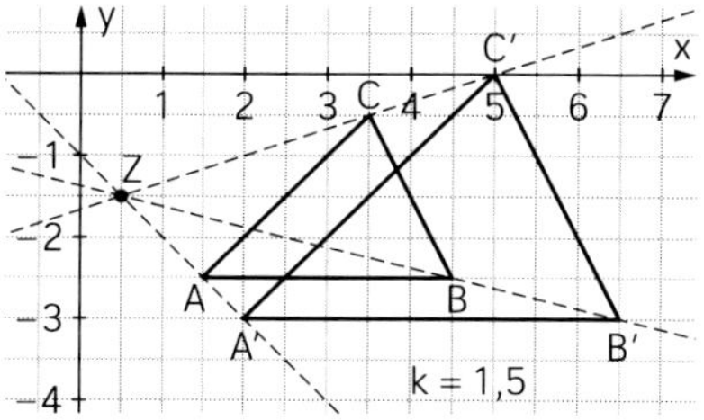

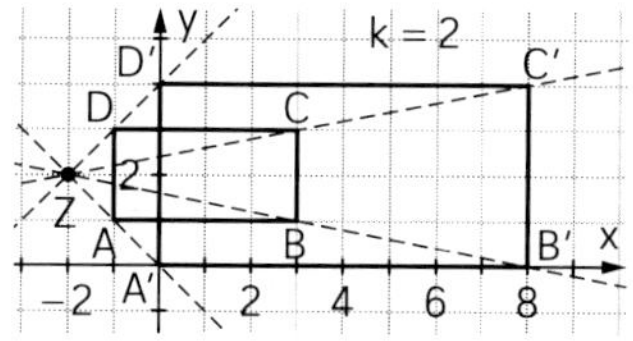

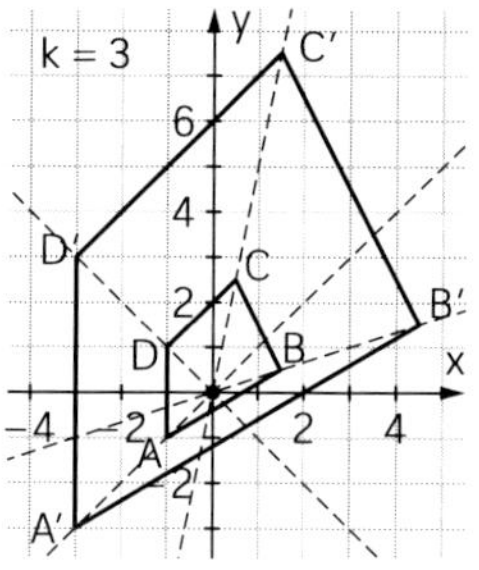

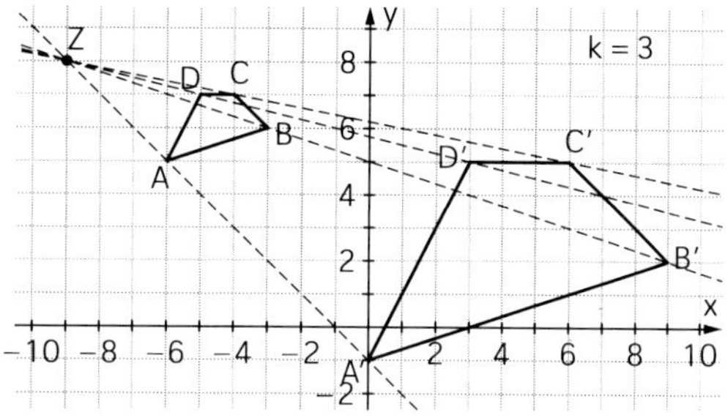

10 *Schwarze Schafe*

a) Das Streckzentrum ist der Mittelpunkt des blauen Kreises. Der Streckfaktor ist $k = 3$.

b) Es handelt sich nicht um eine zentrische Streckung, sondern lediglich um eine verschobene Kopie des Originals – jeweils einander entsprechende Seiten sind nämlich parallel.

c) Es handelt sich nicht um eine zentrische Streckung, da die Längen nicht mit einem einheitlichen Faktor modifiziert wurden.

d) Es handelt sich nicht um eine zentrische Streckung, sondern um eine an der Mittelsenkrechten von $\overline{AD}$ gespiegelte Bildfigur.

e) Streckzentrum D, $k = 2$

f) Streckzentrum ist der Berührpunkt der beiden Kreise, $k = 1{,}5$.

11 *Lücken füllen*

Streckung	**A(1|1)**	**B(5|2)**	**C(1|5)**	**Streckzentrum Z**	**Streckfaktor k**
	A′	**B′**	**C′**		
a)	(1|−1)	(7|0,5)	(1|5)	(1|5)	1,5
b)	(1|−3)	(13|0)	(1|9)	(1|3)	3
c)	(−2|−2)	(8|0,5)	(−2|8)	(3|3)	2,5
d)	(−3|0)	(5|2)	(3|3,5)	(5|2)	2

53 **12** *Zentrisch gestreckt?*

a) Es handelt sich um eine zentrische Streckung mit Streckfaktor $k = 2$.

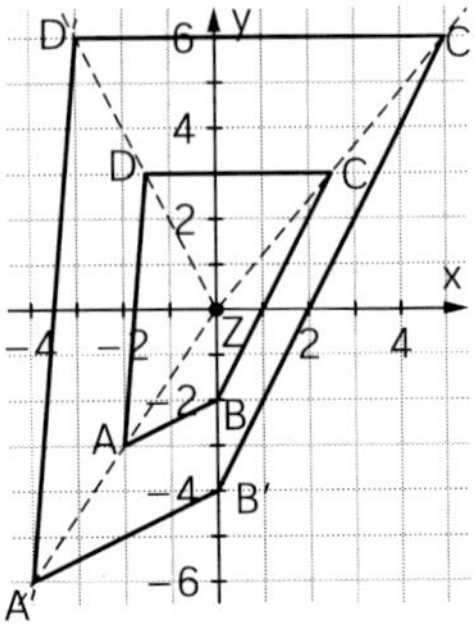

b) Es handelt sich um keine zentrische Streckung. Als Streckzentrum kommt nur B infrage, da $B = B'$, dann liegt D' aber nicht auf der Geraden durch $Z = B$ und D.

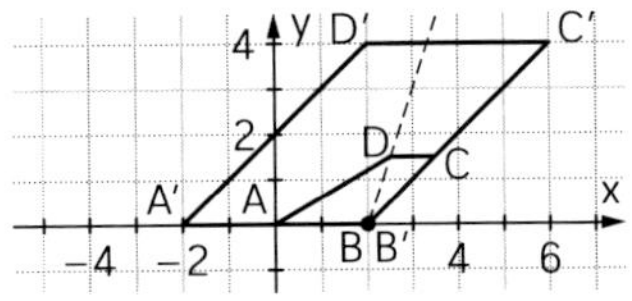

c) Es handelt sich um eine zentrische Streckung mit Streckfaktor $k = 1{,}5$.

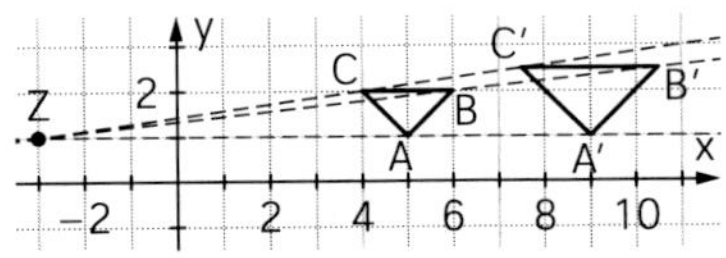

d) Hier bietet sich die Arbeit in „Forscherteams“ an.
Der Zusammenhang kann (mit Verzicht auf eine Matrix-Vektor-Schreibweise) folgendermaßen formuliert werden: Ist k der Streckfaktor und $Z(z_x|z_y)$ das Streckzentrum, so gilt:

$x_{neu} = k \cdot x_{alt} + (1 - k) \cdot z_x$
$y_{neu} = k \cdot y_{alt} + (1 - k) \cdot z_y$

Beispiele: zu a): $(x|y) \rightarrow (2x|2y)$ zu b): $(x|y) \rightarrow \left(\frac{3}{2}x + \frac{3}{2}\middle|\frac{3}{2}y - \frac{1}{2}\right)$

13 *Wo steckt der Fehler?*

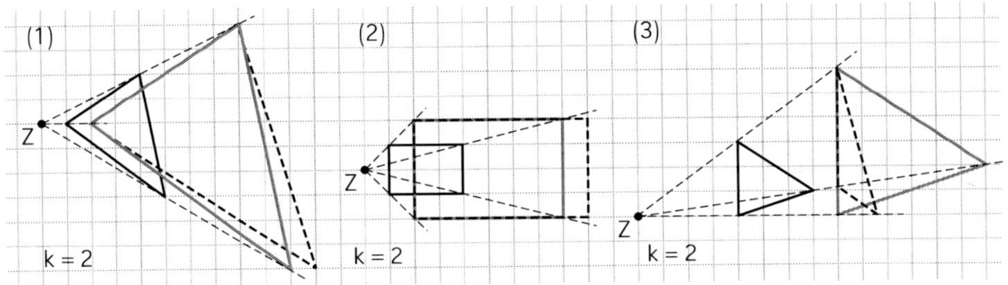

a) Bei (1) ist die untere Ecke des roten Dreiecks um ein Kästchen zu weit nach rechts geraten. Bei (2) ist das rote Rechteck um eine Kästchenspalte zu lang. Bei (3) wurden auf den Strahlen die Dreiecksecken nicht korrekt verschoben.

b) Mit dieser Aufgabe sollen die Schülerinnen und Schüler die Eigenschaften der zentrischen Streckung benutzen und umformulieren, um Fehler bei der Ausführung der Konstruktion zu vermeiden.
Ein weiterer möglicher Tipp: Achte darauf, dass die Strahlen sich in *einem* Punkt treffen.

14 *Zum Nachdenken*

a) Ja.
b) Nein (das Verhältnis einander entsprechender Strecken bleibt unverändert).
c) Nein (der Flächeninhalt einer Figur vervierfacht sich).

53 Kopfübungen

1. $\frac{2}{3} \cdot \frac{15}{2} = 5$
2. Durch Verschieben von B wird die Grundseite g auf $\frac{1}{5}$ ihrer Ausgangslänge verkürzt. Da der Flächeninhalt eines Dreiecks proportional zu dessen Grundseite ist, wird auch dieser sich auf $\frac{1}{5}$ seines Ursprungswertes verkleinern.
3. $(x - 4)^2 = x^2 - 8xy + 16y^2$
4. $\gamma = \gamma' = 105°$, $\beta = \varepsilon = 55°$, $\alpha = \delta = 20°$
5. Z. B. $\frac{26}{5}, \frac{27}{5}, \ldots, \frac{16}{3}, \frac{17}{3}, \frac{11}{2}$
6. $\frac{15}{25} \cdot \frac{14}{24} = 0{,}35$
7. Der Graph ist punktsymmetrisch zum Ursprung (Polstelle) und verschwindet im sowohl negativen als auch positiven Unendlichen. Er nähert sich der Asymptoten $x = 0$ von beiden Seiten mit negativer Steigung.

54 Projekt

Schüleraktivität.
Im Einstiegsproblem führt nur c) nicht zum Ziel.
Quadrat im Dreieck: vgl. Einstiegsproblem.
Quadrat im Pizzastück: Man konstruiert zunächst ein gleichseitiges Dreieck ausgehend von der Spitze und errichtet über der Verbindungslinie zwischen den beiden Radien ein Quadrat.
Parkgestaltung: Über dem Mittelpunkt des Durchmesser zeichnet man ein Rechteck mit dem Seitenverhältnis 3 : 1. Mittels der zentrischen Streckung vergrößert man das Rechteck so, dass die beiden oberen Ecken auf dem Kreis liegen.

2.2 Zentrische Streckungen – verkleinern und vergrößern

55 **1** *DGS im Einsatz – Was passiert, wenn k immer kleiner wird?*

a) Schüleraktivität.
b) Für $0 < k < 1$ wandert das gestreckte Objekt immer weiter Richtung Streckzentrum. Ein Streckfaktor < 0 „katapultiert" das gestreckte und jetzt um 180° gedrehte Objekt auf „die andere" Seite, also jenseits des Streckzentrums.
c) Schüleraktivität.

2 *Auch hier handelt es sich um zentrische Streckungen!*

(1) $Z = A$, $k = -\frac{1}{2}$
(2) $k = \frac{2}{3}$

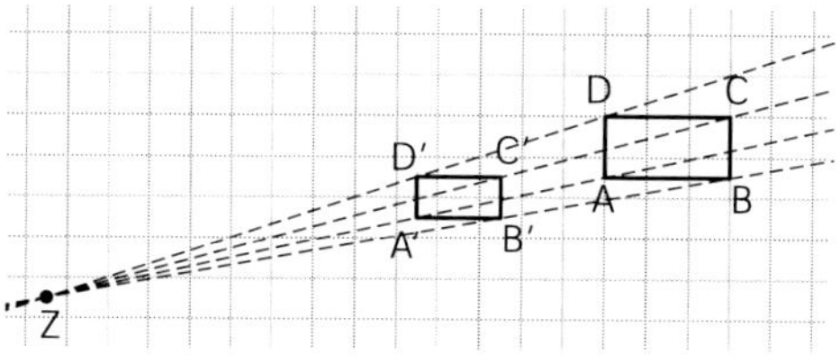

3 *Landschaftsmalerei und zentrische Streckung*

a) Die Camera Obscura bildet Landschaften zwar verkleinert und auf dem Kopf stehend, dabei aber mit korrekten Längen- und Winkelverhältnissen ab.
b) Es handelt sich um eine zentrische Streckung mit negativem Streckfaktor. Das Streckzentrum befindet sich dabei in der Blende, der Streckfaktor beträgt ungefähr $k = -0{,}5$.

57 **4** *Streckzentrum und Streckfaktor bestimmen*

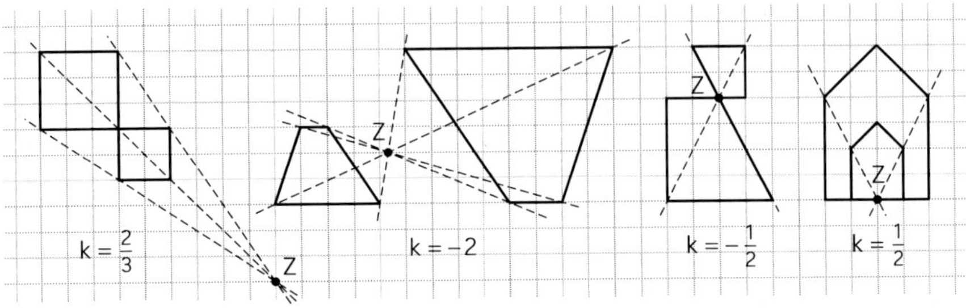

5 *Figuren zentrisch strecken*

a)

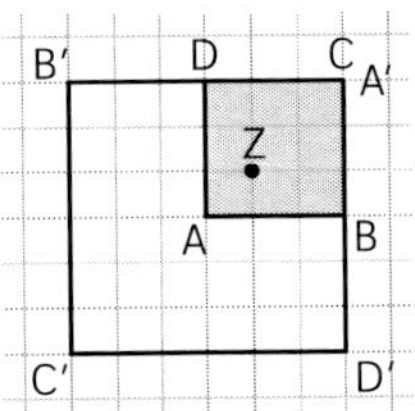

b)

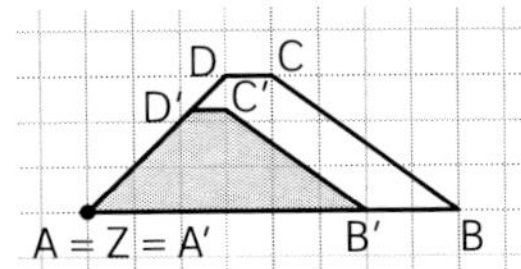

c)

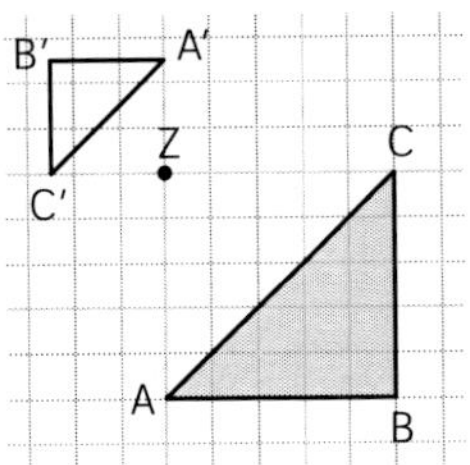

d)

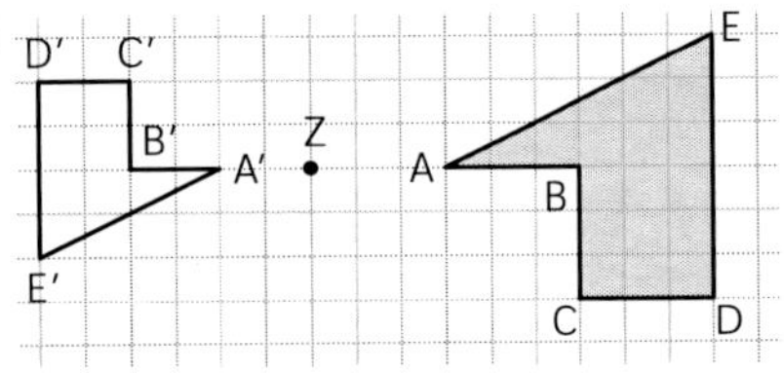

Anmerkung an die erste Auflage: Die Tabellen von Aufgabe 6 und 7 sind vertauscht. Hier in der Lösung sind die Tabellen schon richtig zugeordnet, also für die erste Auflage steht die Lösung zu 6 hier in 7 und andersherum.

6 *Dreiecke zentrisch strecken*

a) A′(−5|0)
B′(10|0)
C′(0|5)

b) A′(7|9)
B′(5|9)
C′(9|3)

c) A′(5,5|3)
B′(4,5|0,5)
C′(5,5|1)

7 *Vorsicht: überlappende Figuren!*

a) A′(3,5|4)
B′(2|2,5)
C′(4|2,5)

b) A′(2,5|2,5)
B′(7|2,5)
C′(2,5|10)

c) A′(6,2|1,4)
B′(7,8|3,8)
C′(3|6,2)

8 *Streckfaktoren angeben*

Hier sind jeweils zwei Lösungen möglich: Wenn nach der Größe gefragt wird, könnte sowohl die Höhe als auch die Fläche gemeint sein. Intuitiver ist hier sicherlich die Höhe, dementsprechend sind hier die Lösungen.

a) $k = 2$ b) $k = 0{,}8$ c) $k = 1$ d) $k = 1{,}75$ e) $k = 1{,}5$

9 *Lückenhafte Dokumentation*

links: A′(−1|4); B′(1|−2); C′(−3|0)
rechts: Z(4|3); $k = 1{,}5$; A′(−0,5|−1,5); D′(1|6)

58 **10** *Unterschiedliche Interpretation gewünscht*

	blaue Ausgangsfigur	Rote Ausgangsfigur
a)	$k = 3$	$k = \frac{1}{3}$
b)	$k = -1$	$k = -1$
c)	$k = \frac{3}{2}$	$k = \frac{2}{3}$

Wenn man Ausgangsfigur und Bildfigur austauscht, so ist der neue Streckfaktor der Kehrwert des alten Streckfaktors.

11 *Zwei zentrische Streckungen hintereinander*

a) Die Streckung $S_{Z;\,2}$ führt direkt zur Endfigur.
b) Die Reihenfolge macht keinen Unterschied.
c) Der zweite Bilddrachen A″B″C″D″ landet wieder auf dem Ausgangsdrachen ABCD.
d) Es entsteht ein Bilddrachen A‴B‴C‴D‴, der auch mit der einzigen Streckung Z, k_{gesamt} mit $k_{gesamt} = k_1 \cdot k_2 \cdot k_3 = 3 \cdot (-2) \cdot \frac{1}{3} = -2$ aus dem Ausgangsdrachen ABCD entsteht.

12 *Knifflige Aussagen zur zentrischen Streckung*

a) Aussage trifft zu. Wenn Z auf der Geraden liegt, wird mit jedem k die Gerade auf sich selbst abgebildet.
b) Aussage trifft nicht zu, außer für $k = 1$.
c) Aussage trifft zu, denn die zentrische Streckung ist winkeltreu.
d) Aussage trifft zu.
e) Aussage trifft nicht zu, außer für $k = 1$.
f) Aussage trifft nicht zu. Die Hintereinanderausführung zweier zentrischer Streckungen mit dem Faktor k_1 und k_2 kann durch eine Streckung mit dem Faktor $k_1 \cdot k_2 = 6$ ausgeführt werden.

Kopfübungen

1. 9 Liter gelbe Farbe und 3 Liter rote Farbe.
2. Eine Raute lässt sich bereits eindeutig konstruieren, wenn man eine Seitenlänge und einen Winkel kennt.
3. $(a^2 - b^4) = (a - b^2) \cdot (a + b^2)$
4. $1\,\text{km} = 1000\,\text{m}$, $1\,\text{h} = 3600\,\text{s}$, $1\,\frac{\text{km}}{\text{h}} \approx 0{,}28\,\frac{\text{m}}{\text{s}}$, $18\,\frac{\text{km}}{\text{h}} = 5\,\frac{\text{m}}{\text{s}}$
5. 31; 37
6. $U(x) = 3 \cdot (12\,\text{m} + x)$, lineare Funktion

59 **Projekt**

Zentralperspektive mit DGS – mathematisches Handwerk in der Kunst

Der Schnittpunkt von AA′ und BB′ ergibt den Fluchtpunkt.
Entscheidend sind die eigenen Tätigkeiten der Lernenden. Mithilfe des DGS lassen sich geeignete Strategien zur zielgerichteten Variation finden („Was passiert, wenn …“).

2.3 Flächen und Volumina bei zentrischen Streckungen

60 **1** *Stute und Fohlen*

Durch Abmessung und Vergleich aus dem Bild ergibt sich, dass der Körper des Fohlens gegenüber dem der Stute andere Proportionen aufweist. Eine Angabe des Maßstabes ist nicht erforderlich, da ein Vergleich zwischen Objekten desselben Bildes stattfindet und ein Foto (idealerweise) die natürlichen Proportionen erhält.

60 **2** *Poster-Angebote*

Vor dem Hintergrund der Auslobung als „Angebot der Woche“ zeugen die Preise von einer ehrlichen Haltung gegenüber dem Kunden, denn der Preis pro Quadratzentimeter sinkt mit zunehmender Postergröße.

3 *Schulhof*

Durch die vorgeschlagene Vergrößerung des Schulhofes sinkt die Schülerdichte von $0{,}27/m^2$ auf $0{,}17/m^2$.

4 *Modellauto*

a) Durch Multipliktion der Modellmaße mit dem Streckfaktor 87 ergibt sich das Geforderte: Länge = 4,536 m, Breite = 2,523 m, Höhe = 2,436 m.

b) Das Volumen wird sich ungefähr um sechs Größenordnungen ändern. Es beträgt im Original $27{,}87\,m^3$, im Modell $43{,}84\,cm^3$.

c) Die Oberfläche ändert sich in etwa um fünf Größenordnungen.

61 **5** *Vergrößertes Rechteck und Dreieck*

Die Schülerinnen und Schüler erhalten keine explizite Vorgabe für die Maße der beiden Figuren. Dadurch können sie ihre Beobachtungen auch untereinander vergleichen und festigen.

Der Flächeninhalt A der vergrößerten Objekte ergibt sich durch $k^2 \cdot A$; der Umfang U der vergrößerten Objekte ist $k \cdot U$.

6 *Aus einem englischen Schulbuch*

$4^3 \cdot 1{,}2$ pounds = 76,8 pounds ≈ 34,8 g

62 **7** *Vergrößerte Figuren*

Der Flächeninhalt der ursprünglichen Figur sei im Folgenden mit U, der der vergrößerten mit U' bezeichnet:

	U in cm²	U' in cm²
a)	3,75	23,44
b)	15	60
c)	51,2	28,8
d)	12	48

8 *Pizzapreise*

Der Preis der Pizza mit 20 cm Durchmesser (Radius $r = 10\,cm$) liegt bei ca. 2 Cent pro cm², denn eine solche Pizza hat einen Flächeninhalt von $r^2 \cdot \pi = 100\pi\,cm^2$. Der Flächeninhalt einer Pizza mit einem Durchmesser von 30 cm ist $706{,}86\,cm^2$. Bei fairer Kalkulation würde dem ein Preis von 14,14 € entsprechen.

9 *Modell*

Masthöhe = 15 m, Segelfäche = $120\,m^2$, Innenraumvolumen = $150\,m^3$.

62 **10** *Taschenlampe*

Die obere Taschenlampe stellt ungefähr die 1,5-fache Vergrößerung der unteren dar, wie sich durch Vergleichen der jeweiligen Abmessungen ergibt. Dies entspricht einem Volumenverhältnis 3,375 : 1. Setzt man das Volumen der großen Lampe als Einheitsvolumen fest, dann beträgt deren Dichte 192 g/Volumeneinheit. Die kleine Lampe weist demgegenüber das 0,3-fache Volumen auf. Da die Dichten der beiden Lampen gleich sind, ergibt sich die Masse der kleinen Lampe zu $192 \cdot 0{,}3\,g = 57{,}3\,g$.

11 *Packvolumen*

a) Man benötigt $\frac{(12 \cdot 4 \cdot 8)\,cm^3}{(60 \cdot 20 \cdot 40)\,cm^3} = 125$ kleine Kartons.

b) Die Menge des Pappmaterials pro Karton bemisst sich nach dessen Oberfläche. Die Oberfläche des großen Kartons beträgt $6400\,cm^2$, die des kleinen Kartons $256\,cm^2$. Füllt man also den großen Karton vollständig mit kleinen Kartons aus, benötigt man die fünffache Menge an Pappmaterial, denn es ist $125 \cdot 256\,cm^2 = 32\,000\,cm^2 = 5 \cdot 6400\,cm^2$.

12 *Prismen*

Flächenvergrößerung erfolgt durch einen Faktor k^2, in diesem Fall $\frac{9}{4}$, also ist hier $k = \frac{3}{2}$. Damit die Prismen ähnlich zueinander sind, sollten alle Längen im Verhältnis k und alle Flächen im Verhältnis k^2 zueinander stehen. Für die Höhen gilt in diesem Fall $\frac{18}{12} = \frac{3}{2} = k$, also sind die beiden Prismen ähnlich zueinander. Für das Volumen gilt: $\frac{V_2}{V_1} = \frac{G_2 \cdot 18}{G_1 \cdot 12} = \frac{2{,}25 \cdot G_1 \cdot 18}{G_1 \cdot 12} = 3{,}375 = \frac{27}{8} = k^3$. Dies hätte man auch direkt ausrechnen können, da man laut Basiswissen auf Seite 61 weiß, dass die Volumenvergrößerung durch einen Faktor k^3 erfolgt.

63 **13** *Eisblock*

Je größer die mit der Sonne in Kontakt kommende Oberfläche des Eiswürfels im Verhältnis zu seinem Volumen ist, desto schneller schmilzt er. Wasser hat eine Dichte von $1000\,kg/m^3$. Ein 1 kg schwerer Eisblock hat demnach ein Volumen von $0{,}001\,m^3$, was einer Kantenlänge von 0,1 m und einer Oberfläche von $0{,}06\,m^2$ entspricht. Durch eine analoge Rechnung ergibt sich das Volumen des kleinen Eiswürfels zu $0{,}000\,025\,m^3$ (denn das Verhältnis der Volumina von Eisblock und Eiswürfel beträgt laut Vorgabe 1 : 40), was einer Kantenlänge von ca. 0,03 m und einer Oberfläche von $0{,}0054\,m^2$ entspricht. Das Verhältnis Oberfläche : Volumen ist also für den kleinen Eiswürfel mit 216 : 1 bedeutend größer als für den großen Eiswürfel (60 : 1). Die Anzahl der Eiswürfel spielt bei der Beantwortung der in der Aufgabe gestellten Frage keine Rolle, solange diese alle identisch und kleiner als der große Eisblock sind und nicht nach der exakten Schmelzzeit gefragt wird: Die einzelnen Eiswürfel sind mit Abstand voneinander, also getrennt, angeordnet (siehe Abbildung in der Aufgabenstellung) und die Leistung der Sonne kann in diesen Größenordnungen pro Flächeneinheit als konstant angesehen werden (vgl. z. B. damit, dass die Garzeit für zehn (gleich große) Eier genau so lang ist wie für ein Ei).

14 *Piktogramme – genau hingeschaut*

a) Die Länge der Figuren ist proportional zu den Prozentsätzen: 27 : 16 : 12 = 37 : 22 : 16. Die Grafik ist korrekt in Bezug auf die Höhen der Figuren. Durch die Wahl der Figuren, deren Optik dazu verleitet, nicht nur die Länge zu vergleichen, sondern insbesondere die Fläche, wird allerdings der Eindruck des Rückgangs der Praxen für Allgemeinmedizin noch verstärkt.

b) Auch hier ist die Länge der Eistüten proportional zu den Verkaufsmengen. Der in a) beschriebene Effekt ist hier allerdings noch stärker: Man vergleicht spontan nicht die Längen, sondern die Flächen miteinander und kommt so zu einem falschen Eindruck.

63 14 *Froschgeschichten*

Die Längen der Frösche stehen in einem Verhältnis von $\frac{300}{9{,}8} \approx 30{,}61$. Das Gewicht hängt vom Volumen ab und man geht davon aus, dass die Größenverhältnisse der beiden Frösche proportional zueinander sind.

Man rechnet also: $\frac{3200\,g}{30{,}61^3} \approx 0{,}1157\,g = 115{,}7\,mg$

Kopfübungen

1. $x = 3k$
2. Ein Quadrat ist eine Raute mit gleich großen Winkeln von je 90°.
3. $4 + b + 3 = 7 + b$
   $4 + (b - 3) = 1 + b$
   $4 - (b + 3) = 1 - b$
   $4 - (b - 3) = 7 - b$
4. Umfang und Inhalt des Kreisausschnitts betragen jeweils $\frac{1}{9}$ von Umfang und Flächeninhalt des Vollkreises. Es ist also $U = \left(\frac{2}{3}\right)\pi\,dm$ und $A = \pi\,dm^2$
5. $\frac{1}{12}$ und $-\frac{1}{12}$
6. Dies ist nicht möglich, der Mittelwert einer Reihe von z. B. Messwerten kann nicht außerhalb deren Intervall liegen.
7.

	b > 0	b < 0
m > 0	(1)	(4)
m < 0	(3)	(2)

64 16 *Gullivers Reisen*

a) Wenn man annimmt, dass die mittlere Länge eines Menschen 1,74 m beträgt, dann ist sie beim Lilliputaner 14,5 cm $\left(k = \frac{1}{12}\right)$.

Wir setzen voraus, dass das Gewicht der beiden im gleichen Verhältnis zueinander steht wie das Volumen.

$G_{Mensch} : G_{Lilliputaner} = 1 : k^3 = 1 : \frac{1}{1728}$

Wenn das mittlere Gewicht des Menschen 70 kg beträgt, dann liegt das des Lilliputaner bei 40 g.

b) Hier werden die Oberflächen verglichen:

$O_{Mensch} : O_{Lilliputaner} = 1 : k^2 = 1 : \frac{1}{144}$

Für die Kleider von Gulliver wird 144-mal so viel Stoff benötigt wie für eine Lilliputaner-Kleidung.

c) Wenn sich die Längen an zwei ähnlichen Körpern (z. B. die Kantenlängen beim Quader) zueinander verhalten wie 1 : k, dann verhalten sich die Volumina der beiden Körper wie $1 : k^3$.

Die Lilliputaner übertragen dies auf die Nahrungsaufnahme:

Für $k = 12$ ist $k^3 = 1728$.

65 17 *Wenn der Mensch ein vergrößerter Floh wäre …*

a) Vermutlich könnte der Floh den Eiffelturm nicht überspringen, da er bei der Größe sicherlich zu schwer wäre.

b) Pferd: Größe: 1,5 m Relative Sprunghöhe: 1-faches der Rumpfhöhe

Mensch: Größe: 1,7 m Relative Sprunghöhe: 1-faches der Rumpfhöhe

Mögliche Feststellung: Je kleiner das Lebewesen, umso größer die relative Sprunghöhe.

Mögliche Erklärung: Gewicht wächst in 3. Potenz zur Größe.

65 **18** *Massenverhältnisse*

Maus 0,04 Katze 0,05 Elefant 0,27

Große Tiere benötigen im Verhältnis für die gleiche Leistung dickere Knochen, denn die Masse ändert sich mit zunehmender Größe schneller als die Fläche der tragenden Gliedmaßen.

19 *Tiere in kalten und warmen Regionen*

a) Die Körperoberfläche wird durch z. B. kleine Ohren weniger stark vergrößert, was zu relativ geringeren Wärmeverlusten führt. Umgekehrt würden in warmen Regionen relativ große Ohren Überhitzung vorbeugen, da sie die Körperoberfläche vergrößern.

b) Das Verhältnis von Körperoberfläche und -volumen wird mit zunehmender Größe des Tieres kleiner; dies stellt einen wesentlichen Schutz vor Auskühlung dar.
Kaiserpinguin, Königspinguin: Polarzone
Magellanpinguin: Subpolarzone
Humboldtpinguin: Subtropenzone
Galapagospinguin: Tropenzone

2.4 Bestimmung von unzugänglichen Streckenlängen – Strahlensätze

66 **1** *Auf zwei unterschiedlichen Wegen zur Turmhöhe*

a) Im linken Bild kann man das Dreieck konstruieren, da eine Seite und zwei Winkel bekannt sind (der angegebene und ein rechter Winkel). Nach der Konstruktion kann man die gesuchte Seite ausmessen.
Im rechten Bild sieht man, dass das kleine, durch die rote Linie begrenzte Dreieck ähnlich zu dem gesamten Dreieck ist, da alle Winkel gleich sind. Also kann man in Verhältnis setzen:
$\frac{32\,\text{m}}{1{,}6\,\text{m}} = \frac{x}{0{,}8\,\text{m}}$, wobei x die Turmhöhe abzüglich der 1,7 m ist. Umgeformt ergibt sich $x = 16\,\text{m}$, also ist der Turm 17,7 m hoch.

b) Je nach Messgenauigkeit/Maßstab werden sich Abweichungen von der errechneten Höhe ergeben.

66 **2** *Aufgabe aus chinesischem Rechenbuch „Jiuzhang suanshu" (100 v. Chr.)*

a)

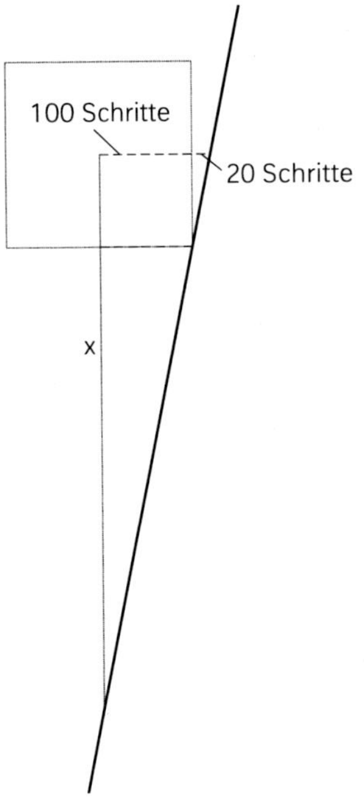

b) $x = 500$ Schritte

c) Die linke Seite der Gleichung ist das Verhältnis der beiden gestrichelten Linien, die rechte Seite das Verhältnis der gepunkteten, gesamten Linie zu der mit x gekennzeichneten. Wenn man die Gleichung nach x auflöst, wird das Ergebnis in b) rechnerisch bestätigt.

67 **3** *Wie breit ist der See?*

a) Die rechte Figur zeigt, dass es sich immer um zwei ähnliche Dreiecke handelt, die miteinander in Verhältnis gesetzt werden. Dreht man das große Dreieck der rechten Figur um 180° um den Schnittpunkt, so ergibt sich eine Figur vom Typ wie in der linken Abbildung. Der Streckfaktor spiegelt sich im Verhältnis der Schenkel vom großen und kleinen Dreieck wider.

b) Die linke Gleichung gehört zum rechten Bild und liefert $x = 75$. Aus der rechten Gleichung erhält man $x = 150$.

68 **4** *Fehler gesucht*

a) B ist falsch; es ist das Verhältnis von anteiliger Strecke (3 LE) zu ganzer Strecke (6 LE) zu nehmen, da die Strahlensätze im Prinzip auf Verhältnisangaben zueinander ähnlicher Dreiecke basieren.

b) B ist falsch; bei dem hier anzuwendenden Strahlensatz gehören die jeweils im Zähler stehenden Werte zum gleichen Dreieck, entsprechend im Nenner. Wären auf der rechten Seite Zähler und Nenner vertauscht, wäre diese Gleichung auch korrekt.

5 *x gesucht*

a) $x = 24$	b) $x = 10$	c) $x = 5$	d) $x = 10{,}5$
e) $x = 3{,}1$	f) $x = 2{,}4\,\text{km}$	g) $x = 240\,\text{m}$	h) $x = 400$

69 **6** *Training*

a) $\frac{8}{2} = \frac{3}{x} \Rightarrow x = \frac{3}{4}$

b) $\frac{x+5}{5} = \frac{3}{2{,}5} \Rightarrow x = 1$

c) $\frac{x}{1{,}5} = \frac{2{,}2}{1{,}5} \Rightarrow x = 2{,}2,\ \frac{2{,}2}{1{,}5} = \frac{y}{2} \Rightarrow y = 2{,}9\overline{3}$

d) $\frac{6}{x} = \frac{5}{2} \Rightarrow x = 2{,}4$

69 **6** e) $\frac{4}{3} = \frac{x}{2} \Rightarrow x = \frac{8}{3}$

f) $\frac{3{,}5}{2} = \frac{d}{1} \Rightarrow d = 1{,}75,\ \frac{1{,}75}{c} = \frac{3{,}5}{1} \Rightarrow c = 0{,}5$

$\frac{a + 1{,}4}{1{,}4} = \frac{2}{1} \Rightarrow a = 1{,}4,\ \frac{b + 2{,}8}{2{,}8} = \frac{1{,}75}{1} \Rightarrow b = 2{,}1$

7 *Steigungen und Verhältnisse*

a) $x = 9$ (Grafik siehe Schülerband)

b) $x = 7$

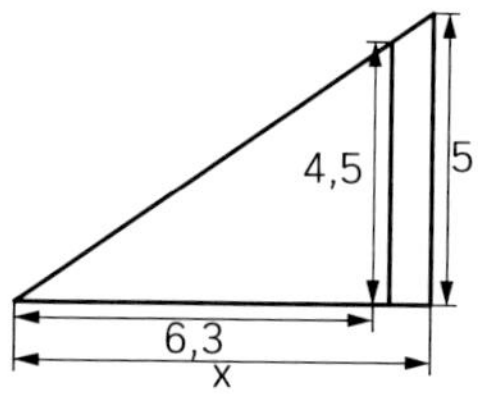

c) $x = 1$

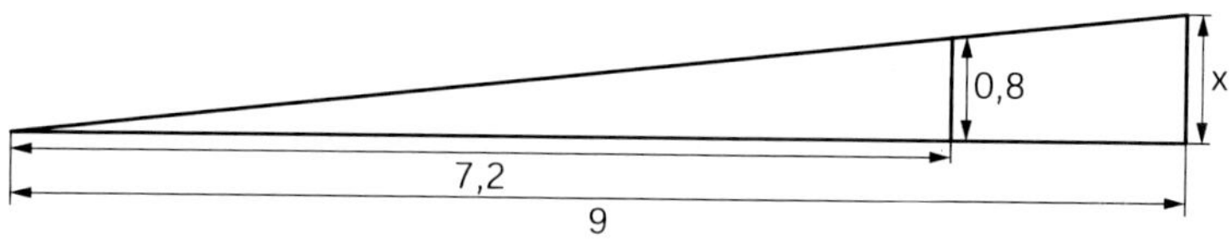

d) $x = 2{,}8$

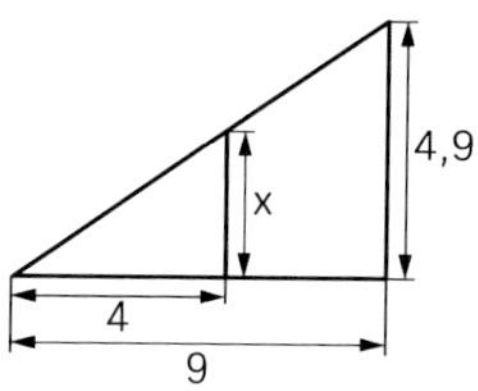

e) $x = 5{,}5$

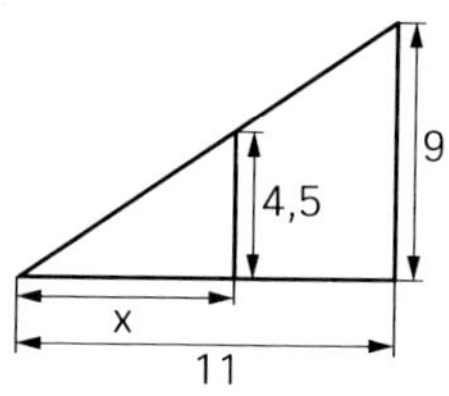

f) $x = 39{,}2$

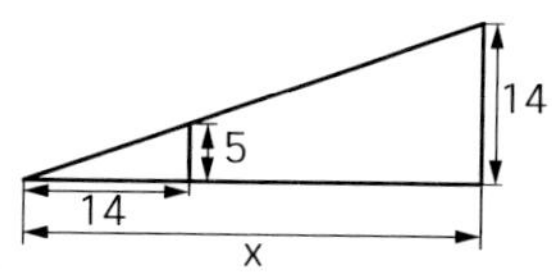

70 **8** *Vermessungspraktikum*

Der erste und dritte Messtrupp konstruieren jeweils eine Strahlenfigur, die unter Anwendung des 1. Strahlensatzes die Bestimmung der Breite des Sees ermöglicht:
Der Durchmesser des Sees ist hier durch die Grundseite eines der in der Strahlenfigur enthaltenen zwei einander ähnlichen Dreiecke gegeben. Dem zweiten Messtrupp gelingt dies nicht, da in seiner Konstruktion die Grundseiten der beiden entstandenen Dreiecke nicht parallel und somit die erforderlichen Ähnlichkeitsbeziehungen nicht gegeben sind.
Die Breite des Sees beträgt $\frac{b}{10\,m} = \frac{26\,m}{13\,m} \Rightarrow b = 20\,m$. Man sieht sofort, dass sich mit der dritten Konstruktion dasselbe Ergebnis berechnet, denn die Längenverhältnisse der Dreiecksschenkel entsprechen denen im ersten Fall.

9 *Lochkamera und Schattenwurf*

a) $\frac{15\,cm}{x} = \frac{45\,cm}{30\,cm} \Rightarrow x = 10\,cm$

b) $\frac{x}{1\,m} = \frac{57{,}5\,m}{2{,}5\,m} \Rightarrow x = 23\,m$

10 *Maßstabsangaben sind Verhältnisgleichungen*

Laut Maßstabsangabe entspricht 1 cm auf der Karte 160 km in der Natur. Es sind 160 km = 16 000 000 cm. Die Verhältnisgleichung lautet damit

$\frac{1\,cm}{10{,}4\,cm} = \frac{16\,000\,000\,cm}{x} \Rightarrow \frac{1\,cm}{10{,}4\,cm} = \frac{160 \cdot 10^5\,cm}{x} \Rightarrow x = 1664\,km.$

70 **11** *Optimale Raumausnutzung*

Ja, aus dem 124-cm-Brett werden folgende Regalbretter geschnitten: 40 cm und 80 cm.
Aus dem 82-cm-Brett werden folgende Regalbretter geschnitten: 20 cm und 60 cm.

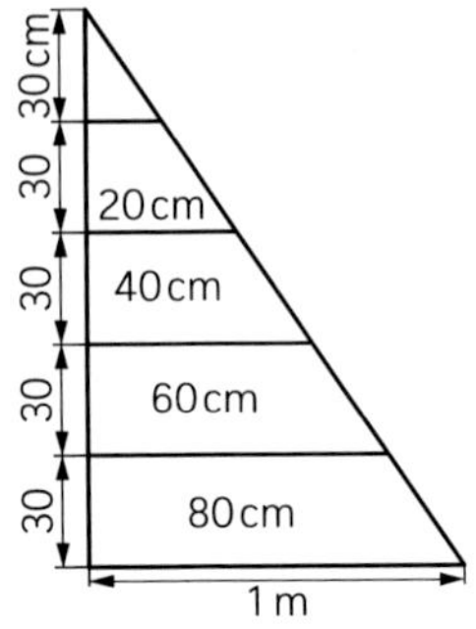

71 **12** *Jahrmarktlose*

Es ergibt sich die Verhältnisgleichung $\frac{2}{11} = \frac{x}{220}$. Aufgelöst nach x erhält man, dass $x = 40$ Gewinnlose in dem Korb sein müssen.

13 *Schweres Drahtseil?*

a) $\frac{G}{5{,}9} = \frac{200}{30} \Rightarrow G = \frac{200 \cdot 5{,}9}{30} = 39{,}3\,\text{kg}$. Das ist noch tragbar.

b) $\frac{G}{5{,}9} = \frac{360\,000}{30} \Rightarrow G = \frac{360\,000 \cdot 5{,}9}{30} = 70\,800\,\text{kg} = 70{,}8\,\text{t}$

14 *Hooke'sches Gesetz*

a) $\frac{F}{5} = \frac{6{,}0}{16} \Rightarrow F = \frac{6{,}0 \cdot 5}{16} \approx 1{,}9\,\text{N}$

b) $\frac{10}{l} = \frac{6{,}0}{16} \Rightarrow l = \frac{10 \cdot 16}{6{,}0} \approx 26{,}7\,\text{cm}$

c) **Anmerkung zur ersten Auflage:** gemeint ist das Problem aus a).
Die Ansätze (1) und (3) sind richtig. (2) würde zu Aufgabenstellung b) mit einer Zugkraft von 5 N statt 10 N passen.

15 *Optik: Wie man mit Linsen ein gutes Bild erhält*

a) Einsetzen für f und g in die Abbildungsgleichung $\frac{1}{b} = \frac{1}{f} - \frac{1}{g}$ ergibt
$\frac{1}{b} = \frac{1}{5} - \frac{1}{10} = \frac{1}{10} \Rightarrow b = 10\,\text{cm}$.

b) Wenn man die Gleichung aus der Aufgabenstellung nach b umformt, erhält man diese Gleichung für b.

72 **16** *Wie weit ist es bis zum Nachbarhaus?*

a) Zu messen sind im linken Fall die Breite des Fensters und der Abstand zwischen den beiden Peillinien. Im rechten Fall müssen Fensterbreite sowie der Abstand „rechter Fensterrahmen-Schnittpunkt der Peillinie mit dem Fenstersims" ermittelt werden.

b) Laut Skizze entsprechen die 2 m ungefähr 0,6 cm. Aus den Verhältnisgleichungen ergibt sich der Abstand zum Haus:
$\frac{12\,\text{mm}}{9\,\text{mm}} = \frac{6\,\text{mm} + x}{x} \Rightarrow x = 18\,\text{mm}$ oder $\frac{x}{9\,\text{mm}} = \frac{12\,\text{mm}}{6\,\text{mm}} \Rightarrow x = 18\,\text{mm}$
Dies entspricht nach Umrechnung einer Länge von 6 m.

72 **17** *Streckenteilungen*

a) Es wird eine Strahlenfigur konstruiert, um dann den 1. Strahlensatz ausnutzen zu können. Hierbei gibt das Lineal auf natürliche Weise durch seine aufgebrachten Markierungen die gewünschten Streckenanteile vor: Wünscht man eine Unterteilung der Strecke in n gleich große Teile, so markiert das Lineal bei n cm den Endpunkt des durch ihn gegebenen Schenkels. Dieser entspricht dem Endpunkt der zu unterteilenden Strecke und wird mit diesem verbunden. Die zentimeterweise Unterteilung des Lineals entspricht dann laut Strahlensatz den gewünschten Abschnitten auf der zu unterteilenden Strecke, wenn man jeden Zentimeterpunkt durch eine Strecke parallel zur der die beiden Endpunkte verbindenden Linie mit der zu unterteilenden Strecke zum Schnitt bringt.

b) Konstruktion nach obiger Anleitung.

Kopfübungen

1. Sei U der Umfang des Rechtecks. Dann ist
   $U = 46\,\text{cm} = 2 \cdot (2 \cdot 9\,\text{cm} + 2 \cdot 5\,\text{cm}) = 2 \cdot 9\,\text{cm} + 2 \cdot (5\,\text{cm} + x) \Rightarrow x = 9\,\text{cm}$
2. 200
3. Wähle z. B. eine Grundseite von 2 cm und als Oberseite 4 cm.
4. $\alpha = \frac{360°}{5} = 72°$, Innenwinkel $\frac{180° - 72°}{2} = 108°$
5. Antworten (2) und (3) sind korrekt.
6. Mit einer Gesamtschülerzahl von 22 ergibt sich

	Relative Häufigkeit	%
WPK 1	$\frac{6}{25}$	24
WPK 2	$\frac{8}{25}$	32
WPK 3	$\frac{7}{25}$	28
Fremdsprachen	$\frac{4}{25}$	16

7. 1,5 cm

73 **18** *Aus einer anonymen Aufgabensammlung des 15. Jahrhunderts*

a), b) $\frac{x}{75} = \frac{6}{9} \Rightarrow x = 50$

Die Turmhöhe beträgt 50 Ellen.

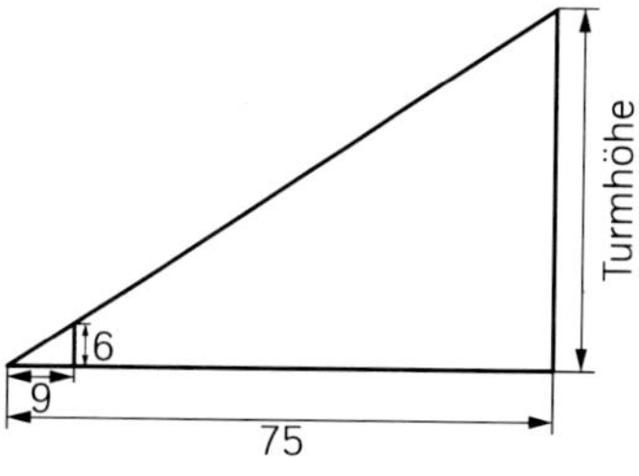

19 *Aus dem chinesischen Rechenbuch „Jiuzhang suanshu"*

Zunächst sollte man umrechnen: 4 Zoll = $0{,}\overline{3}$ Fuß.

$\frac{x + 5}{5} = \frac{5}{0{,}\overline{3}} \Rightarrow x = 75$

Der Brunnen ist 75 Fuß tief.

20 *Modelle selbst bauen und einsetzen*

Schüleraktivität.

2.5 Ähnliche Figuren – Ähnlichkeitsabbildungen

74 **1** *Produktionsfehler?*

a) Die beiden Autos sind einander nicht ähnlich: Das Verhältnis Höhe : Länge beträgt beim großen Modell ungefähr 3 : 1, beim kleinen Modell hingegen 3,6 : 1. Auch an dem Winkel, der am hinteren Seitenfenster eingezeichnet ist, kann man erkennen, dass die beiden Modelle nicht ähnlich zueinander sind.

b)

	Original	Modell groß	Modell klein
Länge : Breite	2,4 : 1	2,2 : 1	2,4 : 1
Breite : Höhe	1,2 : 1	1,1 : 1	1,1 : 1
Höhe : Radstand	0,6 : 1	0,6 : 1	0,6 : 1

c) Die Winkelgrößen bleiben erhalten.

d) Schüleraktivität.

75 **2** *Einstellungstest*

Bei der nicht passenden Figur handelt es sich – im Gegensatz zu maßstabsgetreuen Modifikationen wie echten Vergrößerungen, Verkleinerungen oder Drehungen und allen Kombinationen aus diesen – immer um eine Verzerrung:

a) Figur 3 b) Figur 2 c) Figur 3

3 *„Formgleiche" Dreiecke*

a) Dreieck 1 und 8 (Kathetenverhältnis 0,75). Dreieck 5 und 6 (Kathetenverhältnis 2 : 3). Dreieck 3, 4 und 7 (alle gleichschenklig). Dreieck 2 und 9 sind nicht formgleich, da sich 9 nach Spiegelung an seiner Hypotenuse nicht formgleich in 2 einfügen lässt: Die Hypotenusen sind nicht parallel, wie die unter b) geforderte Aktivität zeigt.

b) Schüleraktivität.

c) Bei formgleichen Dreiecken, ist der Quotient aus den entsprechenden Seitenlängen für alle Seiten gleich.

77 **4** *Was heißt entsprechende Winkel und Seitenlängen?*

Ähnlich zueinander sind: D und G, F und I, B und H. Die einander entsprechenden Strecken und Winkel sind mit a und a′ etc. bezeichnet.

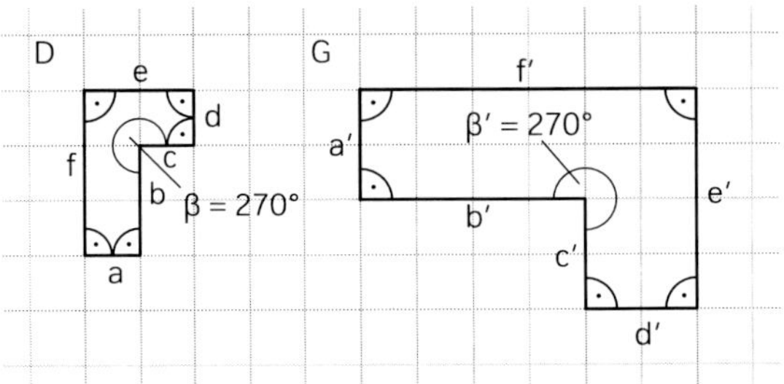

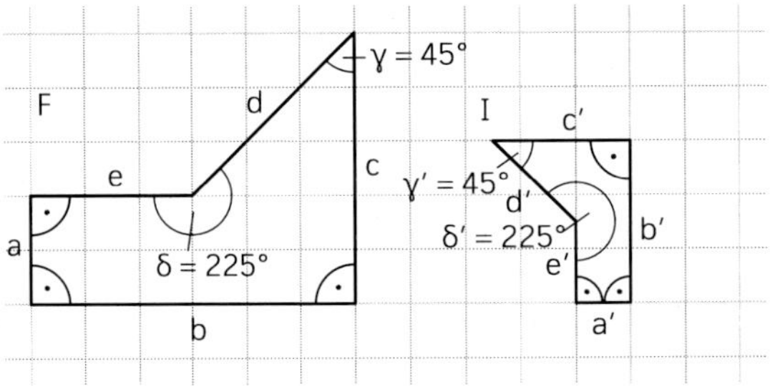

77 **4**

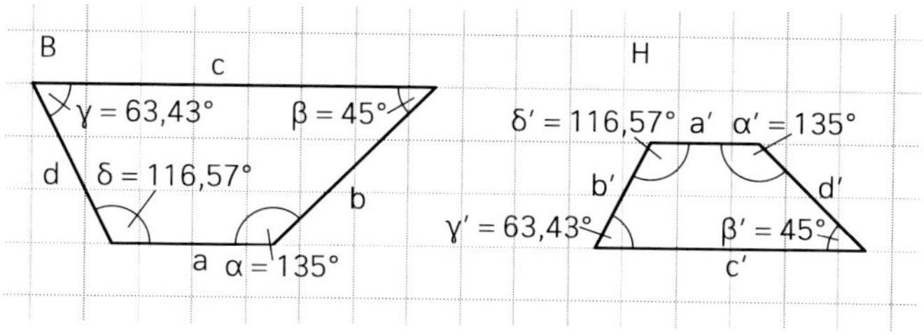

5 *Ähnliche Rechtecke*

Man kann, wie in dem Bild in Beispiel B eine Diagonale durch die Eckpunkte der Rechtecke zeichnen. Liegen die Eckpunkte mehrerer Rechtecke auf derselben Diagonalen, so sind diese ähnlich zueinander. Daraus ergibt sich, dass das Rechteck in helllila, in dunkellila und in gelb ähnlich zueinander sind. Ebenso sind das grüne und das rote Rechteck ähnlich zueinander.

6 *Rechteck aus vorgegebenen Seitenlängen*

Wir benennen die Seiten: $a = 4\,\text{cm}$ und $b = 5\,\text{cm}$. Die Seiten des ähnlichen Dreiecks sollen mit a' und b' bezeichnet werden. Es gibt nun für deren Längen zwei Möglichkeiten:

1. Es ist $b' = 10\,\text{cm}$, das heißt $b' = 2\,b$. Dies liefert $a' = 2\,a = 8\,\text{cm}$.
2. Es ist $a' = 10\,\text{cm}$, also $a' = 2{,}5\,a$. Dies liefert $b' = 12{,}5\,\text{cm}$.

7 *Übliche DIN-Papierformate*

a) Faktor 1,41

b)

DIN	Maße in mm	Beispiel
A0	832,56 × 1177,35	Poster
A1	590,47 × 835,00	Technische Zeichnungen, Poster
A2	418,77 × 592,2	Fahrpläne, Geschenkpapier
...	...	...
A7	74,47 × 104,96	Personalausweis
A8	52,81 × 74,44	Karteikarten, Spielkarten

c) Das Verhältnis von langer zu kurzer Seite sei $\frac{a}{b}$ für eines der DIN-Formate. Für das Verhältnis von langer zu kurzer Seite gilt für das nächstgrößere Format nun laut Aufgabenstellung $\frac{b}{0{,}5\,a}$. Diese beiden Quotienten sollen gleich sein, also $\frac{a}{b} = \frac{b}{0{,}5\,a}$, was umgeformt $a^2 = 2\,b^2$ entspricht und somit gilt $\frac{a}{b} = \sqrt{2}$.

d) Ja, denn der Faktor von 1,41 entspricht 141 %.

78 **8** *DIN-Formate zum Zweiten*

a) Schüleraktivität.

b) Durch die Konstruktion sind die Bedingungen der zentrischen Streckung erfüllt: Die Winkelgrößen bleiben erhalten, Ausgangs- und Bildstrecken sind jeweils parallel zueinander, die Längen der Ausgangs- und der Bildstrecke stehen jeweils im gleichen Verhältnis zueinander.
Streckzentrum ist die untere linke Blattecke, von der die Diagonale ausgeht. Beim DIN A-Format verhalten sich die Seiten wie $\sqrt{2} : 1$.
Der Streckfaktor ist also $k = \frac{1}{\sqrt{2}}$.

c) Steigung: $m = \frac{210}{148} \approx 1{,}42$ $\left(\text{genau: } m = \sqrt{2}\right)$

78 **9** *Satz und Umkehrung*

Umkehrung: Wenn zwei Vierecke in den Verhältnissen entsprechender Seiten übereinstimmen, dann sind sie ähnlich.
Dieser Satz gilt nicht. Gegenbeispiel: Quadrat und Raute; dabei sind einander entsprechende Winkel nicht gleich groß.
Der im Schülerband formulierte Satz gilt. Begründung: Wenn zwei Vierecke ähnlich sind, dann kann man sie durch eine Ähnlichkeitsabbildung, also eine Hintereinanderschaltung von zentrischer Streckung und Kongruenzabbildung aufeinander abbilden. Beide Abbildungen lassen die Seitenverhältnisse unverändert.

10 *Nicht kongruente Dreiecke und Winkel*

a) Wegen des Winkelsummensatzes ist in beiden Dreiecken $\gamma = 90°$. Die beiden Dreiecke stimmen also in den drei Winkelgrößen überein; sie sind zueinander ähnlich.
b) Nein, solche Dreiecke gibt es nicht, weil sich zwei Dreiecke, die in ihren Winkeln übereinstimmen, immer durch eine zentrische Streckung und eine Drehung aufeinander abbilden lassen. Bei diesen beiden Abbildungen bleiben die Längenverhältnisse erhalten, d. h. die Dreiecke sind einander ähnlich.

11 *Kongruenzsätze – Erinnere dich*

a) Zwei Dreiecke sind zueinander kongruent, wenn sie in den Längen der drei Seiten übereinstimmen.
b) Die Dreiecke sind ähnlich zueinander, weil sie in den Längenverhältnissen entsprechender Seiten übereinstimmen und die Dreiecke durch den Kongruenzsatz SSS jeweils eindeutig konstruierbar sind und dadurch auch die Winkel übereinstimmen.
c)

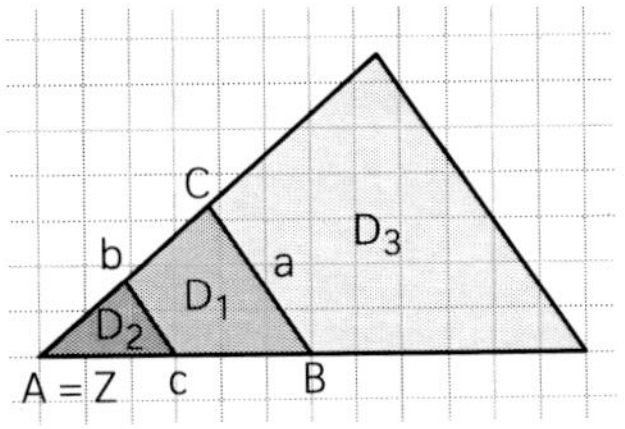

In der Abbildung ist der Punkt A als Streckzentrum Z gewählt. D_2 geht durch eine zentrische Streckung mit $k = \frac{1}{2}$ aus D_1 hervor und D_3 durch eine zentrische Streckung mit $k = 2$.

79 **12** *Variation*

a) Schüleraktivität
b) Jede Gerade parallel zu einer Dreiecksseite, die innerhalb der Ausgangsfläche verläuft, erzeugt ein zu dieser ähnliches Dreieck: Die Parallelität gewährleistet die Erhaltung der Winkelgrößen, was nach dem Ähnlichkeitssatz WWW ähnliche Dreiecke erzeugt.

13 *Ähnlichkeits-Check*

a) Ähnlich, da die Winkel übereinstimmen.
b) Ähnlich, da mit $\frac{5}{3} = \frac{3}{1{,}8} = \frac{6}{3{,}6}$ die Verhältnisse der Längen entsprechender Strecken übereinstimmen.
c) Nicht ähnlich, da die Winkel nicht übereinstimmen ($\alpha = 88°$; $\beta' = 45°$).

79 **14** *Steigungsdreiecke*

Die beiden vom rechten Winkel ausgehenden Seiten aller Steigungsdreiecke sind jeweils zueinander parallel. Die Winkel an der Geraden sind deshalb wegen des Stufenwinkelsatzes in jedem Steigungsdreieck gleich. Da also die Dreiecke in ihren drei Winkeln übereinstimmen, sind sie ähnlich zueinander.

15 *Sparsame Prüfung*

- Wenn zwei Winkelgrößen im Dreieck gegeben sind, so ist wegen des Winkelsummensatzes auch der dritte Winkel festgelegt.
- Durch zwei Seiten ist ein Dreieck nicht eindeutig bestimmt.

16 *Mittendreieck*

Aus dem Satz über die Mittenlinien im Dreieck (vgl. Neue Wege 8, Kapitel 3.3, Seite 110) wissen wir, dass die Seite $\overline{M_aM_b}$ halb so lang ist wie die Seite $\overline{AB}$, genauso ist $\overline{M_bM_c}$ halb so lang wie $\overline{BC}$ und $\overline{M_cM_a}$ halb so lang wie $\overline{CA}$. Daraus folgt: $\frac{\overline{AB}}{\overline{M_aM_b}} = \frac{\overline{AC}}{\overline{M_aM_c}} = \frac{\overline{BC}}{\overline{M_bM_c}} = 2$.

Die Gleichheit entsprechender Winkel ist mithilfe des Satzes über Stufenwinkel und Wechselwinkel zu zeigen. ABC ist ähnlich zu $M_aM_bM_c$.

Die vier Innendreiecke sind kongruent zueinander und somit auch ähnlich.

80 **17** *Zentrische Streckung und Ähnlichkeit*

a) Eine zentrische Streckung bildet eine Figur auf eine ähnliche Figur ab, da Figuren genau dann ähnlich zueinander sind, wenn die Eigenschaften der zentrischen Streckung erfüllt sind.

b) Zu den Eigenschaften der zentrischen Streckung gehört:

- Entsprechende Winkel in Ausgangs- und Bildfigur sind gleich. Dies ist eine Forderung der Definition ähnlicher Figuren.
- (Streckenlänge a′ in der Bildfigur) = (Streckfaktor k) · (Streckenlänge a in der Ausgangsfigur)

$\Rightarrow a' = k \cdot a$ für alle Ausgangsstrecken und deren Bildstrecken

$\Rightarrow \frac{a'}{a} = k = \frac{b'}{b} \Rightarrow \frac{a'}{b'} = \frac{a}{b}$

Dies ist die zweite Forderung der Definition ähnlicher Figuren.

Ausgangs- und Bildfigur bei einer zentrischen Streckung sind einander ähnlich.

18 *Ähnlichkeitsabbildungen finden*

a) Da es sich immer um gleichschenklige Dreiecke handelt, stimmen sie in ihren entsprechenden Winkeln überein. Gleichschenkligkeit erfordert außerdem die Beibehaltung eines bestimmten Seitenverhältnisses. Deswegen sind alle Dreiecke ähnlich.

b) Beispiel: Durch Punktspiegelung (Drehung um 180°) wird Dreieck 1 auf Dreieck 2 abgebildet. Durch zentrische Streckung mit dem Streckfaktor $k = -\frac{1}{2}$ wird Dreieck 2 auf Dreieck 3 abgebildet.

19 *Begründungen gesucht*

Eine Ähnlichkeitsabbildung ist ein Hintereinanderausführen einer zentrischen Streckung und einer Kongruenzabbildung. Die Kongruenzabbildung verändert die Figuren in Form und Größe nicht. Bei der zentrischen Streckung bleiben die Winkel der Figuren unverändert. Da das Verhältnis einander entsprechender Seiten unverändert bleibt, bleiben die Figuren auch in ihrer Form erhalten.

80 **20** *Ähnlichkeit heißt auf Englisch Similarity*

Sinngemäß: „Zwei Formen sind im geometrischen Sinne ähnlich, wenn sie sich nur hinsichtlich ihrer Größe unterscheiden (und eventuell außerdem verschoben, gedreht und/oder gespiegelt sind)." Diese Aussage deckt sich mit der im gelben Kasten.

21 *Wer hat Recht?*

Alle Quadrate sind zueinander ähnlich, da ihre Seiten grundsätzlich rechte Winkel einschließen. Für Rauten gilt nur, dass gegenüberliegende Winkel gleich groß sein müssen, die genaue Größe dieser Winkel ist jedoch innerhalb einer Spanne von 0° bis 90° frei wählbar. Folglich sind nicht alle Rauten ähnlich zueinander und der Junge rechts hat Recht.

81 **22** *Fernseher*

a) Schüleraktivität.
b) Schüleraktivität.
c) Das Bild erscheint entweder gestaucht oder gestreckt.

23 *Denkmal*

Mit dem Maßstab 1 : 34 und der Höhe H des Kopfes in der Skulptur kann man die Höhe h des Kopfes im Modell errechnen:

$\frac{1}{34} = \frac{h}{H} \Rightarrow h = \frac{H}{34} = \frac{26{,}67}{34} = 0{,}784.$

Im Modell ist also der Kopf 78,4 cm hoch. Im Foto ist der Kopf 0,85 cm hoch, was einem Abbildungsmaßstab von 1 : 92 entspricht.

Also wird 1 cm im Foto mit $1 : (34 \cdot 92) = 1 : 3128$ auf die Skulptur abgebildet.

Der Arm von „Crazy Horse" (von der Schulter bis zur Fingerspitze) ist im Bild 2,5 cm lang, er wird also in der Skulptur 78,2 m lang sein. Der Pferdekopf ist im Bild 2,1 cm lang, er wird in der Skulptur 65,7 m lang sein.

Kopfübungen

1. Wähle zwei ungleiche Brüche kleiner $1 \left(\frac{1}{2}\right)$, der dritte ergibt sich sofort aus der Differenz der Summe dieser beiden und $1 \left(\frac{1}{2}\right)$. Z. B. $\frac{1}{3} + \frac{1}{2} + \frac{1}{6} = 1$ $\left(\frac{1}{5} + \frac{2}{7} + \frac{1}{70} = \frac{1}{2}\right)$.
2. Wahr. Die Winkelhalbierenden schneiden sich im Mittelpunkt des Inkreises.
3. Allgemein gilt für den Flächeninhalt eines Trapezes $A = \frac{a+b}{2} \cdot h$. Mit der Vorgabe für A muss also die Gleichung $14 = (a + b)h$ erfüllt sein. Dies ist z. B. der Fall für (a, b, h) = (3, 4, 2), (1, 3, 3.5), (2, 5, 1.4),… .
4. Jede Zahl hat grundsätzlich sich selbst und 1 als Teiler. Einen weiteren, davon verschiedenen Teiler, haben z. B. 4 und 9.
5. Da das Trapez gleichschenklig ist, ist $\alpha = \beta = 75°$ und $\gamma = \delta = 105°$.
6. Die erste Person kann in jedem Monat Geburtstag haben $(P_1 = 1)$, die zweite muss mit ihrem Geburtstag genau den Monat der Vergleichsperson treffen $\left(P_2 = \frac{1}{12}\right)$. Die Gesamtwahrscheinlichkeit P ist damit $P = P_1 \cdot P_2 = \frac{1}{12}$.
7. Der Graph ist gegenüber der durch den ersten und dritten Quadranten verlaufenden Winkelhalbierenden am Ursprung gespiegelt (negative Steigung) und verläuft zudem steiler (Steigung > 1). Er schneidet die y-Achse bei 0,5. Wertepaare ergeben sich durch Einsetzen von Werten für x. Z. B. $(1 \mid -1)$, $(2 \mid -2{,}5)$, $(-1 \mid 2)$

82 **24** *Was versteht man unter „Selbstähnlichkeit“?*

a) Hier abgebildet ist ein mathematischer Baum nach drei Schritten.

b) Hier kann man z. B. von Zufallsgeräten die Winkelgröße oder den Verkürzungsfaktor bestimmen lassen und dadurch variieren. Oder man wählt Winkel von z. B. 90° oder 130°, oder andere Verkürzungsfaktoren.

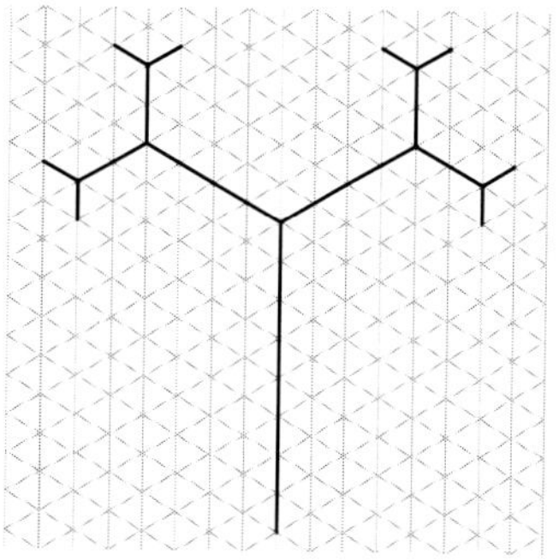

25 *Das Sierpinski-Dreieck*

a) Schüleraktivität.

b)

Stufe	0	1	2	3	4	5	6	n
Anzahl der Dreiecke	1	3	9	27	81	243	729	3^n

D sei die Anzahl der Dreiecke; dann gilt: $D_{n+1} = 3 \cdot D_n$

c) Der Flächeninhalt schrumpft von Stufe zu Stufe um $\frac{1}{4}$.

A sei der Flächeninhalt aller Dreiecke einer Stufe; dann gilt: $A_{n+1} = \frac{3}{4} \cdot A_n$

d) Sie hat die Stufe 6 erreicht.

83 **Projekt**

Schüleraktivität.

Kapitel 3
Reelle Zahlen

Didaktische Hinweise

Mit den reellen Zahlen erfahren die Zahlbereichserweiterungen im Kerncurriculum der Sek. I einen vorläufigen Abschluss. Auch wenn für viele Anwendungen in der Regel nur Näherungswerte für irrationale Zahlen von Bedeutung sind, so stellen sie doch ein interessantes Gebiet dar, in dem Schülerinnen und Schüler einen altersgemäßen Zugang zu Eigenschaften von Zahlen gewinnen können. Dieser erschließt sich eher durch theoretische Überlegungen und ermöglicht so einen Einblick in Fragen der „reinen" Mathematik. Erstaunlicherweise sind Schülerinnen und Schüler gerade für Fragestellungen im Zusammenhang mit irrationalen Zahlen offen, entziehen diese sich doch häufig der unmittelbaren Anschauung oder stehen z. T. scheinbar im Widerspruch zu dieser und sind gleichzeitig geeignet, den Horizont zu erweitern.

Aufgebaut ist dieses Kapitel in drei Lernabschnitte, wobei sich der erste eher auf das praktische Rechnen mit und Anwenden von irrationalen Zahlen bezieht (**3.1** *Von den rationalen zu den irrationalen Zahlen*). Der zweite Lernabschnitt (**3.2** *Wurzeln, Näherungsverfahren und Beweise*) rückt mehr die Eigenschaften von irrationalen Zahlen in den Blickpunkt und ist somit stärker theoretisch orientiert. Der abschließende Lernabschnitt **3.3** *Rechnen mit Wurzeln* nimmt sich der besonderen Eigenschaften von Wurzeln beim Rechnen an und führt abschließend die Anwendungen von irrationalen Zahlen beim „Goldenen Schnitt" zu einem vorläufigen Höhepunkt.

In der Regel haben eine Reihe von Schülerinnen und Schülern eine „Anmutung" von irrationalen Zahlen. Die meisten antworten auf die Frage, ob es eine Zahl gibt, deren Quadrat gleich 5 ist, dass es eine solche Zahl gibt und dass diese etwa 2,2 beträgt. In Lernabschnitt **3.1** werden in der ersten grünen Ebene Probleme aufgeworfen, bei deren Lösung man zwangsläufig auf Gleichungen stößt, deren Lösungen irrational sind. Die Existenz von irrationalen Zahlen wird zunächst stillschweigend vorausgesetzt. Das Wurzelzeichen wird als Schreibweise für die „neuen" Zahlen eingeführt, und diese Zahlen werden beim Lösen von Problemen verwendet. In Spezialfällen führen „Wurzeln" auf natürliche, und somit rationale Zahlen. In diesem ersten Lernabschnitt kann man im Aufgabenbereich anhand verschiedener interessanter Situationen erfahren, dass irrationale Zahlen in vielen Sachzusammenhängen von großer Bedeutung sind. Bei den Aufgaben sollte man sich auch nicht davor scheuen, in einem „dezenten" Vorgriff z. B. auch Aufgaben aus dem Umfeld der Kreisberechnung (Aufgabe 11) oder dem Satz des Pythagoras (Aufgabe 17) zu verwenden. Dass im Zentrum der Betrachtungen dabei zumeist Quadratwurzeln stehen, liegt daran, dass diese häufig in konkreten Situationen vorkommen. Im Basiswissen auf der Seite 92 und in der einen oder anderen Aufgabe wird aber deutlich, dass es weitere irrationale Zahlen gibt – unter diesen auch solche, die man sogar „konstruieren" kann.

Verfahren zur näherungsweisen Bestimmung von Wurzeln haben die Menschen schon immer beschäftigt. Daher ist der Lernabschnitt **3.2** unter anderem diesen Verfahren gewidmet und bietet neben der Entwicklung von Näherungsverfahren auch breite Möglichkeiten, diese „modern", also mit Hilfe von einer Tabellenkalkulation, DGS oder dem GTR, auszuführen. Auf diese Weise können die Schülerinnen und Schüler selbstständig erkunden, wie die jeweiligen Iterationsverfahren vom Startwert abhängig sind, und ob es „schnellere" oder „langsamere" Näherungsverfahren gibt. Versäumen sollte man dabei nicht, erste Schritte der Berechnung „händisch" ausführen zu lassen. Nur so kann ein tieferes Verständnis der jeweiligen iterativen Verfahren erreicht werden. Dass dabei die Erfahrungen mit Iterationen und deren Anwendungen gleichzeitig die außerordentlich wichtige Leitlinie „Iterationen" weiter ausbauen, versteht sich von selbst.

In der zweiten grünen Ebene dieses Abschnittes treten neben den Quadratwurzeln auch Wurzeln dritten, vierten und höheren Grades (Aufgabe 18 und 19) auf und lassen die Schülerinnen und Schüler entdecken, dass sich mit den irrationalen Zahlen eine neue „Welt von Zahlen“ erschließt.

In Lernabschnitt **3.2** geht es aber auch und ganz wesentlich um Eigenschaften der irrationalen Zahlen und wie sich diese Eigenschaften – inklusive der Irrationalität selbst – beweisen lassen. Einer der schönsten und elegantesten Beweise ist der Euklidische Beweis der Irrationalität von $\sqrt{2}$. Dieser Beweis ist ein Beispiel für einen „indirekten Beweis“. Die Technik des „indirekten“ und des „direkten Beweises“ sind Thema dieses Lernabschnittes (vgl. das Basiswissen auf S. 104 und 105). Ziel ist es, verschiedene Beweistechniken in der Mathematik kennen zu lernen, Beweise zu analysieren und unterschiedliche Beweistechniken anwenden zu können, um so die Fähigkeiten zum Argumentieren, Begründen und Beweisen weiter zu entwickeln. Nicht gedacht ist daran, Beweise auswendig wiedergeben zu können. Für Überprüfungen in Form von Tests und Klassenarbeiten eignet sich die Analyse von Beweisen (Um welche Beweistechnik handelt es sich?) bzw. das Fortsetzen von Beweisen (Wie könnte es weiter gehen?).

Das Kapitel schließt ab mit dem Lernabschnitt **3.3** *Rechnen mit Wurzeln*. Im Alltag rechnet man in der Regel nicht mit irrationalen Zahlen, sondern mit rationalen Näherungswerten. Dennoch ist die Beschäftigung mit dem Rechnen mit irrationalen Zahlen am Beispiel der Quadratwurzeln spannend, da sich Rechenregeln, die auf der Hand zu liegen scheinen, als falsch erweisen, andere wiederum bestätigen. Rechenregeln zu entdecken, zu erforschen und zu überprüfen ist motivierend. Beweise durch Nachrechnen verlangen zumeist einige Kenntnisse der Algebra, die auf diesem Wege wiederholt werden können (z. B. die binomischen Formeln, Distributivgesetz usw.). Quadratwurzelterme motivieren zudem die Frage nach der Definitionsmenge. Einen schönen Zugang, der es ermöglicht, dass die Schülerinnen und Schüler sich für das Thema „Definitionsmenge eines Wurzelterms“ interessieren, ermöglichen GTR bzw. DGS. Zeichnet man die Graphen von Wurzelfunktionen (Aufgabe 14), so stimulieren die z. T. überraschenden Ergebnisse eine intensivere Beschäftigung mit Wurzeltermen. Die Auswertung der Terme $(\sqrt{x})^2$ bzw. $\sqrt{x^2}$ für verschiedene x lädt ein zu Vermutungs- und Begründungsaktivitäten (Aufgabe 19).

Eine besonders schöne Anwendung für Wurzeln ist der „Goldene Schnitt“, der in der Kunst seit Jahrhunderten, wenn nicht seit Jahrtausenden immer wieder diskutiert und angewendet wird. Dieses Thema lässt sich zu einem fachübergreifenden Projekt mit einer Ausstellung sowohl der mathematischen als auch der künstlerischen Ergebnisse ausbauen. Diese Chance sollte man sich an dieser Stelle nicht entgehen lassen, ist ein solches fächerübergreifendes Projekt (S. 114) doch eine Bereicherung der mehr theoretisch orientierten Beschäftigung mit irrationalen Zahlen.

Lösungen

3.1 Von den rationalen zu den irrationalen Zahlen

90 **1** *Das kannst du noch – Aktivitäten rund um rationale Zahlen*

(1) $\frac{1}{2} < \frac{3}{4} < \frac{4}{3} < \frac{24}{12} < \frac{17}{6}$

(2) a) 14,25 b) 3,4565 c) $\frac{47}{72}$ d) $\frac{ad + cb}{2bd}$

(3) a) z. B. $\frac{31}{180}, \frac{32}{180}, \frac{33}{180}, \frac{34}{180}, \frac{35}{180}$

b) z. B. $\frac{56}{330}, \frac{57}{330}, \frac{58}{330}, \frac{59}{330}, \frac{60}{330}, \frac{61}{330}, \frac{62}{330}, \frac{63}{330}, \frac{64}{330}, \frac{65}{330}$

c) Unendlich viele

2 *Aus Zwei mach Eins – Quadrate führen zu einer seltsamen Entdeckung*

a) Es entsteht ein Quadrat mit einer Seitenlänge, die der rot gestrichelten Linie (Diagonale) in den Quadraten im Schülerband entspricht und einen Flächeninhalt von 50 cm^2 hat.

b) Der Flächeninhalt des großen Quadrats beträgt 50 cm^2. Messungen ergeben eine Seitenlänge von ungefähr 7,1 cm. Ein Quadrat mit 7,1 cm Seitenlänge hätte aber eine Fläche von 50,41 cm^2.

c) Roberts Wert $\frac{283}{40}$ cm für die Seitenlänge ist zwar ein besserer Näherungswert, aber immer noch etwas zu groß. Das Quadrat hätte einen Flächeninhalt von 50,055 625 cm^2.

d) Dieser Aufgabenteil führt zur *Idee (!) der Intervallschachtelung*. Für Werte, die über einen funktionalen Zusammenhang gegeben sind, bei denen man aber die auftretenden Gleichungen (noch) nicht exakt lösen kann (Hier z. B. $x^2 = 50$ mit der irrationalen Lösung $x = \sqrt{50}$) nähert man sich schrittweise dieser Zahl, „die mit sich selbst multipliziert 50 ergibt“: So erhält man mit $7{,}071\,0\mathbf{6}^2 = 49{,}999\,889\,52$ eine fünfstellige Dezimalzahl, die etwas kleiner ist als 50, die nächstgrößere fünfstellige Dezimalzahl $7{,}071\,0\mathbf{7}^2 = 50{,}000\,030\,94$ ist aber bereits größer als 50. Dazwischen gibt es keine weitere fünfstellige Dezimalzahl. Es gibt aber Dezimalzahlen, die zwischen diesen Werten liegen, z.B. die sechsstellige Dezimalzahl 7,071 0**65** – oder eben auch zehnstellige Dezimalzahlen. Aber auch hier sehen die Schülerinnen und Schüler, dass sich entweder eine zu kleine oder eine zu große zehnstellige Dezimalzahl ergibt:
$7{,}071\,067\,811\,\mathbf{9}^2 \approx 50{,}000\,000\,000\,49 > 50$, aber $7{,}071\,067\,811\,\mathbf{8}^2 < 49{,}999\,999\,999\,07$.
Die Schülerinnen und Schüler erkennen unter Umständen, dass man sich auf diese Weise der gesuchten Zahl immer weiter nähern kann. Unklar bleibt, ob man diese mit hinreichend vielen Dezimalstellen exakt erreichen kann.

3 *Gleichungen lösen*

a) (1) $x = 9$ oder $x = -9$ (2) $x = 0$

(3) $x = 0{,}2$ oder $x = -0{,}2$ (4) $x \approx 2{,}236$ oder $x \approx -2{,}236$

(5) keine Lösung (6) $x \approx 3{,}162$ oder $x \approx -3{,}162$

b) Die Gleichungen können als Lösung sowohl eine Zahl als auch deren Gegenzahl haben, da sowohl „plus mal plus“ als auch „minus mal minus“ eine positive Zahl ergibt. Gleichung (2) hat als Lösung nur die Null, da die Null keine Gegenzahl hat; Gleichung (5) hat keine Lösung, da das Quadrat einer Zahl nie negativ ist.

91 **4** *Mathematik ohne Worte*

a) Über der Zahlengerade wird ein Quadrat mit der Seitenlänge 1 gezeichnet. Die Diagonallänge wird vom Nullpunkt aus auf der Zahlengeraden abgetragen. Die Diagonale ist gerade die Grundseite des Quadrats, das den doppelten Flächeninhalt wie das Ausgangsquadrat, also 2 hat.
Beim Versuch $\sqrt{2}$ als abbrechende Dezimalzahl darzustellen, stellt man fest, dass dies nicht möglich ist. Wenn man die Probe macht und wieder quadriert, erhält man nicht genau 2.

b) Man zeichnet entsprechend Teilaufgabe a) ein Quadrat mit der Seitenlänge 2 cm (3 cm) und erzeugt daraus ein Quadrat mit doppeltem Flächeninhalt, hier 8 (18). Daraus ergibt sich dann, wie in a), die Seitenlänge $\sqrt{8}$ $\left(\sqrt{18}\right)$.

5 *Stellenjäger*

a) $4{,}12 < a < 4{,}15$
Probe: $4{,}12^2 = 16{,}97$; $4{,}15^2 = 17{,}22$
$4{,}122 < a < 4{,}135$
Probe: $4{,}122^2 = 16{,}991$; $4{,}135^2 = 17{,}098$
Es ist erkennbar, dass keine Zahl, unabhängig von der Anzahl der Nachkommastellen, genau 17 ergibt. Beim Quadrieren verdoppelt sich die Anzahl der Nachkommastellen, also führt eine höhere Zahl von Nachkommastellen auch nicht zu einer natürlichen Zahl.

b) $9 < a < 10$
Probe: $9^2 = 81$; $10^2 = 100$
$9{,}4 < a < 9{,}5$
Probe: $9{,}4^2 = 88{,}36$; $9{,}5^2 = 90{,}25$
$9{,}48 < a < 9{,}49$
Probe: $9{,}48^2 = 89{,}8704$; $9{,}49^2 = 90{,}0601$
$9{,}486 < a < 9{,}487$
Probe: $9{,}486^2 = 89{,}9842$; $9{,}487^2 = 90{,}0032$
Die Seitenlänge liegt zwischen 9,486 m und 9,487 m

c) $2 < a < 3$
Probe: $2^3 = 8$; $3^3 = 27$
$2{,}1 < a < 2{,}2$
Probe: $2{,}1^3 = 9{,}261$; $2{,}2^3 = 10{,}648$
$2{,}15 < a < 2{,}16$
Probe: $2{,}15^3 = 9{,}9384$; $2{,}16^3 = 10{,}0777$
$2{,}154 < a < 2{,}155$
Probe: $2{,}154^3 = 9{,}9939$; $2{,}155^3 = 10{,}0079$
Die gesuchte Länge beträgt etwa 2,154 cm.

93 **6** *Wurzeln – rational oder irrational?*

a) 12 b) 22,361 c) 1,4 d) $\frac{4}{5}$ e) $\approx 0{,}316$
f) $\approx 5{,}477$ g) 4,5 h) 0,354 i) 1,1 j) $\frac{5}{25} = \frac{1}{5}$

7 *Gleichungen*

a) $x = 9$ oder $x = -9$
b) $x = 3$ oder $x = -3$
c) $x = \frac{7}{3}$ oder $x = -\frac{7}{3}$
d) $x \approx 7{,}348$ oder $x \approx -7{,}348$
e) $x \approx 2{,}828$ oder $x \approx -2{,}828$
f) $x \approx 1{,}342$ oder $x \approx -1{,}342$
g) $x \approx 3{,}162$ oder $x \approx -3{,}162$
h) $x \approx 2{,}236$ oder $x \approx -2{,}236$

8 *Ganzzahlige Näherungswerte*

a) 7 und 8 b) 5 und 6 c) 10 und 11 d) 14 und 15 e) 20 und 21

93 **9** *Der Größe nach ordnen*

$5{,}9 < \sqrt{35} < 6$

10 *Zum Nachdenken und Probieren*

a) Jan hat Unrecht, da es Wurzeln gibt, die rational sind, z.B. $4^2 = 16$; $5^2 = 25$.

b) Daniella hat Recht, da diese Zahlen alle als $\frac{a}{10}$ darstellbar sind, wobei a die Zahl nach dem Komma ist, und 10 keine rationale Wurzel hat.

94 **11** *Die berühmte Zahl π*

a) Die rote Markierung stellt den Umfang des Rades dar.

b) Ja, für die damalige Zeit war es die beste Näherung, die ersten 2 Nachkommastellen stimmen (3,14).

c) π ist nicht als Bruch darstellbar.

12 *Rund um natürliche, ganze, rationale und irrationale Zahlen*

a) Nein, entweder oder.

b) Nein, sondern natürlich: 12.

c) Nein, irrational, nicht als Bruch darstellbar.

d) Nein, es ist eine rationale Zahl, da sie als Bruch darstellbar ist.

e) Nein, die reellen Zahlen umfassen alle rationalen und irrationalen Zahlen.

95 **13** *Natürlich, rational, irrational oder was?*

	natürlich	ganz	rational	irrational	reell
$\frac{7}{3}$			✗		✗
2	✗	✗	✗		✗
$\sqrt{2}$				✗	✗
0,333...			✗		✗
−8		✗	✗		✗
$\sqrt{\frac{36}{25}}$			✗		✗
$-\sqrt{16}$		✗	✗		✗
π				✗	✗
0,5252252225				✗	✗

14 *Probe durch Potenzieren*

a) $5 \cdot 5 \cdot 5 = 125$

b) $110 \cdot 110 = 12\,100$

c) $10 \cdot 10 \cdot 10 \cdot 10 = 10\,000$

d) $2 \cdot 2 \cdot 2 \cdot 2 \cdot 2 \cdot 2 \cdot 2 \cdot 2 \cdot 2 \cdot 2 = 1\,024$

e) $10 \cdot 10 \cdot 10 \cdot 10 \cdot 10 \cdot 10 = 1\,000\,000$

15 *Was bedeutet ...?*

a) $1{,}975 \cdot 1{,}975 \cdot 1{,}975 \cdot 1{,}975 \cdot 1{,}975 = 30{,}0493789$

b) $2{,}155 \cdot 2{,}155 \cdot 2{,}155 \cdot 2{,}155 \cdot 2{,}155 \cdot 2{,}155 = 100{,}157$

c) $1{,}162 \cdot 1{,}162 \cdot 1{,}162 \cdot 1{,}162 \cdot 1{,}162 \cdot 1{,}162 \cdot 1{,}162 \cdot 1{,}162 \cdot 1{,}162 \cdot 1{,}162 \cdot 1{,}162 \cdot 1{,}162 \cdot 1{,}162 \cdot 1{,}162 \cdot 1{,}162 \cdot 1{,}162 \cdot 1{,}162 \cdot 1{,}162 \cdot 1{,}162 \cdot 1{,}162 = 20{,}1429$

d) $8{,}062 \cdot 8{,}062 = 65$

e) $0{,}1 \cdot 0{,}1 \cdot 0{,}1 = 0{,}001$

96 **16** *Überschlagsrechnung*

a) ≈ 4,5 cm b) ≈ 4,2 m c) ≈ 24,5 km d) ≈ 31,6 cm

17 *An einem klaren Tag am Meer*

a) Man sieht ungefähr 4,56 km weit.

b)

Augenhöhe h in m	5	10	20	40	80
Sichtweite w in km	8,06	11,40	16,13	22,80	32,25

Wenn sich die Höhe vervierfacht, verdoppelt sich die Sichtweite.

18 *Oberfläche*

a) 6 cm b) ≈ 8,94 cm c) 10 cm d) ≈ 11,83 cm

Kopfübungen

1. 35 %; $\frac{35}{100}$; $\frac{7}{20}$
2. 16 Winkel: 8 Winkel mit 105°, 8 Winkel mit 75°
3. a) $\mathbf{\frac{3}{8}} \cdot 8 = 3$; b) $\mathbf{2} : \frac{2}{7} = 7$
4. 1 dm², 1 m², 1 ha
5. a) 7; b) 4; c) −2; d) −5
6. 90 min
7. (A) und (C)

97 **19** *Zum Knobeln und Ausprobieren*

a) Im 19. Jahrhundert war nur die Jahreszahl 1849 eine Quadratzahl. De Morgan wurde deshalb im Jahre 1806 geboren und war im Jahr $1849 = 43^2$ also 43 Jahre alt.

b) Nach dem Jahre $2025 = 45^2$ könnten die 1980 geborenen Menschen De Morgans Ausspruch machen.

20 *Die Kantenlänge eines Würfels*

a) (1) 1 cm (2) 2 cm (3) ≈ 2,15 cm (4) 3 dm

b) Beispiele: $V = 64\,\text{cm}^3$; $a = 4\,\text{cm}$
$V = 216\,\text{m}^3$; $a = 6\,\text{m}$
Etc.

c) $2 < \sqrt[3]{20} < 3$
$4 < \sqrt[3]{80} < 5$
$5 < \sqrt[3]{200} < 6$

21 *Nichtabbrechende Dezimalzahlen – genau hingeschaut*

a) 0,3333333...; 2,21272727..., somit ist nicht jede nichtabbrechende Dezimalzahl eine irrationale Zahl.

b) Schüleraktivität.

3.2 Wurzeln, Näherungsverfahren und Beweise

98 **1** *Der älteste bekannte Beweis, dass $\sqrt{2}$ nicht rational sein kann*

Die *Ich-Du-Wir-Methode* (oft auch think-pair-share-Methode genannt) ist eine gute Möglichkeit bei Problemlöseaufgaben das eigene Durchdenken einer möglichen Problemlösung zu fördern, indem die Phase des Verstehens der Problemstellung individualisiert wird (Ich- bzw. think-Phase). Bei der vorliegenden Aufgabe entspricht a) der Ich-Phase, b) der Du-Phase und c) der Wir-Phase. Hier geht es zwar „nur" um das Nachvollziehen eines mathematischen Beweises, aber jedes nicht oder nicht vollständig von den Schülerinnen und Schüler verstandene Argument kann einen Problemlöseprozess provozieren.

Das grundsätzliche Verstehen eines Widerspruchsbeweises ist für Schülerinnen und Schüler dieses Alters nicht einfach und alles andere als selbstverständlich. Zum einen wird die zweiwertige Logik und das „tertium non datur", also der Satz vom „ausgeschlossenen" Dritten, nicht unbedingt in der bei einem Widerspruchsbeweis benötigten Absolutheit akzeptiert.

Ebenso wird oft nicht wirklich verstanden, warum bei einem logischen Widerspruch aus einer „Teilbarkeitseigenschaft" auf die „Irrationalität", also eine völlig andere Eigenschaft dieser Zahl, geschlossen werden kann. Letztlich ist für viele Schülerinnen und Schüler bereits das Nachvollziehen einzelner Beweisschritte schwierig und sie verlieren „das große Ganze" aus dem Blick.

Auch wenn somit nicht zu erwarten ist, dass alle Schülerinnen und Schüler diesen Beweis „verstehen", lohnt sich eine Beschäftigung, da es zum einen um ein Stück Kulturgeschichte und mathematische Allgemeinbildung geht. Aber auch, weil bereits die „kleinen Problemlöseschritte", die das schrittweise Nachvollziehen der Erklärung überhaupt erst ermöglichen, kognitiv aktivierend sind und die Argumentations- und Problemlösekompetenz der Schülerinnen und Schüler fördern.

99 **2** *Verwandeln in Rechtecke gleichen Flächeninhalts*

a)

a (in cm)	b (in cm)
9	1
5	1,8
3,4	≈ 2,64706
≈ 3,02353	≈ 2,97665

Das vierte zeichnerisch erhaltene Rechteck ist von einem Quadrat mit der Seitenlänge 3 cm nicht mehr zu unterscheiden.

b)

a (in cm)	b (in cm)
≈ 3,00009	≈ 2,99991
≈ 3,0000	≈ 3,0000
3,0000	≈ 3,0000

Da sich a und b immer merh annähern, ist die Näherungsfigur ein Quadrat.

c)

a (in cm)	b (in cm)
6	2
4	3
3,5	≈ 3,4286
≈ 3,4643	≈ 3,4639
≈ 3,4641	≈ 3,4641

Es entsteht ein Quadrat mit einer Seitenlänge von näherungsweise 3,4641 cm.

99 3 *„Zahlenraten"*

a) Schüleraktivität.

b) Fortsetzung des Beispiels:

$c = 38$

3. Frage: Liegt die gesuchte Zahl zwischen 26 und 38? Nein!

$a = 39,\ b = 50 \Rightarrow c = 44,5$

4. Frage: Liegt die gesuchte Zahl zwischen 39 und 44? Ja!

$a = 39,\ b = 44 \Rightarrow c = 41,5$

5. Frage: Liegt die gesuchte Zahl zwischen 39 und 41? Ja!

$a = 39,\ b = 41 \Rightarrow c = 40$

6. Frage: Ist die gesuchte Zahl eine der beiden Zahlen 39 und 40? Ja!

$a = 39,\ b = 40 \Rightarrow c = 39,5$

7. Frage: Heißt die gesuchte Zahl 39? Ja!

c) 1. Frage: Liegt die zu erratende Zahl zwischen 0 und 10? Ja!

$a = 0,\ b = 10 \Rightarrow c = 5$

2. Frage: Liegt die zu erratende Zahl zwischen 0 und 5? Ja!

$a = 0,\ b = 5 \Rightarrow c = 2,5$

3. Frage: Liegt die zu erratende Zahl zwischen 0 und 2,5? Nein!

Mache weiter mit $a = 2,5$ und $b = 2,5 + 1 = 3,5$

4. Frage: Liegt die zu erratende Zahl zwischen 2,5 und 3,5? Ja!

$a = 2,5,\ b = 3,5 \Rightarrow c = 3$

5. Frage: Ist die zu erratende Zahl zwischen 2,5 und 3,75? Ja!

$a = 2,5,\ b = 3,75 \Rightarrow c = 3,125$

…

101 4 *Heron'sches Näherungsverfahren „per Hand"*

a)

untere Intervallgrenze x	obere Intervallgrenze y	Mittelwert aus x und y	Wo liegt $\sqrt{30}$?
5	6	5,5	$5,5^2 = 30,25$
5	5,5	5,25	$5,25^2 = 27,5625$
5,25	5,5	5,375	$5,375^2 = 28,896025$
5,375	5,5	5,4375	$5,4375^2 = 29,5664$
5,4375	5,5	5,46875	$5,46875^2 = 29,9072$

b)

untere Intervallgrenze x	obere Intervallgrenze y	Mittelwert aus x und y	Wo liegt $\sqrt{85}$?
9	10	9,5	$9,5^2 = 90,25$
9	9,5	9,25	$9,25^2 = 85,5625$
9	9,25	9,125	$9,125^2 = 82,266$
9,125	9,25	9,1875	$9,1875^2 = 84,984$
9,1875	9,25	9,21875	$9,21875^2 = 84,984$

c)

untere Intervallgrenze x	obere Intervallgrenze y	Mittelwert aus x und y	Wo liegt $\sqrt{200}$?
14	15	14,5	$14,5^2 = 210,25$
14	14,5	14,25	$14,25^2 = 203,0625$
14	14,25	14,125	$14,125^2 = 199,5156$
14,125	14,25	14,1875	$14,1875^2 = 201,2852$
14,125	14,1875	14,15625	$14,15625^2 = 200,3994$

d) Startwert 10 $\sqrt{100} = 10$

101 **5** *Das Heron-Verfahren ist schnell*

a) $\sqrt{12}$

b) 5 Iterationsschritte

c)

Untere Intervallgrenze	Obere Intervallgrenze	Mittelwert aus x und y	Wo liegt $\sqrt{12}$ bezüglich des Mittelwertes?	
3,4375	3,5	3,46875	$3{,}46875^2 = 12{,}0322$	links
3,4375	3,46875	3,453125	$3{,}453125^2 = 11{,}9240$	rechts

Das Heron-Verfahren ist schneller.

6 *Das vereinfachte Heron-Verfahren*

a) Grenzen: 1; 12

$x_1 = 0{,}5 \cdot \left(12 + \frac{12}{12}\right) = 6{,}5$

$x_2 = 0{,}5 \cdot \left(6{,}5 + \frac{12}{6{,}5}\right) = 4{,}1731$

$x_3 = 0{,}5 \cdot \left(4{,}1731 + \frac{12}{4{,}1731}\right) = 3{,}5243$

$x_4 = 0{,}5 \cdot \left(3{,}5243 + \frac{12}{3{,}5243}\right) = 3{,}4646$

$x_5 = 0{,}5 \cdot \left(3{,}4646 + \frac{12}{3{,}4646}\right) = 3{,}4641$

Die Ergebnisse entsprechen den Ergebnissen in der Tabelle.

b) Die zweite Gleichung, die Berechnung von B_n, ist durch den Term $\frac{a}{x_n}$ in der Formel vertreten, damit entspricht die eine Formel den zweien aus dem Basiswissen. Der Mittelwert spiegelt sich in der Multiplikation mit 0,5 wider.

102 **7** *Das Heron-Verfahren mit nur einer Iterationsgleichung*

Iteration	Näherungswert
1	6,5
2	4,173076923
3	3,52432648
4	3,464616186
5	3,464101653
6	3,464101615
7	3,464101615
8	3,464101615
9	3,464101615
10	3,464101615

102 **8** *Iterationen mit digitalen Werkzeugen erforschen*

A

Iteration	Näherungswert
1	9,625
2	9,487824675
3	9,486833032
4	9,486832981
5	9,486832981

Nach 5 Schritten hat man eine Näherung, die auf 9 Nachkommastellen genau ist.

B Je geeigneter der Startwert gewählt wurde, desto weniger Iterationsschritte werden benötigt, um sich zu nähern. Der Startwert ist umso geeigneter, je näher er an der endgültigen Lösung dran ist, spielt aber keine große Rolle.

C Bei einem negativen Startwert erhält man auch ein negatives Ergebnis. Dessen Quadrat ist ebenfalls gleich dem Radikand.

9 *Das wusste bereits Archimedes*

a) $\sqrt{3} \approx 1{,}7320508$ $\quad \frac{265}{153} \approx 1{,}7320261$ $\quad \frac{1351}{780} \approx 1{,}7320512$

Die Näherungswerte sind auf 4 bzw. 5 Stellen genau.

b) $x_1 = 2;\ x_2 = \frac{7}{4};\ x_3 = \frac{76}{56};\ x_4 = 1{,}783835;\ x_5 = 1{,}73280;\ x_6 = 1{,}732051$

Man erhält also nach sechs Schritten eine Genauigkeit von fünf Nachkommastellen.

103 **10** *Beweisen in der Algebra*

a) Bei der **Begründung 1** werden drei Beispiele aufgelistet. Es könnte viele weitere Beispiele geben, die die Behauptung widerlegen. Ähnlich verhält es sich mit **Begründung 2**. Es kann nicht ausgeschlossen werden, dass durch weitere Suche doch ein Gegenbeispiel gefunden wird.

Begründung 3 dagegen umfasst alle Zahlen, da für a und b jede beliebige gerade Zahl ausgewählt werden kann. Das ist ein Beweis der Behauptung.

b) a ungerade $\Rightarrow a = 2n + 1$

b ungerade $\Rightarrow b = 2m + 1$

$\Rightarrow a \cdot b = (2n + 1)(2m + 1) = 4mn + 2m + 2n + 1$

$= 2(2mn + m + n) + 1$

Der erste Summand des Ergebnisses ist durch 2 teilbar, also eine gerade Zahl. Durch Addition von 1 ergibt sich eine ungerade Zahl. Das Produkt zweier ungerader Zahlen ist somit ungerade.

c) a ungerade $\Rightarrow a = 2n + 1$

b ungerade $\Rightarrow b = 2m + 1$

$\Rightarrow a - b = 2n + 1 - (2m + 1) = 2n - 2m = 2(n - m)$

Die Differenz ist durch 2 teilbar, also eine gerade Zahl.

11 *Ein Gewinnspiel*

Alle gesammelten Punktezahlen sind durch 3 teilbar. Die Summe zweier Zahlen, die durch 3 teilbar sind, ist auch durch drei teilbar.

Beweis: $a = 3n;\ b = 3m \Rightarrow a + b = 3n + 3m = 3(m + n)$ ist teilbar durch 3. Da 100 nicht durch 3 teilbar ist, die Summe jeder Kombination der vorliegenden Punktezahlen jedoch durch 3 teilbar ist, kann 100 nicht das Ergebnis sein.

103 **12** *Zauberzahl*

Die Vorgehensweise des Ausprobierens ist für einen Beweis nicht zielführend, da nur Beispiele angeführt werden. Übrigens: die Aussage stimmt nicht, da $\frac{5040}{11}$ kein ganzzahliges Ergebnis liefert (Gegenbeispiel).

104 **13** *Beweisverfahren im Vergleich*

a) (A) $\frac{2 \cdot 5 + 3 \cdot 4}{3 \cdot 5} = \frac{22}{15}$

(B) $\sqrt{2} - \left(\frac{2}{5}\right) = 1{,}014213$, das Ergebnis ist irrational. Für dieses Beispiels trifft die Behauptung zu.

b) Da die Behauptungen allgemein formuliert sind und somit für beliebige Zahlen gelten sollen, reicht es nicht als Beweis, sie für eine wenige Beispiele zu bestätigen.

c) In (A) ist die Vorgehensweise direkt, man wählt allgemeine Zahlen, die den Voraussetzungen entsprechen und zeigt die Behauptung dann allgemein. (B) ist ein sogenannter Widerspruchsbeweis. Man geht von der gegenteiligen Behauptung aus und findet einen Widerspruch. Wenn die gegenteilige Behauptung nicht stimmt, weiß man, dass die Behauptung wahr sein muss.

14 *Beweise kann man üben*

a) a und b sind rationale Zahlen: $a = \frac{p}{q}$, $b = \frac{m}{n}$

$\Rightarrow a \cdot b = \frac{p}{q} \cdot \frac{m}{n} = \frac{p \cdot m}{q \cdot n}$ ist eine rationale Zahl

b) x ist eine rationale, y eine irrationale Zahl

Annahme des Gegenteils: $\frac{x}{y} = t$ und t ist rational $\Rightarrow y = \frac{x}{t} \Rightarrow$ y ist rational, da Quotient zweier rationaler Zahlen. Das ist ein Widerspruch zur Vorgabe, dass y irrational sei. Also ist die Annahme falsch. Der Quotient ist somit irrational.

106 **15** *Ist $\sqrt{12}$ eine irrationale Zahl?*

a) Angenommen, $\sqrt{12}$ ist rational. Dann ist $\sqrt{12} = \frac{a}{b}$, also $12 = \frac{a^2}{b^2}$ bzw. $a^2 = 12 \cdot b^2$. Die Primfaktorzerlegung einer Quadratzahl enthält eine gerade Anzahl von Primfaktoren. Es ist aber $12 = 3 \cdot 2 \cdot 2$, 12 hat also eine ungerade Anzahl Primfaktoren und damit hat $12 \cdot b^2$ eine ungerade Anzahl an Primfaktoren (ungerade Zahl + gerade Zahl = ungerade Zahl). So erhält man einen Widerspruch, denn wenn zwei Zahlen gleich sind, haben sie auch die gleiche Anzahl an Primfaktoren, a^2 hat aber eine gerade Anzahl und $12 \cdot b^2$ eine ungerade. Also war die Annahme falsch und damit ist $\sqrt{12}$ irrational.

b) Den Annahmen aus Beispiel E zufolge gilt für die Primfaktorzerlegung von $\sqrt{10}$: $a^2 = 2 \cdot 5 \cdot b^2$ (Schritt 5). Auf beiden Seiten des Gleichheitszeichens steht eine gerade Anzahl von Primfaktoren, deswegen kann man so keinen Widerspruch erzeugen. Über die genaue Anzahl der Primfaktoren kann man damit keine Aussage treffen.

Kopfübungen

1. a) 0,2; b) 0,15
2. Ja, sie sind kongruent
3. $p = 0{,}25$
4. 905 ml
5. $-0{,}5$
6. weiß: $\frac{3}{8}$; $\frac{5}{8}$
7. $y = x + 5$

107 **16** *Merkwürdiges*

Das gemeinsame Maß ist 2,5 cm.

107 **17** *Bemerkenswertes zu Zahlen*

a) Beispiele: $\frac{22}{28}$ $\frac{43}{56}$ $\frac{45}{56}$ $\frac{87}{112}$ $\frac{95}{112}$

b) Erweitert man die Brüche zu Brüchen mit immer größeren Nennern, so sieht man an deren Zählern, dass zwischen ihnen weitere Brüche mit gleichem Nenner eingefügt werden können. Dieses Verfahren kann man unbegrenzt fortsetzen. Deshalb liegen unendlich viele rationale Zahlen zwischen den vorgegebenen beiden Zahlen.

c) Man findet die Zahlen zwischen einem Zahlenpaar durch Erweitern der beiden gegebenen rationalen Zahlen analog b).

108 **18** *Wie geht das mit der „dritten Wurzel"?*

a) $x = 2\,\text{cm}$ $(x = 3\,\text{cm};\ x = 10\,\text{cm})$

b) Die 3. Wurzel aus 500 ist keine natürliche Zahl. 500 ist keine Kubikzahl.

c) Der beste ganzzahlige Näherungswert ist 8, denn $8^3 = 512$.

d) Da man schon einen Näherungswert kennt, bietet es sich an, diesen als Startwert zu wählen. Damit erhält man schon nach einem Schritt eine auf drei Nachkommstellen genaue Näherung, nämlich $x_1 = 7{,}9375$.

19 *Auch für die 4. Wurzel gibt es eine Iterationsformel*

a) 2 (10; 5; 0,3)

b) $x_{n+1} = \frac{1}{4}\left(x_n + x_n + x_n + \frac{500}{x_n^3}\right)$ $\sqrt[4]{500} \approx 4{,}728708045$

Startwert 5: $x_1 = 4{,}75$; $x_2 = 4{,}72885078$; $x_3 = 4{,}728708051$; $x_4 = 4{,}728708045$

Nach 4 Schritten haben wir mit dem Startwert 5 bereits eine Genauigkeit von 9 Nachkommastellen.

c) Unter $\sqrt[5]{500}$ versteht man eine Zahl, die viermal mit sich selbst multipliziert 500 ergibt.

$x_{n+1} = \frac{1}{5}\left(x_n + x_n + x_n + x_n + \frac{500}{x_n^4}\right)$ $\sqrt[5]{500} \approx 3{,}465724$

Startwert 5: $x_1 = 4{,}16$; $x_2 = 3{,}661908$; $x_3 = 3{,}485649$; $x_4 = 3{,}465951$

Nach vier Schritten hat man bei dem Startwert 5 eine Genauigkeit von drei Nachkommastellen.

3.3 Rechnen mit Wurzeln

109 **1** *Rechenregeln beim Quadrieren*

a) Offenbar richtig sind die Regeln (1), (4), (5), (6) und (8).

b) (1) $m \cdot a^2 + n \cdot a^2 = (m + n)a^2$ (Distributivgesetz)

(3) Wird durch die 1. binomische Formel widerlegt.

(4) $a^2 \cdot b^2 = a \cdot a \cdot b \cdot b$

$= a \cdot b \cdot a \cdot b$ (Kommutativgesetz)

$= (a \cdot b) \cdot (a \cdot b)$ (Assoziativgesetz)

$= (a \cdot b)^2$

(5) $\frac{a^2}{b^2} = \frac{a \cdot a}{b \cdot b} = \frac{a}{b} \cdot \frac{a}{b} = \left(\frac{a}{b}\right)^2$

(6) $a^2 \cdot a^2 = a \cdot a \cdot a \cdot a = a^4$

2 *Was ist da falsch?*

Christophs Rechnung ist falsch, da $\sqrt{a+b} = \sqrt{a} + \sqrt{b}$ nicht allgemein gültig ist.

110 **3** *Vereinfache*

a) $2\sqrt{11}$ b) $10\sqrt{21}$ c) $\sqrt{5}$ d) keine Vereinfachung möglich

e) $7\sqrt{5}$ f) $10\sqrt{a}$ g) $-3\sqrt{b}$ h) keine Vereinfachung möglich

4 *Vereinfache durch geschicktes Ordnen und Zusammenfassen*

a) $5 + 4\sqrt{2}$ b) $2(\sqrt{10} - \sqrt{6})$ c) $2\sqrt{x} + 3\sqrt{y}$

d) $4\sqrt{a} - 6$ e) $\sqrt{11}$ f) $5(\sqrt{3} - \sqrt{6}) + 4(\sqrt{10} + \sqrt{11})$

111 **5** *Wurzelterme vereinfachen*

a) $\sqrt{30}$ b) $5\sqrt{14}$ c) $3\sqrt{33}$ d) 13

e) 18 f) 250 g) $2\sqrt{2} + \sqrt{6}$ h) $3 - 5\sqrt{3}$

6 *Distributivgesetz nutzen*

a) $\sqrt{6} + 5\sqrt{2}$ b) $\sqrt{42} + \sqrt{33}$ c) $\sqrt{14} - \sqrt{7} + 6\sqrt{2} - 6$

d) 2 e) $3 - 10\sqrt{3} + \sqrt{30} - 10\sqrt{10}$ f) $\sqrt{ab} + \sqrt{ac}$

g) $1 + \sqrt{2}$ h) $\frac{\sqrt{2}}{1 + \sqrt{4}}$ (kürzen mit $\sqrt{3}$) $= \frac{\sqrt{2}}{3}$

7 *Teilweises Wurzelziehen*

a) $3\sqrt{3}$ b) $10\sqrt{2}$ c) – d) $\frac{4}{5}\sqrt{\frac{2}{5}}$ e) –

f) $0{,}1\sqrt{2}$ g) $\frac{1}{4}\sqrt{\frac{7}{3}}$ h) $0{,}3\sqrt{2}$ i) –

8 *Kannst du den Term ohne Wurzel schreiben?*

a) 10 b) 1,5 c) 0,4 d) 2 e) 10 f) $\frac{2}{3}$

9 *Teilweises Wurzelziehen rückgängig*

a) $3\sqrt{7} = \sqrt{9 \cdot 7} = \sqrt{63}$ b) $2\sqrt{2} = \sqrt{4 \cdot 2} = \sqrt{8}$

c) $6\sqrt{\frac{1}{6}} = \sqrt{36 \cdot \frac{1}{6}} = \sqrt{6}$ d) $0{,}5\sqrt{2} = \sqrt{0{,}25 \cdot 2} = \sqrt{0{,}5}$

10 *Wie kann man die Probe machen?*

Schüleraktivität.

11 *Komplizierter Term – schönes Ergebnis, erstaunlich, oder?*

a) 2 b) 125 c) 63

d) Die Aufgabe wurde so gestellt, dass beim Anwenden der 1. oder 2. binomischen Formel der 2. Summand (... + 2ab + ...) eine Wurzel enthält, die man leicht ziehen kann. Sofern man Aufgaben stellt, die auf die Anwendung der 3. binomischen Formel führen, können beliebige, nicht negative Zahlen als Radikanden gewählt werden.

12 *Vereinfache so weit wie möglich*

a) $2\sqrt{22}$ b) $\frac{15}{7}\sqrt{14}$ c) $2\sqrt{10}$ d) $\frac{32}{3}\sqrt{3}$ e) $10\sqrt{10}$

f) $12 \cdot \sqrt{7}$ g) $\frac{3}{2}\sqrt{6}$ h) $2\sqrt{14}$ i) $\frac{1}{4}\sqrt{26}$

112 **13** *Abschlusstraining zum Rechnen mit Wurzeln*

a) $\sqrt{5} - 2$ b) $2\sqrt{3} - 3\sqrt{2}$ c) $-6\sqrt{\frac{1}{2}}$ d) $\frac{1}{2}$

e) $4 - 4\sqrt{2}$ f) -6 g) $12\sqrt{3}$ h) 1,2

112

14 *Halbkreis*

a)

x	−2	−1	−0,5	0	0,5	1	2	3	−3
y	0	1,73	1,94	2	1,94	1,73	0	–	–

b)

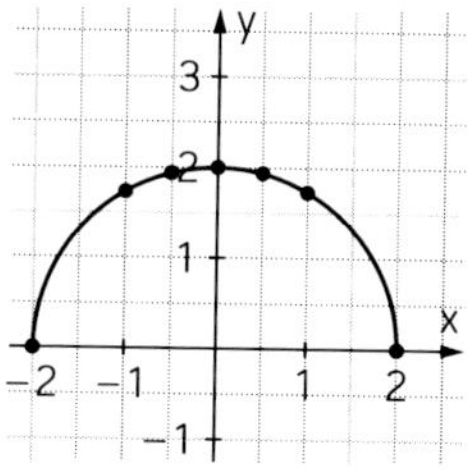

c)

x	−2	−1	−0,5	0	0,5	1	2	3	−3
y	2,83	2,24	2,06	2	2,06	2,24	2,83	3,61	3,61

Dadurch, dass unter der Wurzel kein negativer Betrag entstehen kann, gibt es für jeden x-Wert einen y-Wert.

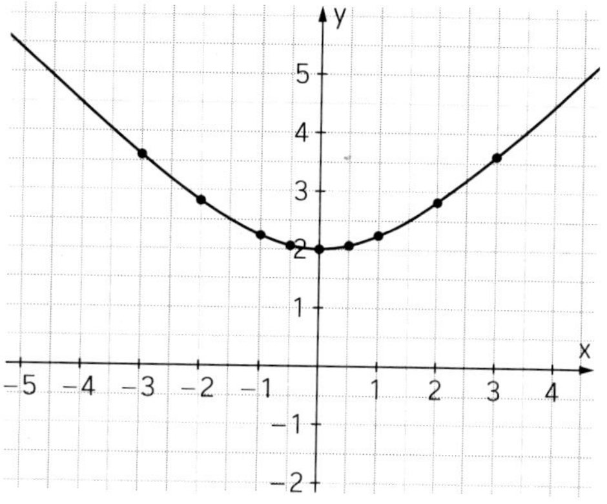

15 *Zur Erinnerung*

a) bis h) Bis auf $\sqrt{-0{,}3}$; $\sqrt{-10}$; $\sqrt{-1}$ sind alle anderen Wurzeln reelle Zahlen.

i) Für negative Radikanden a ist die Wurzel keine reelle Zahl.

16 *Definitionsmenge oder „Welche Werte sind zugelassen?"*

a) $D = \{a \mid a \geq 3\}$ b) $D = \{x \mid x \geq -5\}$ c) $D = \mathbb{R}$

d) $D = \{y \mid |y| \geq 1\}$ e) $D = \mathbb{R}$ f) $D = \mathbb{R}$

113

17 *Lernplakat zum Thema Rechnen mit Wurzeln*

Schülerkativität.

18 *Teste dein Wissen*

a) Der Radikand wurde in eine Summe umgeformt und dann aus den Summanden einzeln die Wurzeln gezogen; letzteres ist falsch.

b) Die Wurzel wurde ignoriert.

c) Die 1. binomische Formel wurde nicht korrekt angewendet:
$(\sqrt{5} + \sqrt{7})^2 = 5 + 2\sqrt{35} + 7 = 12 + 2\sqrt{35}$

d) Wenn b negativ ist, ist der Term nicht definiert, also $b \geq 0$ ist Voraussetzung. Im umgeformten Term muss a in Betragsstriche gesetzt werden.

e) Bei der ersten Umformung, Ausklammern der 2, wurde die Klammer vergessen; danach wurden die Radikanden zweier Wurzeln addiert, was falsch ist.
Man kann umformen zu $2(\sqrt{5} + \sqrt{10})$ oder zu $\sqrt{20} + \sqrt{40}$.

f) Der Radikand darf nicht negativ sein; deshalb: $D = \{a \mid a \geq 2\}$.

g) Es wurde falsch zur 3. binomischen Formel erweitert. Richtiges Ergebnis: $\frac{\sqrt{x} - x}{1 - x}$

113

19 *Genau hingeschaut*

a)

x	0	1	2	3	4	−1	−2	−3	−4
y	0	1	2	3	4	–	–	–	–

$D = \{x \mid x \geq 0\}$
$y = x$

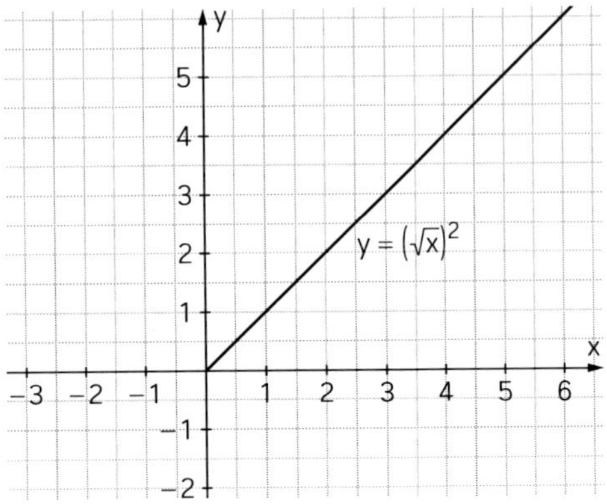

b) Diese Funktion ist auch für negative Werte von x definiert.

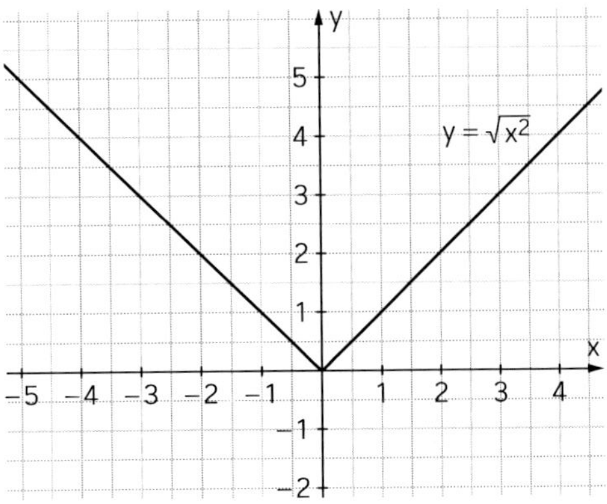

Kopfübungen

1. a) $\frac{27}{4} < \frac{36}{4}$; b) $\frac{21}{40} > \frac{23}{50}$
2. 10°
3. s = −3
4. 10000
5. 0 und −1
6. $\frac{1}{290} = 0{,}34\,\%$
7. Nein, gehört er nicht; der Punkt $\left(\frac{1}{4} \middle| -3\right)$ würde dazugehören.

114

20 *Das goldene Rechteck*

a) 1,618
b) Es sind die beiden Rechtecke rechts und links direkt neben dem Bogen: 1,1 zu 1,8 cm auf dem Papier.
c) (3) und (5)
d) Schüleraktivität.

21 *Das goldene Verhältnis*
Schüleraktivität.

115 **22** *Muster in Zahlenfolge – Fibonaccizahlen*

a) 5 : 3 = 1,666… : 1

Das Verhältnis 5 : 3 weicht um weniger als 0,05, nahezu genau um 3 %, vom goldenen Verhältnis ab.

b)

Länge	Breite	Verhältnis
13	8	1,625
21	13	1,615
34	21	1,619
55	34	1,618
89	55	1,618

Das Verhältnis scheint sich dem goldenen Verhältnis anzunähern.

c) Fotoabzüge: 1 : 1,444
Glückwunschkarte: 1,624 : 1
Breitwandleinwand: 1,659 : 1
Papierformat A4: 1 : 1,414

Glückwunschkarte und Breitwandleinwand sind näherungsweise goldene Rechtecke.

Kapitel 4 Quadratische Funktionen und Gleichungen

Didaktische Hinweise

Wie bereits in den vorangegangenen Klassenstufen folgt auch die Einführung der quadratischen Funktionen dem „Vierschritt" aus Erleben, Systematisieren, Funktionsgleichungen bestimmen, Problemlösen, Anwenden und Modellieren. Da das Lösen von Problemen mithilfe von quadratischen Funktionen unmittelbar auf quadratische Gleichungen führt, werden diese in Lernabschnitt **4.1** und **4.2** aufgebaut und in einem eigenen Abschnitt **4.3**. zusammenfassend vor dem Problemlösen (**4.4**) und Modellieren (Kapitel 5) behandelt.

Einführung in quadratische Funktionen (Lernabschnitt **4.1**)
Dieser Abschnitt zeichnet sich durch die Vielfalt der Anwendungsgebiete aus. Quadratische Funktionen werden in verschiedenen Zusammenhängen erlebt. In den Aufgaben und Übungen wird breiter Raum gegeben für das Gewinnen von Erfahrungen im Umgang mit quadratischen Funktionen. Erkenntnisse, die am Graphen oder einer Tabelle entdeckt werden, werden noch nicht systematisiert. Das Zusammenspiel von Funktionsgleichung, Graph und Tabelle spricht verschiedene Lerntypen an. Charakteristische Eigenschaften der Parabel werden entdeckt und typische Fragen beim Berabeiten von Problemen mit quadratischen Funktionen behandelt. Dabei erfahren Schülerinnen und Schüler, dass sie einige Fragen vollständig rechnerisch beantworten können, bei anderen an dieser Stelle aber noch auf grafisch-tabellarische Verfahren angewiesen sind.

Entdeckungen am Graphen quadratischer Funktionen (Lernabschnitt **4.2**)
In diesem Abschnitt werden die gewonnenen Erkenntnisse über quadratische Funktionen, deren Graphen und zugehörigen Tabellen systematisiert und vertieft. Die Aufgaben der ersten grünen Ebene ermöglichen verschiedene Zugänge zu dem Thema, einmal ohne digitale Werkzeuge, einmal mit. Dabei fördern die digitalen Werkzeuge das selbstständige Entdecken der Zusammenhänge zwischen der Funktionsgleichung der quadratischen Funktion und der Parabel durch die Schülerinnen und Schüler. Die Aufgaben zum „Graphenlaboratorium" eignen sich in besonderem Maße zur arbeitsteiligen Gruppenarbeit mit anschließender angemessener Präsentation. Ein besonderes Augenmerk liegt auf den verschiedenen Darstellungsmöglichkeiten der Funktionsgleichung (Seite 136 ff.), aus denen man unterschiedliche Informationen ablesen kann. Diese Kenntnis der verschiedenen Formen der Funktionsgleichung einer quadratischen Funktion erleichtert in vielen Fällen das Modellieren (Finden einer angemessenen Funktionsgleichung). Eine erste Anreicherung stellt die Umwandlung der Funktionsgleichung einer quadratischen Funktion mithilfe des „quadratischen Ergänzens" in die Scheitelpunktsform dar.
Stand bis hierhin das Erschließen der graphischen Gestalt aus einer vorgegebenen Funktionsgleichung im Mittelpunkt, so wird in diesem Lernabschnitt auch die umgekehrte Frage nach der Bestimmung einer Funktionsgleichung aus vorgegebenen Einzelinformationen des quadratischen Zusammenhanges innermathematisch behandelt (Seite 139 f.), um das später stattfindende Modellieren (**5.1**) rechnerisch zu entlasten.

Quadratische Gleichungen (Lernabschnitt **4.3**)
Das Lösen von quadratischen Gleichungen ist ein schönes Beispiel für die Entwicklung von Lösungsansätzen vom Einfachen zum Komplexen. Alle notwendigen Kenntnisse sind vorhanden, müssen aber im Sinne eines Gestalterlebnisses in neuen Zusammenhängen gesehen werden:

- Gleichungen der Form $x^2 = a$ sind schon aus dem vorherigen Kapitel bekannt und werden reaktiviert
- Gleichungen der Form $ax^2 - bx = 0$ können durch Ausklammern gelöst werden.
- Andere quadratische Gleichungen kann man durch „quadratisches Ergänzen" in die „richtige" Form bringen.

Ein allgemeines Lösungsverfahren und die pq-Formel können die Schülerinnen und Schüler mithilfe des Buches selbstständig erarbeiten (Seite 147 ff.). Häufig wenden Schülerinnen und Schüler nach dem Erlernen und Einüben einer Lösungsformel diese in jeder Situation an. Sinnvoll ist daher eine vorgängige Wahl eines geeigneten Verfahrens in Abhängigkeit der Form der quadratischen Gleichung. Wann immer es möglich ist, sollte daher auch das verwendete Lösungsverfahren auf Effizienz (Angemessenheit des Verfahrens) überprüft werden.
Historische Ansätze und der Satz von Vieta runden das Lösen von quadratischen Gleichungen ab.
Im Zeitalter der Verfügbarkeit digitaler Werkzeuge sollte das Lösen von quadratischen Gleichungen in der Regel an weniger komplexen Gleichungen geübt werden. „Schwierigere" Gleichungen mit Koeffizienten, die das Rechnen fehleranfällig machen, können mit solchen Werkzeugen gelöst werden. In diesem Fall empfiehlt sich, dieErgebnisse durch eine Überschlagsrechnung zu überprüfen bzw. auf Plausibilität zu untersuchen. Diese Plausibiliätsbetrachtungen können dabei sowohl mathematischer als auch sachlicher Natur sein.

Problemlösen mit quadratischen Funktionen (Lernabschnitt **4.4**)
Quadratische Funktionen dienen in vielen Alltagssituationen zum Modellieren und helfen beim Lösen von Problemen. An verschiedenen Aufgaben kann die Fähigkeit zum Problemlösen weiter entwickelt werden. Im Basiswissen wird noch einmal dargestellt, wie ein Problemlösungsprozess strukturiert werden kann. Durch Erproben dieser Problemlösestrategien an verschiedenen Aufgaben erleben die Schülerinnen und Schüler, wie man Aufgaben systematisch angehen und lösen kann. Die Vielfalt der Aufgaben spricht unterschiedliche Interessengebiete der Schülerinnen und Schüler an.

Lösungen

4.1 Einführung in quadratische Funktionen

122 **1** *Was macht den Unterschied?*

a) (1)

x	$f(x) = 2x$	$g(x) = x^2$
−3	−6	9
−2,5	−5	6,25
−2	−4	4
−1,5	−3	2,25
−1	−2	1
−0,5	−1	0,25
0	0	0
0,5	1	0,25
1	2	1
1,5	3	2,25
2	4	4
2,5	5	6,25
3	6	9

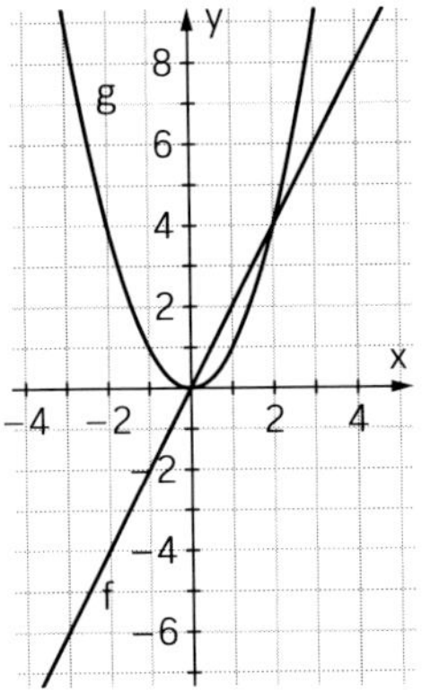

(2)

x	$f(x) = -\frac{1}{2}x$	$g(x) = -\frac{1}{2}x^2$
−3	1,5	−4,5
−2,5	1,25	−3,125
−2	1	−2
−1,5	0,75	−1,125
−1	0,5	−0,5
−0,5	0,25	−0,125
0	0	0
0,5	−0,25	−0,125
1	−0,5	−0,5
1,5	−0,75	−1,125
2	−1	−2
2,5	−1,25	−3,125
3	−1,5	−4,5

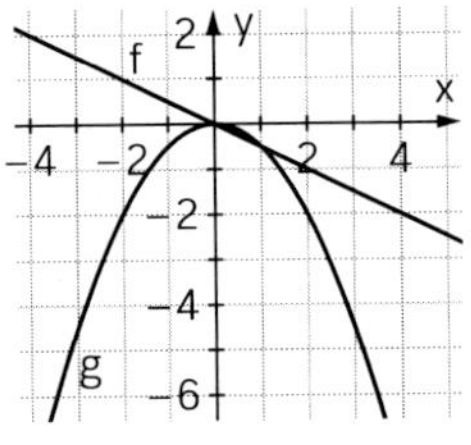

122 **1** a) (3)

x	$f(x) = 2x + 1$	$g(x) = x^2 + 2x + 1$
−3	−5	4
−2,5	−4	2,25
−2	−3	1
−1,5	−2	0,25
−1	−1	0
−0,5	0	0,25
0	1	1
0,5	2	2,25
1	3	4
1,5	4	6,25
2	5	9
2,5	6	12,25
3	7	16

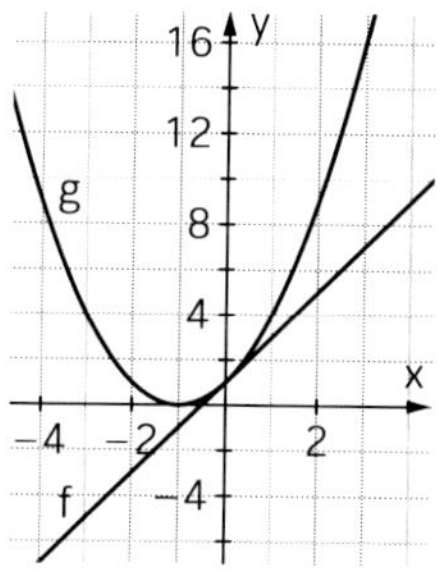

b) (1) Bei $f(x) = 2x$ handelt es sich um eine Gerade mit positiver Steigung. Der Graph von $g(x) = x^2$ verläuft stets oberhalb der x-Achse, im Koordinatenursprung berührt er die x-Achse. Im ersten Quadranten wächst er mit größer werdendem x stark an; im zweiten Quadranten wächst er mit kleiner werdendem x ebenfalls stark an. Seinen tiefsten Punkt hat er im Koordinatenursprung.

(2) Bei $f(x) = -\frac{1}{2}x$ handelt es sich um Gerade mit negativer Steigung. Der Graph von $g(x) = -\frac{1}{2}x^2$ verläuft stets unterhalb der x-Achse, im Koordinatenursprung berührt er die x-Achse. Im ersten Quadranten fällt er mit größer werdendem x; im zweiten Quadranten fällt er mit kleiner werdendem x ebenfalls. Seinen höchsten Punkt hat er im Koordinatenursprung.

(3) Bei $f(x) = 2x + 1$ handelt es sich um eine Gerade mit positiver Steigung. Der Graph von $g(x) = x^2 + 2x + 1$ verläuft stets oberhalb der x-Achse, bei $x = -1$ berührt er die x-Achse. Im ersten Quadranten wächst er mit größer werdendem x stark an; im zweiten Quadranten wächst er mit kleiner werdendem $x < -1$ ebenfalls stark an. Seinen tiefsten Punkt hat er in $P(-1\,|\,0)$.

2 *Verschiedene Kurven*

Die einfachste quadratische Funktion ist durch die Funktionsgleichung $f(x) = x^2$ gegeben, die auch Normalparabel genannt wird. Alle quadratischen Funktionen besitzen einen Scheitelpunkt, der entweder, bei nach oben geöffneten Parabeln, der tiefste Punkt oder, bei nach unten geöffneten Parabeln, der höchste Punkt ist. Die Abbildung zeigt unterschiedliche Normalparabeln, die nach links oder rechts bzw. nach oben oder unten verschoben und gestreckt oder gestaucht wurden.

Der Graph einer linearen Funktion $y = mx + b$ ist eine Gerade, d. h. der Graph ist im Gegensatz zu dem der quadratischen Funktion nicht gekrümmt. Außerdem besitzt eine lineare Funktion eine gleichbleibende Steigung, im Gegensatz zur quadratischen Funktion.

122 **3** *Erkennst du ein Muster?*

a) Bei Graphen (1) bis (3) handelt es sich um Geraden, bei (4) bis (6) um Parabeln.

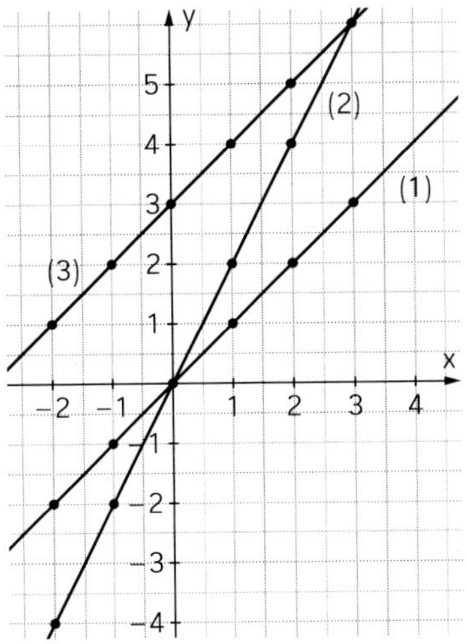

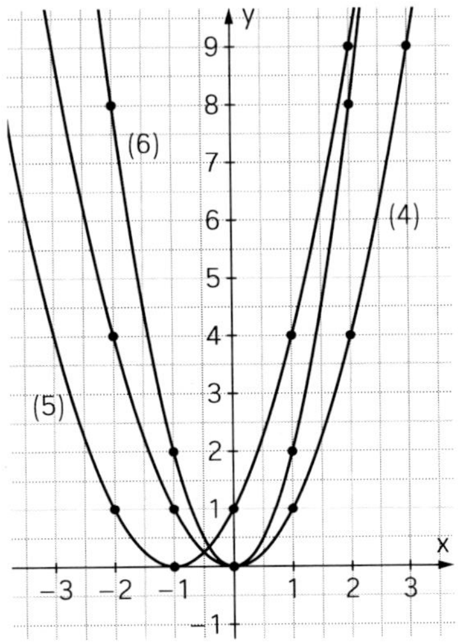

b) (1) $y = x$ (2) $y = 2x$ (3) $y = x + 3$
(4) $y = x^2$ (5) $y = (x + 1)^2$ (6) $y = 2x^2$

123 **4** *Brems- und Anhalteweg*

a) $s(30) = 9$ Der Bremsweg ist 9 m lang.
$s(60) = 36$ Der Bremsweg ist 36 m lang.
$s(90) = 81$ Der Bremsweg ist 81 m lang.

b) $s(v) = 32$ für $v \approx 57$ Die Geschwindigkeit betrug rund 57 km/h.

c)

v (km/h)	w (m)
0	0
50	40
60	54
82	**92**
100	130
150	270
200	**460**

Der Graph ist ähnlich wie beim Bremsweg, steigt aber stärker an.
$w(90) = 108$
Der Anhalteweg ist 108 m lang.

5 *Der Preis beeinflusst die Nachfrage – Wie macht man den größten Gewinn?*

a)

Preisänderung	Eintrittspreis	Besucherzahl	Einnahmen E(x)
−2	3	360	1080
−1	4	330	1320
0	5	300	1500
1	6	270	1620
2	7	240	1680
3	8	210	1680
4	9	180	1620
x	5 + x	300 − 30x	

b) $E(x) = (5 + x)(300 - 30x) = -30x^2 + 150x + 1500$

123 **5** c)

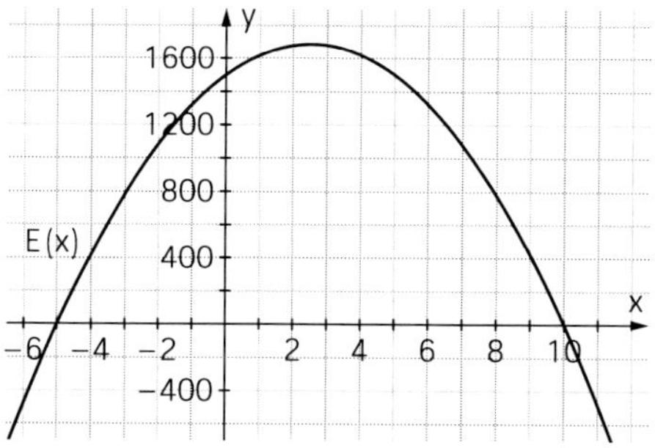

Die größte Einnahme bringt eine Preiserhöhung um 2,50 €.
$E(2{,}5) = 1\,687{,}5$

d) Wahrscheinlich werden z. B. viele Eltern und Schüler unabhängig vom Eintrittspreis auf jeden Fall zum Schultheater kommen wollen.

125 **6** *Quadratisch, linear oder keins von beiden*

a) quadratisch	b) linear	c) linear	d) quadratisch
e) –	f) quadratisch	g) linear	h) quadratisch
i) –	j) –	k) quadratisch	l) quadratisch
m) quadratisch	n) quadratisch	o) –	p) quadratisch

7 *Quadratische Funktionen in verschiedenen Darstellungen*

a) $f(x) = x^2 + 5x - 24$	b) $f(x) = x^2 - \frac{17}{4}x - \frac{15}{4}$	c) $f(x) = 2x^2 - 3{,}2x$
d) $f(x) = x^2 - \frac{1}{9}$	e) $f(x) = x^2 + 4x + 4$	f) $f(x) = 2x^2 + \frac{5}{2}x$
g) $f(x) = \frac{1}{2}x^2 - 6$	h) $f(x) = -x^2 - x + 12$	i) $f(x) = \frac{7}{4}x^2 + 2$

8 *Vom Term zum Graphen*

(1) a) pink, c) blau, f) rot

(2) b) blau, d) rot, e) pink

126 **9** *Von der Tabelle zur Funktionsgleichung*

a) $y = 2x^2$
b) $y = x^2 + 5$
c) $y = -x^2$
d) $y = (x - 1)^2$

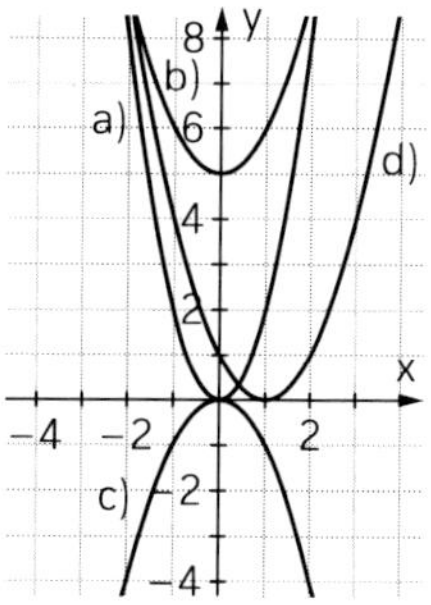

10 *Rechteckszahlen*

a) 4 × 5-Rechteck mit 20 Feldern; 5 × 6-Rechteck mit 30 Feldern

b) Der Zuwachs von Zahl zu Zahl erhöht sich jeweils um 2:
2; 6; 12; 20; 30; 42; 56; 72; 90; 110

c) $f(x) = x(x + 1)$ für $x \geq 1$

d) $g(x) = x^2 + x$ für $x \geq 1$
Ausklammern von x zeigt: $g(x) = f(x)$

126 **11** *Quadratische Funktionen bauen*

a) (1) $f(x) = x + 2$, $g(x) = x - 3$; $f(x) \cdot g(x) = x^2 - x - 6$

x	f(x)	g(x)	f(x)·g(x)
−2	0	−5	0
−1	1	−4	−4
0	2	−3	−6
0,5	2,5	−2,5	−6,25
1	3	−2	−6
2	4	−1	−4
3	5	0	0
4	6	1	6

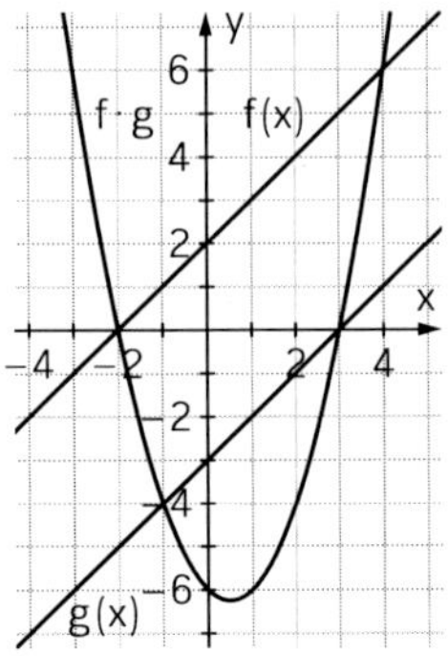

(2) $f(x) = 2x - 1$, $g(x) = 0{,}5x + 2$; $f(x) \cdot g(x) = x^2 + 3{,}5x - 2$

x	f(x)	g(x)	f(x)·g(x)
−5	−11	−0,5	5,5
−4	−9	0	0
−3	−7	0,5	−3,5
−2	−5	1	−5
−1	−3	1,5	−4,5
0	−1	2	−2
0,5	0	2,25	0
1	1	2,5	2,5

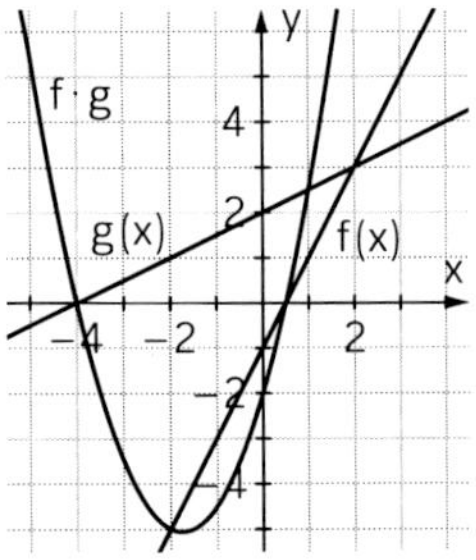

(3) $f(x) = 2x$, $g(x) = x + 2$; $f(x) \cdot g(x) = 2x^2 + 4x$

x	f(x)	g(x)	f(x)·g(x)
−4	−8	−2	16
−3	−6	−1	6
−2	−4	0	0
−1	−2	1	−2
0	0	2	0
1	2	3	6
2	4	4	16
3	6	5	30

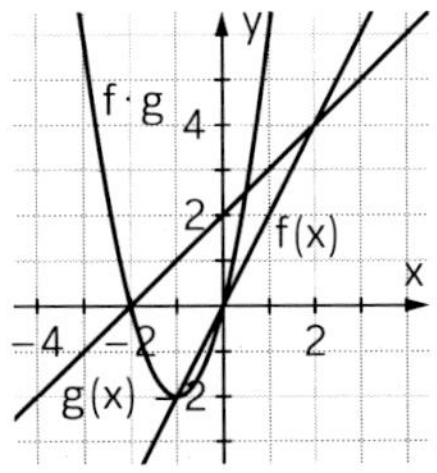

b) f und g sind Geraden. f · g ist eine Parabel.

c) f · g hat dort die Schnittpunkte mit der x-Achse (Nullstellen), wo auch f oder g jeweils ihre Nullstelle haben.

d) (1) Ja, mit einer Ausnahme. Ist eine Gerade mit Steigung $m = 0$ ein Faktor, so erhält man wieder eine lineare Funktion.

(2) Ja. Eine quadratische Funktion f(x) der Form $f(x) = ax^2 + c$ mit $a \geq 0$ hat ihren tiefsten Punkt auf der y-Achse. Das Produkt zweier linearer Funktionen der Form $f(x) = mx + b$ und $g(x) = mx - b$ liefert solch eine quadratische Funktion.
Z. B. $f(x) = 0{,}5x + 2$ und $g(x) = 0{,}5x - 2$; $f(x) \cdot g(x) = 0{,}25x^2 - 4$.

127 **12** *Ein Kaninchengehege*

a)

Breite (m)	Länge (m)	Fläche (m^2)	Draht (m)
1	18	18	20
2	16	32	20
3	14	42	20
4	12	48	20
x	$20 - 2x$	$x(20 - 2x)$	$2x + (20 - 2x) = 20$

b) $l(x) = 20 - 2x$ für $x < 10$

c) $A(x) = x(20 - 2x)$

d) $A(5) = 50$ ist maximal.
Für 10 m Länge und 5 m Breite ist der Flächeninhalt am größten.

13 *Gewinn und Verlust*

a) $G(14) = 5200$ Gewinn: 5200 €
$G(8) = 8800$ Gewinn: 8800 €

b) Maximaler Gewinn beim Verkaufspreis 10 €.
$G(10) = 10\,000$ Gewinn: 10 000 €

c) $G(p) = 0$ für $p_1 = 10 + \frac{10}{3}\sqrt{3} \approx 15{,}77$ $p_2 = 10 - \frac{10}{3}\sqrt{3} \approx 4{,}23$
Break-even-Punkte bei 4,23 € und bei 15,77 €.
Preise unter 4,23 € bzw. über 15,77 € bringen Verlust.

128 **14** *Quadratische und lineare Funktionen im Vergleich*

Der Graph einer linearen Funktion $g(x) = mx + b$, wobei $m \neq 0$ die Steigung und b den y-Achsenabschnitt angibt, ist eine Gerade; sie hat stets einen Schnittpunkt mit der x-Achse, also eine Nullstelle.
$g(x) = 2x - 1$ besitzt also die Steigung 2 und schneidet die y-Achse in -1 und die x-Achse in 0,5.
Der Graph einer quadratischen Funktion $f(x) = ax^2 + bx + c$ mit $a \neq 0$ ist eine Parabel; sie hat zwei Nullstellen oder eine oder keine Nullstelle, sie ist achsensymmetrisch, und sie ist nach oben oder nach unten geöffnet und besitzt somit ein Minimum bzw. ein Maximum.
$f(x) = x^2 - 4x + 5$ ist eine nach oben geöffnete Normalparabel, die um 2 Einheiten nach rechts und um eine Einheit nach oben verschoben wurde. Sie besitzt also keine Nullstelle.
Für die lineare Funktion gilt: Wächst der x-Wert um 1, dann wächst der y-Wert stets um denselben Wert m. Wächst bei einer quadratischen Funktion der x-Wert um 1, so ändert sich der Zuwachs der y-Werte gleichmäßig.

15 *„Kopfmathematik“*

a) $x = 3$ b) $x = 1$ c) $x = -1{,}25$

130

16 *Eine Rakete*

a) $h(2) = 67$; Nach 2 Sekunden hat die Rakete eine Höhe von 67 m erreicht.

b) Tabelle/Grafik liefern Ergebnis:

t (in s)	h(t) (in m)
0	27
1	**52**
2	67
3	72
4	67
5	**52**
6	27

$h(1) = h(5) = 52$ Nach einer bzw. fünf Sekunden beträgt die Flughöhe 52 m.

c) $h(3) = 72$
Die Tabelle zeigt, dass nach drei Sekunden die größte Höhe erreicht wird. Sie liegt bei 72 m.

17 *Was geht, was geht (noch) nicht?*

a) (1) y-Achsenabschnitt: $f(0) = 2$; Nullstellen: $x_1 = -1$ und $x_2 = 2$
(2) $f(-2) = -4$ $f(5) = -18$
(3) –
(4) Bei $(0{,}5|2{,}25)$ hat f den höchsten Punkt.
(5) $x < -1$ und $x > 2$

b) (1) y-Achsenabschnitt: $f(0) = 4{,}5$; Nullstelle: $x = 3$
(2) $f(-2) = 12{,}5$ $f(5) = 2$
(3) $x_1 \approx 0{,}5$ und $x_2 \approx 5{,}5$
(4) Bei $(3|0)$ hat f den tiefsten Punkt.
(5) –

c) (1) y-Achsenabschnitt: $f(0) = 2$; Nullstellen: $x_1 \approx 0{,}4$ und $x_2 \approx 3{,}6$
(2) $f(-2) = 14$ $f(5) = 7$
(3) $x_1 \approx -0{,}25$ und $x_2 \approx 4{,}25$
(4) Bei $(2|-2)$ hat f den tiefsten Punkt.
(5) $0{,}4 < x < 3{,}6$

Kopfübungen

1. 15,6
2. Quadrat, Rechteck, Parallelogramm, Raute
3. $16x^2 + 72xy + 81y^2$
4. Die Drahtlänge L ist $0{,}5\pi$-mal so lang wie $\overline{AB}$.
5. $(-4)^3$
6. Die relative Häufigkeit beträgt 0,3 bzw. 30 %.
7. $y = 5x + 3$ mit x in Wochen und y in cm. Nach ca. fünfeinhalb Wochen ist die Pflanze 30 cm groß.

131 **18** *Pascal'sches Dreieck*

a)

x	y = 1	y = x	$y = \frac{1}{2}x(x+1)$	$y = \frac{1}{6}x(x+1)(x+2)$
1	1	1	1	1
2	1	2	3	4
3	1	3	6	10
4	1	4	10	20
5	1	5	15	35
6	1	6	21	56
7	1	7	28	84

b) Die dritte (blaue) Funktion $y = \frac{1}{2}x(x+1)$ ist eine quadratische Funktion.

c) $y = \frac{1}{24}x(x+1)(x+2)(x+3)$

x	1	2	3	4	5	6	7
y	1	5	15	35	70	126	210

19 *Rechtecke*

a) Der Flächeninhalt verändert sich, weil z. B. für $x = 1$ aus dem $5\,\text{cm} \cdot 8\,\text{cm} = 40\,\text{cm}^2$ großen Rechteck ein $6\,\text{cm} \cdot 7\,\text{cm} = 42\,\text{cm}^2$ großes Rechteck entsteht.
Für $x = 3$ entsteht ein $8\,\text{cm} \cdot 5\,\text{cm} = 40\,\text{cm}^2$ großes Rechteck; der Flächeninhalt ändert sich für $x = 3$ also nicht.

b)

x	0,5	1	1,5	2	3	4	5	6	7	8
A (x)	41,25	42	42,25	42	40	36	30	22	12	0

c) $A(x) = (5 + x)(8 - x) = 40 + 3x - x^2$
Abhängig von x verändert sich der Flächeninhalt um $(3x - x^2)\,\text{cm}^2$. Für $x = 0$ oder $x = 3$ wird dieser Term gleich null, es gibt also keine Veränderung des Flächeninhalts.
Für $x = 1{,}5\,\text{cm}$ wird der Flächeninhalt maximal: $A(1{,}5\,\text{cm}) = 42{,}25\,\text{cm}^2$.

4.2 Entdeckungen am Graphen quadratischer Funktionen

132 **1** *Muster aus Graphen*

a) Alle Parabeln haben die typische Form. Sie unterscheiden sich in folgenden Punkten:
- Die Parabeläste verlaufen steiler oder flacher.
- Die Parabeln sind nach oben geöffnet bzw. nach unten geöffnet.
- Tiefpunkt oder Hochpunkt liegen teils im Koordinatenursprung, teils verschoben nach rechts bzw. nach unten.

b) (1) l(x) (2) f(x) (3) g(x) (4) k(x) (5) h(x)

132 **2** *Muster aus Tabellen*

a)

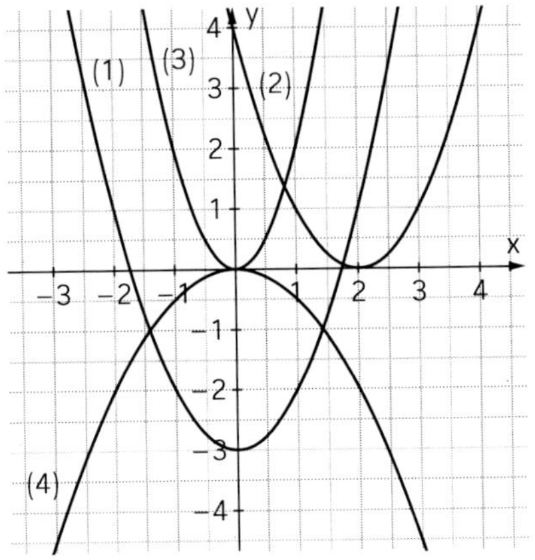

b) (1) $f(x) = x^2 - 3$
(2) $f(x) = (x - 2)^2$
(3) $f(x) = 2x^2$
(4) $f(x) = -0{,}5x^2$

133 **3** *Graphenlaboratorium 1*

a) (1) $a = \frac{1}{2}$ (2) $a = 3$ (3) $a = -2$ (4) $a = -\frac{1}{4}$

b)

$f(x) = ax^2$	Aussehen der Parabel
$a > 1$	Nach oben geöffnet und schmaler
$a = 0$	Normalparabel
$0 < a < 1$	nach oben geöffnet und breiter
$-1 < a < 0$	nach unten geöffnet und breiter
$a < -1$	nach unten geöffnet und schmaler

4 *Graphenlaboratorium 2*

a) Der Parameter e bewirkt eine Verschiebung der Parabel in Richtung der y-Achse, für $e > 0$ nach oben, für $e < 0$ nach unten. Scheitelpunkt der Parabel ist jeweils $(0|e)$.

b) Der Parameter d verschiebt die Parabel in Richtung der x-Achse, für $d > 0$ nach rechts, für $d < 0$ nach links. Scheitelpunkt der Parabel ist jeweils $(d|0)$.

c) Der Graph f(x) ist um fünf Einheiten in x-Richtung nach links und um drei Einheiten in y-Richtung nach unten verschoben.
Der Graph g(x) ist um drei Einheiten in x-Richtung nach rechts und um fünf Einheiten in y-Richtung nach oben verschoben.

135 **5** *Parabeln zeichnen*

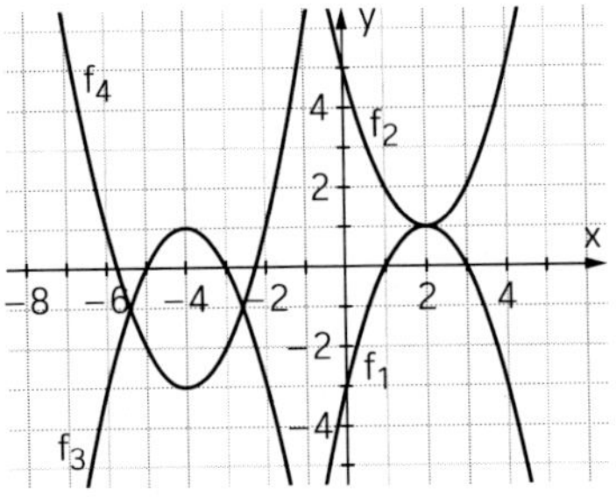

135 **6** *Quadratische Funktion gesucht*

a) $f_1(x) = (x - 2)^2 + 4$
b) $f_2(x) = (x + 2)^2 + 1$
c) $f_3(x) = (x - 3)^2 - 1$
d) $f_4(x) = (x + 1)^2 - 4$

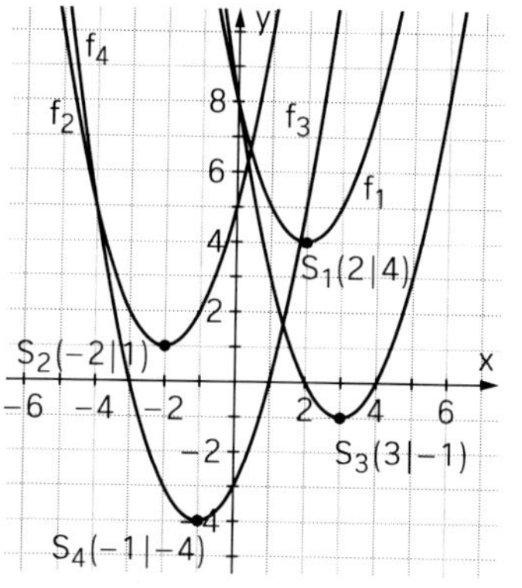

7 *Beliebte Fehler*

a) $f(2) = 10$

$S(2|-6)$ liegt nicht auf dem Graphen, ist also nicht der Scheitelpunkt.

x	−4	−3	−2	−1	0	1	2	3	4
y	−2	−5	−6	−5	−2	3	10	19	30

Der Scheitelpunkt ist $S_1(-2|-6)$.

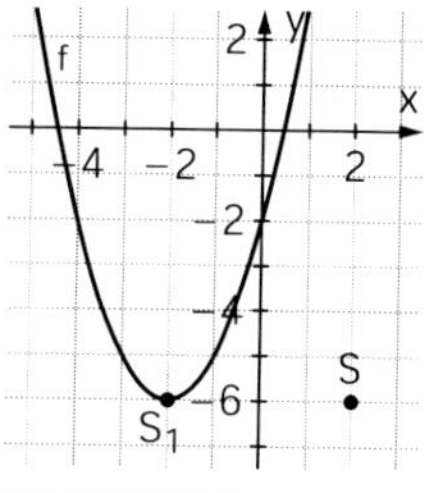

b)

x	−3	−2	−1	0	1	2	3
$y = x^2$	9	4	1	0	1	4	9
$y = (x+1)^2$	4	1	0	1	4	9	16

Die Tabelle zeigt die Verschiebung des Graphen von $f(x)$ gegenüber der Normalparabel um 1 Einheit nach links; der Scheitelpunkt verschiebt sich von $(0|0)$ nach $(-1|0)$.

8 *Parabeln spiegeln und drehen*

a) $f_1(x) = -(x - 3)^2 - 1$
b) $f_2(x) = (x + 3)^2 + 1$
c) $f_3(x) = -(x + 3)^2 - 1$
d) $f(x) = (x + 2)^2$; $f_a(x) = -f(x) = -(x + 2)^2$;
$f_b(x) = f(-x) = (2 - x)^2$; $f_c(x) = -f(-x) = -(2 - x)^2$
$g(x) = (x + 4)^2 - 3$; $g_a(x) = -g(x) = -(x + 4)^2 + 3$;
$g_b(x) = g(-x) = (4 - x)^2 - 3$;
$g_c(x) = -g(-x) = -(4 - x)^2 + 3$

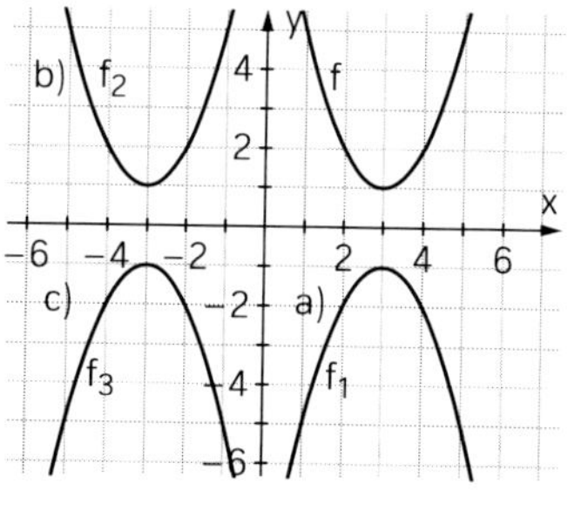

9 *Schnittpunkt mit der y-Achse*

a) $f(0) = 2$, Schnittpunkt $(0|2)$; $g(0) = -1$, Schnittpunkt $(0|-1)$
b) $f(0) = c$ Schnittpunkt $(0|c)$

136 **10** *Der Streckfaktor „a"*

a) $f(x) = \frac{3}{2}x^2$ mit $a = \frac{3}{2}$

x	−2	−1,5	−1	0	1	1,5	2
f(x)	6	3,375	1,5	0	1,5	3,375	6

b)

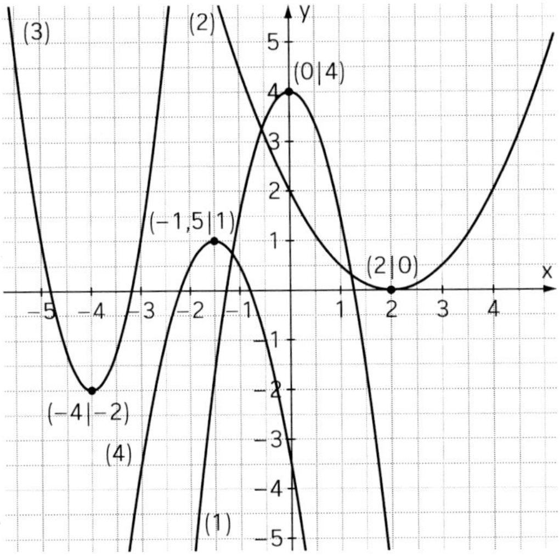

c) Nach links kann sie auch gehen, da die Parabel symmetrisch zu einer Senkrechten durch den Scheitelpunkt ist. Sie kann aber nicht von einem beliebigen Punkt aus starten.

11 *Verschobene Normalparabeln*

a) $f(x) = (x - 3)^2 - 1$; $g(x) = (x + 1)^2 - 4$

b) Lars hat Recht; da es sich um Normalparabeln handelt, reichen die beiden Nullstellen zum Aufstellen der Gleichungen.

137 **12** *Eine Parabel – drei Darstellungen*

a) Ausmultiplizieren und Zusammenfassen gleichartiger Glieder führen von der Scheitelpunktform und von der faktorisierten Form jeweils auf die allgemeine Form.

b)

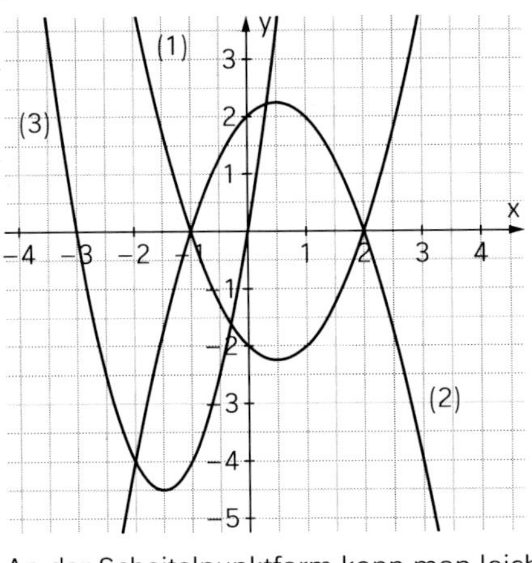

c) An der Scheitelpunktform kann man leicht die Koordinaten des Scheitelpunktes ablesen, an der faktorisierten Form die Nullstellen und an der allgemeinen Form den Schnittpunkt mit der y-Achse.

137 **13** *Faktorisierte Form und Symmetrie: ganz schön praktisch!*

a) Nullstellen bei $x_1 = 0$; $x_2 = \frac{3}{4}$, Scheitelpunkt $S\left(\frac{3}{8}\middle|-\frac{9}{64}\right)$

b) $x_1 = -\frac{2}{5}$; $x_2 = \frac{2}{5}$, $S\left(0\middle|-\frac{4}{25}\right)$

c) $x_1 = -4$; $x_2 = -1$, $S(-2{,}5|4{,}5)$

d) $x = -\frac{3}{2}$, $S\left(-\frac{3}{2}\middle|0\right)$

e) $x = 1{,}75$, $S(1{,}75|0)$

f) $x = 2$, $S(2|0)$

g) Verschobene Normalparabeln in a), b), d) und f)

14 *„Parabelzoo"*

a) (1) $f(x) = (x+7)^2 - 8$
(2) $f(x) = x^2 + 1{,}5$
(3) $f(x) = (x-6)^2$
(4) $f(x) = -(x+5{,}5)^2 + 4{,}5$
(5) $f(x) = -(x-1{,}5)^2 - 2$
(6) $f(x) = -(x-7)^2 + 7$

b) (1) $f(x) = 0{,}25(x+4)^2 + 2$
(2) $f(x) = 0{,}5(x-4)^2 - 2$
(3) $f(x) = 5(x-4)^2 + 1$
(4) $f(x) = -\frac{1}{6}(x+8)(x-4)$
(5) $f(x) = -0{,}25(x+4)^2$
(6) $f(x) = -2(x-2)^2 - 4$

15 *Mathe ohne Worte*

Saskia irrt sich. Durch die beiden Nullstellen ist eine Parabel nicht eindeutig festgelegt. Es fehlt noch der Streck- oder Stauchfaktor.

16 *Funktionsgleichungen aus Nullstellen*

a) $f(x) = a(x-1)(x-3)$, $a \neq 0$, beliebig
b) $f(x) = a(x+4)(x-1{,}5)$ $a \neq 0$, beliebig
c) $f(x) = a(x+2{,}7)(x-0{,}5)$ $a \neq 0$, beliebig
d) $f(x) = a(x-2)^2$ $a \neq 0$, beliebig

138 **17** *Quadratische Funktionen – Binomische Formeln*

a) Nullstelle: $x = 2$; $S(2|0)$

b) $g(x) = (x+3)^2$ $h(x) = (x-5)^2 - 5$ $k(x) = (x+4)^2 + 20$ $l(x) = (x+4)^2$

Die Funktionen h und k lassen sich nicht direkt umschreiben, da keine binomische Formel vorliegt. Der Term muss zunächst so ergänzt werden, dass man eine binomische Formel anwenden kann.

18 *Scheitelpunktbestimmung mithilfe der quadratischen Ergänzung*

a) $f(x) = (x-5)^2 - 10$; $S(5|-10)$
b) $f(x) = (x+1)^2 - 4$; $S(-1|-4)$
c) $f(x) = (x+1{,}5)^2 - 4{,}25$; $S(-1{,}5|-4{,}25)$
d) $f(x) = x^2 - 9$; $S(0|-9)$
e) $f(x) = (x-2)^2 + 12$; $S(2|12)$
f) $f(x) = (x-3{,}5)^2 - 12{,}25$; $S(3{,}5|-12{,}25)$

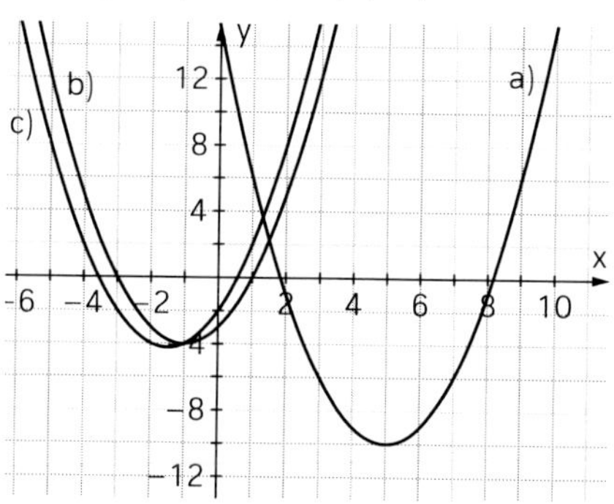

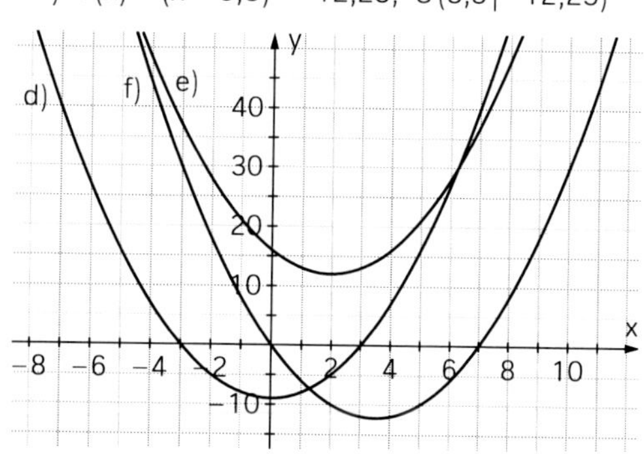

138 **19** *Von der allgemeinen Form zur Scheitelpunktpunktform – wenn es schwieriger wird*

a) $f(x) = (x + 6)^2 - 26$, $S(-6|-26)$, nach oben geöffnet Normalparabel

b) $f(x) = -3(x + 2)^2 + 24$, $S(-2|24)$, nach unten geöffnet; Streckfaktor -3

c) $f(x) = -(x + 3)^2 + 11$, $S(-3|11)$, nach unten geöffnete Normalparabel

d) $f(x) = \left(x - \frac{1}{2}\right)^2 + \frac{3}{4}$, $S\left(\frac{1}{2}\middle|\frac{3}{4}\right)$, nach oben geöffnete Normalparabel

e) $f(x) = 0{,}5(x - 3)^2 - 3{,}5$, $S(3|-3{,}5)$, nach oben geöffnet; Stauchfaktor 0,5

f) $f(x) = -2(x + 1)^2 + 2$, $S(-1|2)$, nach unten geöffnet; Streckfaktor -2

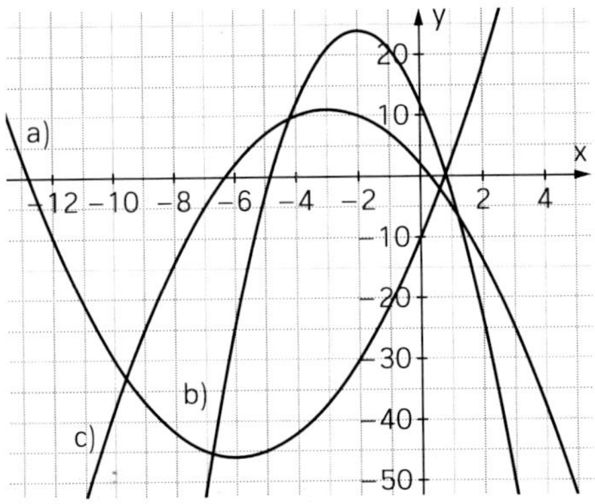

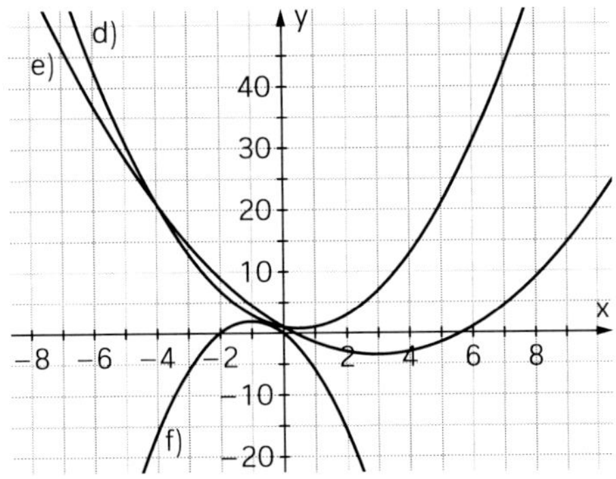

139 **20** *Parabel aus Nullstellen und Scheitelpunkt*

a) Da der Scheitelpunkt und die Nullstellen x_1 und x_2 bekannt sind, verwenden wir zum Aufstellen der Funktionsgleichung die faktorisierte Form $y = a(x - x_1)(x - x_2)$. Der Scheitelpunkt wird eingesetzt, um den Streck- bzw. Stauchfaktor zu berechnen.

$f(25) = 60 = a \cdot (-625) \Rightarrow a = -\frac{12}{125} \Rightarrow f(x) = -\frac{12}{125}x(x - 50)$

b) (1) Ansatz: faktorisierte Form

$x_S = -1$, $f(x_S) = 6$

$f(x) = a(x + 3)^2$

$f(-1) = 6 = a \cdot 4 \Rightarrow a = 1{,}5 \Rightarrow f(x) = 1{,}5(x + 3)^2$

(2) Ansatz: Scheitelpunktform

$x_S = 2$, $f(x_S) = -1$

$f(x) = a(x - 2)^2 - 1$

$f(0) = 3 = a \cdot 4 - 1 \Rightarrow a = 1 \Rightarrow f(x) = (x - 2)^2 - 1$

(3) Ansatz: faktorisierte Form

$f(x) = (x - 1)(x + 5)$

21 *Parabel durch drei Punkte*

a)

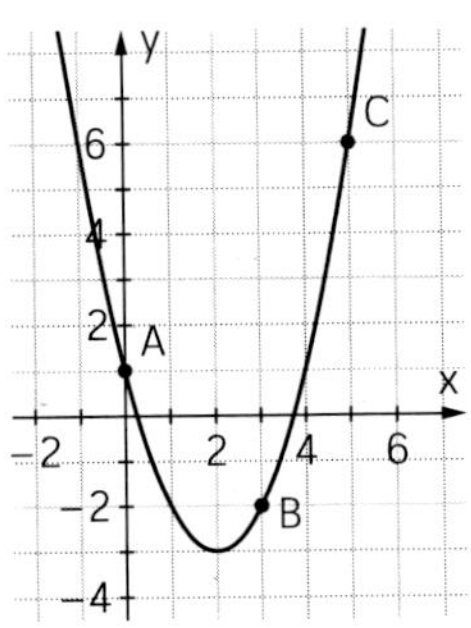

b) $f(0) = 1$, also $c = 1$, da c den y-Achsenabschnitt angibt.

$f(x) = ax^2 + bx + 1$

Punkt $B(3|-2)$: $a \cdot 3^2 + b \cdot 3 + 1 = -2 \Rightarrow 9a + 3b = -3$

Punkt $C(5|6)$: $a \cdot 5^2 + b \cdot 5 + 1 = 6 \Rightarrow 25a + 5b = 5$

Lineares Gleichungssystem lösen liefert:

$a = 1$; $b = -4$

$\Rightarrow f(x) = x^2 - 4x + 1$

140 **22** *Parabeln durch Punkte*

a) Stelle die Scheitelpunktform und berechne den fehlenden Parameter a durch Einsetzen des Punktes. $\Rightarrow f(x) = \frac{2}{9}(x+2)^2 + 3$

b) Stelle drei Gleichungen durch Einsetzen der jeweiligen Punkte und löse das entstehende lineare Gleichungssystem. $c = 0$ ergibt sich direkt aus dem Punkt Q.
$\Rightarrow f(x) = \frac{5}{6}x^2 + \frac{1}{6}x$

c) Aus P und R kann man die Nullstellen ablesen, also kann man die faktorisierte Form hinschreiben und den noch unbekannten Parameter a durch Einsetzen des Punktes Q bestimmen. $\Rightarrow f(x) = -\frac{2}{3}(x+2)(x-3)$

d) Aus Symmetriegründen ist der x-Wert des Scheitelpunktes $x_S = 0{,}5$; die Parabel verläuft also durch $S(0{,}5\,|\,-10)$. Dann kann man mithilfe der Nullstellen die faktorisierte Form aufstellen und a durch Einsetzen des Scheitelpunktes bestimmen.
$\Rightarrow f(x) = \frac{40}{81}(x+4)(x-5)$

23 *Wanted*

(1) Die zweite Nullstelle liegt bei −2. $f(x) = -\frac{1}{3}(x-4)(x+2)$
(2) $f(x) = -2x^2 + 3x + 5$
(3) $f(x) = -(x+2) + 4$
(4) $f(x) = a(x-4)(x-8) = a(x-6)^2 - 4a$, $S(6\,|\,-4a)$ mit $a \in \mathbb{R}$
(5) $f(x) = x$

24 *Zeichnen einer Parabel mit Quadratzahlen*

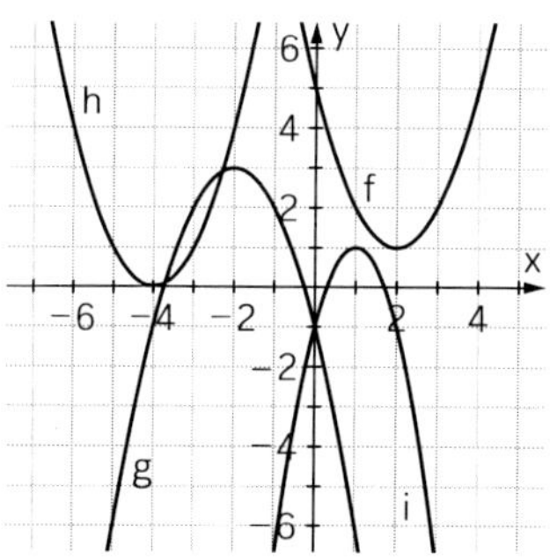

25 *Änderungsverhalten von quadratischen Funktionen*

x	−2	−1	0	1	2	3	4	5
y = 2x + 1	−3	−1	1	3	5	7	9	11
Differenz der y-Werte	2	2	2	2	2	2	2	

(1)

x	−2	−1	0	1	2	3	4	5
y = x² + 1	5	2	1	2	5	10	17	26
Differenz der y-Werte	3	1	1	3	5	7	9	
Differenz der Änderung	2	0	2	2	2	2		

(2)

x	−2	−1	0	1	2	3	4	5
y = 2x²	8	2	0	2	8	18	32	50
Differenz der y-Werte	6	2	2	6	10	14	18	
Differenz der Änderung	4	0	4	4	4	4		

140 **25** (3)

x	−2	−1	0	1	2	3	4	5
$y = -0{,}5(x-2)^2$	−8	−4,5	−2	−0,5	0	−0,5	−2	−4,5
Differenz der y-Werte	3,5	2,5	1,5	0,5	0,5	1,5	2,5	
Differenz der Änderung		1	1	1	0	1	1	

Vom Scheitelpunkt ausgehend nach rechts und nach links, bleibt die Änderungsrate der Differenzen der y-Werte konstant.

Kopfübungen

1. $(-5)\cdot(-4)\cdot(-3)\cdot(-2)\cdot(-1) = -120$
2. Die Höhe wurde verdreifacht, daher wird der Flächeninhalt auch verdreifacht.
3. Die Wahrscheinlichkeit liegt bei $\frac{1}{144}$.
4. Das Volumen ist dann 48-mal so groß.
5. a) $7 < \sqrt{50} < 8$ b) $8 < \sqrt{75} < 9$ c) $2 < \sqrt{8{,}1} < 3$
6. $1, \frac{1}{4}, \frac{1}{9}, \frac{1}{16}, \frac{1}{25}$
7. $\alpha = 36°$

141 **26** *Zielwerfen*

Schüleraktivität. Mit dieser Übung können die gelernten Inhalte dieses Kapitels spielerisch gefestigt werden, was hoch motivierend wirken kann.

27 *Parabelbilder*

a)

L_1	L_2
−3	−4
−1	−2
1	0
3	2
	4

$Y_1 = (X - L_1)^2$
$Y_2 = -(X - L_1)^2$
$Y_3 = (X - L_2)^2 + 1$
$Y_4 = (X - L_2)^2 - 1$
$Y_5 = (X - L_1)^2 + 2$
$Y_6 = (X - L_1)^2 - 2$

b) Schüleraktivität.

28 *Viele Nullstellen*

a) Ein Produkt ist Null, wenn ein Faktor Null ist (siehe Seite 130).
Es liegen drei Faktoren vor, also drei Nullstellen. $x_1 = 1$; $x_2 = -2$; $x_3 = 3$

b) $y = x(x+3)(x+1)(x-3)$

c) $y = (x-1)(x-2)(x-3)(x-4)(x-5)(x-6)(x-7)(x-8)(x-9)(x-10)$

d) Schüleraktivität.

4.3 Quadratische Gleichungen

142 **1** *Ein Rettungsfloß*

Das Floß trifft nach etwa 2,2 s (abgelesen aus der Zeichnung) auf dem Wasser auf. Rechnerisch ergibt sich $h(t) = 0$ für $t = \sqrt{5} \approx 2{,}236$ Sekunden.

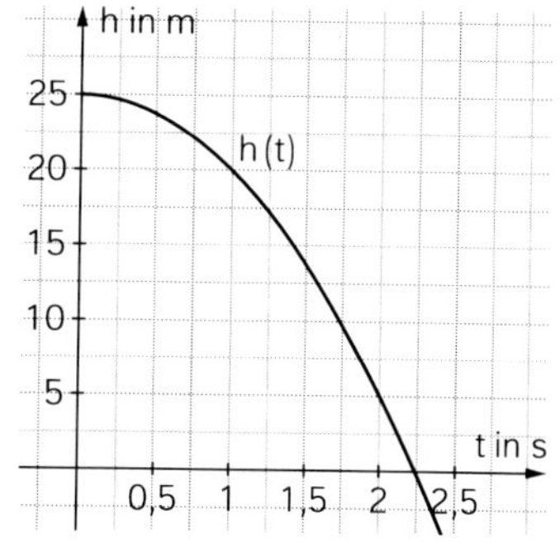

2 *Ein „Garten" voller quadratischer Gleichungen*

(1) $x_1 = -7;\ x_2 = 7$ (2) $x = -1$ (3) $x_1 = 3;\ x_2 = 2$ (4) $x_1 = 0;\ x_2 = -6$

(5) $x_1 = 2;\ x_2 = -4$ (6) $x_1 = 0;\ x_2 = \frac{4}{3}$ (7) $x_1 = -2;\ x_2 = 2$ (8) $x_1 = -\sqrt{\frac{4}{3}};\ x_2 = \sqrt{\frac{4}{3}}$

(9) $x_1 = -3;\ x_2 = 3$ (10) $x_1 = -1;\ x_2 = 4$ (11) $x = -\frac{1}{2}$ (12) $x = -3$

143 **3** *Was Nullstellen mit Lösungen quadratischer Gleichungen zu tun haben*

a)

Gleichung	Lösungen	Anzahl der Lösungen	Zugehörige Funktion	Anzahl der Nullstellen
$x^2 - 5 = 0$	$x_1 = \sqrt{5}$ $x_2 = -\sqrt{5}$	2	$f(x) = x^2 - 5$	2
$x \cdot (x - 4) = 0$	$x_1 = 4$ $x_2 = 0$	2	$f(x) = x \cdot (x - 4)$	2
$x^2 = 0$	$x = 0$	1	$f(x) = x^2$	1
$-x^2 + 16 = 0$	$x_1 = 4$ $x_2 = -4$	2	$f(x) = -x^2 + 16$	2
$x^2 + 5 = 0$	keine Lösung	0	$f(x) = x^2 + 5$	0
$2 \cdot (x + 2) \cdot (x - 6)$	$x_1 = -2$ $x_2 = 6$	2	$f(x) = 2 \cdot (x + 2) \cdot (x - 6)$	1

b)

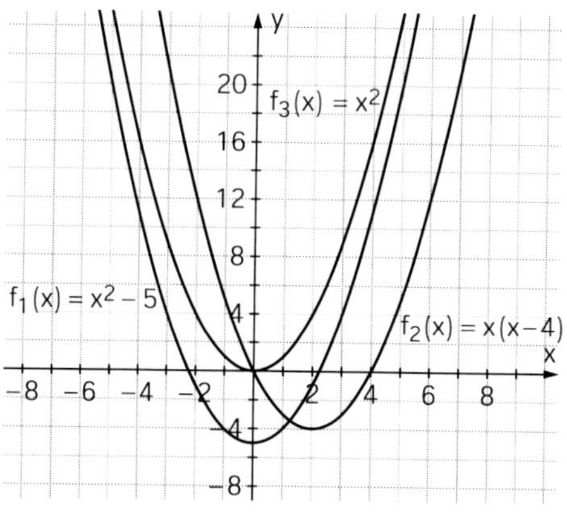

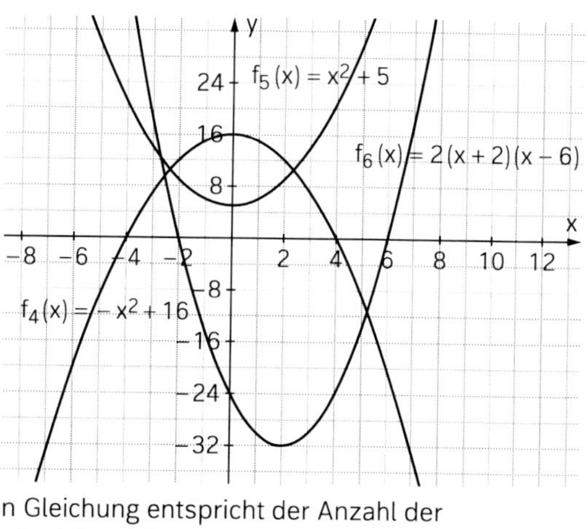

c) Die Anzahl der Lösungen einer quadratischen Gleichung entspricht der Anzahl der Nullstellen der dazugehörigen quadratischen Funktion. Die x-Werte der Nullstellen sind die Lösungen der quadratischen Gleichung.

143

3 d) $(x+1)^2-6=0$ hat die Lösungen $x_1 \approx 1{,}45$; $x_2 \approx -3{,}45$.
$(x-1)(x+3)=2$ hat ebenfalls die Lösungen
$x_1 \approx 1{,}45$; $x_2 \approx -3{,}45$.
Die zugehörigen Funktionen sind identisch.

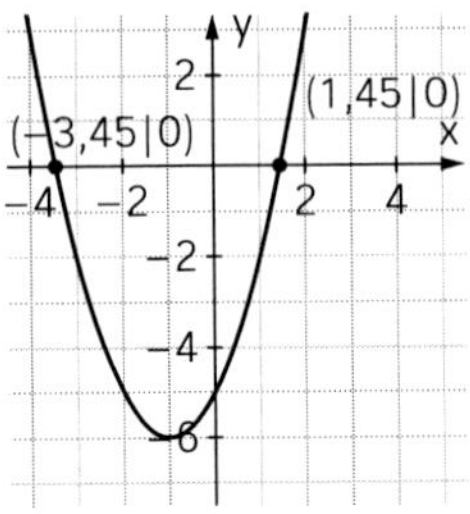

4 *Grafische Lösungen von quadratischen Gleichungen*

a) (1) $x^2-3x=0$; $x_1=0$; $x_2=3$

(2) $-x^2+4x=4$; $x=2$

(3) $0{,}5x^2-4=-2$; $x_1=-2$; $x_2=2$

(4) $x^2+2x-2=-4$; keine Lösung

Die Lösungen sind die x-Werte der Schnittpunkte der Parabel mit der jeweiligen Geraden. Es gibt 2 Schnittpunkte (2 Lösungen) bei a) und c), einen Berührpunkt (eine Lösung) bei b) und keinen Schnittpunkt (keine Lösung) bei d).

b) (1) $x_1=3$; $x_2=1$

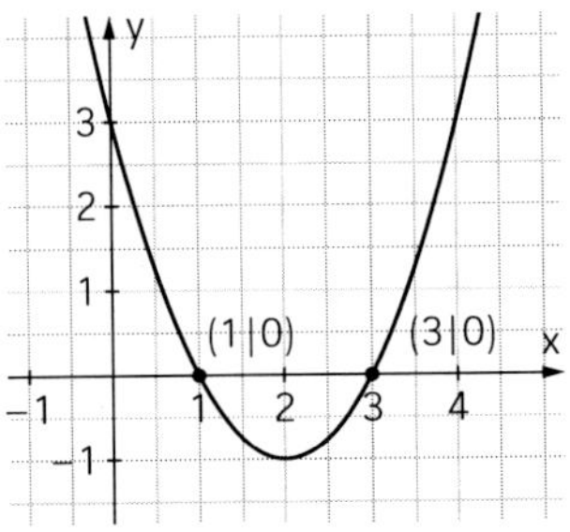

(2) $x_1=-3$; $x_2=5$

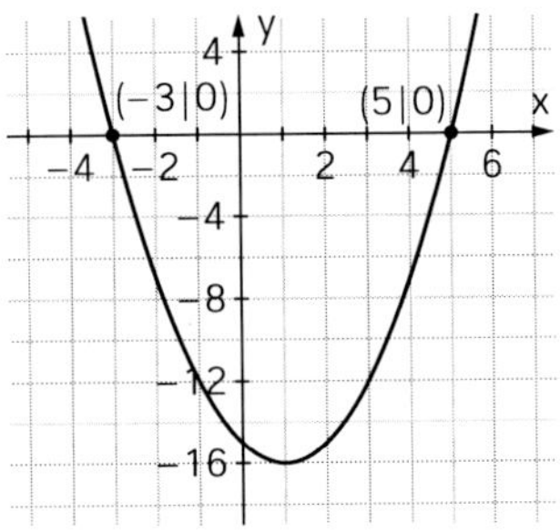

(3) $x_1 \approx 0{,}37$; $x_2 \approx -5{,}37$

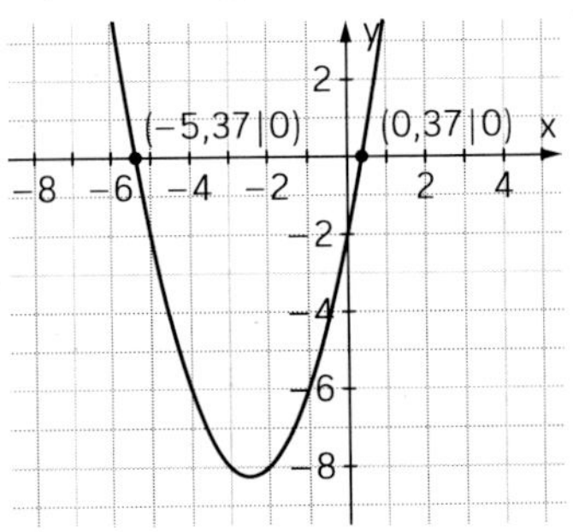

145

5 *Vier Trainingseinheiten*

(1) a) $L=\{-4; 4\}$ b) $L=\{-11; 11\}$ c) $L=\{-\sqrt{30}; \sqrt{30}\}$
d) $L=\{-\sqrt{2}; \sqrt{2}\}$ e) $L=\{\ \}$ f) $L=\left\{-\frac{7}{3}; \frac{7}{3}\right\}$
g) $L=\left\{-\frac{2}{5}; \frac{2}{5}\right\}$ h) $L=\{-2; 2\}$

(2) a) $L=\{-1; 7\}$ b) $L=\{-5-\sqrt{10}; -5+\sqrt{10}\}$ c) $L=\{-1; 2\}$
d) $L=\{\ \}$ e) $L=\{-6; -2\}$ f) $L=\{-4-\sqrt{5}; -4+\sqrt{5}\}$

(3) a) $L=\{0; 6\}$ b) $L=\{0; 10\}$ c) $L=\{0; 2\}$
d) $L=\{-2; 0\}$ e) $L=\left\{-\frac{5}{6}; 0\right\}$ f) $L=\{0\}$

(4) a) $L=\{-3; 2\}$ b) $L=\{-4; -2\}$ c) $L=\{0; 2\}$
d) $L=\{-4; 9\}$ e) $L=\{-1\}$ f) $L=\{0; 2{,}5\}$

145 **6** *Nullstellen*

$f(x) = 0$ für

a) $x_1 = -\sqrt{10};\ x_2 = \sqrt{10}$ b) $x_1 = -2;\ x_2 = 2$ c) $x_1 = 0;\ x_2 = 3$

d) $x_1 = 0;\ x_2 = \frac{11}{2}$ e) $x_1 = -\sqrt{2};\ x_2 = \sqrt{2}$ f) $x_1 = -3;\ x_2 = 1$

7 *Grafisches Lösen von quadratischen Gleichungen 1*

In den Schaubildern wird jeweils eine Parabel von einer Geraden geschnitten; die x-Werte dieser Schnittpunkte sind die Lösungen der jeweils gegebenen quadratischen Gleichung.

a) Schaubild (2): Parabel $f(x) = (x-2)^2$, Gerade $y = 4$
Schnittpunkte $x_1 = 0$ und $x_2 = 4$

b) Schaubild (3): Parabel $f(x) = 0{,}5x^2$, Gerade $y = 2$
Schnittpunkte $x_1 = -2$ und $x_2 = 2$

c) Schaubild (1): Parabel $f(x) = x^2 - 5x$, Gerade $y = 0$
Schnittpunkte $x_1 = 0$ und $x_2 = 5$

8 *Grafisches Lösen von quadratischen Gleichungen 2*

(1) Die x-Werte der Schnittpunkte der roten und blauen Parabel sind die Lösungen der quadratischen Gleichung.
Schnittpunkte $x_1 = -\sqrt{3} \approx -1{,}73;\ x_2 = \sqrt{3} \approx 1{,}73$

(2) Die x-Werte der Schnittpunkte der roten Parabel mit der Geraden sind die Lösungen der quadratischen Gleichung.
Schnittpunkte $x_1 = -\frac{1}{2} - \sqrt{\frac{26}{4}} \approx -3;\ x_2 = -\frac{1}{2} + \sqrt{\frac{26}{4}} \approx 2$

(3) Die x-Werte der Schnittpunkte der blauen Parabel mit der Geraden sind die Lösungen der quadratischen Gleichung.
Schnittpunkt $x_1 = \frac{1}{2}$

146 **9** *Zwei Lösungsversuche mit Tabelle und Graph*

Jannik kann der Tabelle entnehmen, dass die Gleichung eine Lösung für x hat, die zwischen 4,162 und 4,163 liegt, gerundet also bei $x \approx 4{,}16$. Aus der Tabelle kann man ferner entnehmen, dass der Graph der Funktion $f(x) = x^2 - 2x - 9$ die x-Achse von unten nach oben „schneidet". Da der Graph eine nach oben geöffnete Parabel ist, muss links von der gefundenen Lösung noch eine weitere Lösung liegen. Mit der Wertetabelle ermittelt man $x_2 \approx -2{,}16$ (gerundet). Mona findet mithilfe der „Zero"-Funktion nur eine Näherungslösung. Denn die Probe zeigt: $f(4{,}1622777) = 0{,}0000002519 \approx 0$.

10 *Training*

a) $L = \{x_1 \approx 0{,}586;\ x_2 \approx 3{,}414\}$ b) $L = \{x_1 \approx -3{,}646;\ x_2 \approx 1{,}646\}$

c) $L = \{x_1 = -1{,}750;\ x_2 = 2{,}000\}$ d) $L = \{x_1 = -2{,}333;\ x_2 = 3{,}000\}$

e) $L = \{x_1 = -5{,}000;\ x_2 = 8{,}000\}$ f) $L = \{x_1 \approx -4{,}414;\ x_2 \approx -1{,}586\}$

Der Taschenrechner findet bei quadratischen Gleichungen häufig nicht die exakte Lösung, weil er Brüche $\left(\text{z. B. } \frac{1}{3}\right)$ und Wurzelterme $\left(\text{z. B. } \sqrt{2}\right)$ in endlose Dezimalbrüche umrechnet, die er dann wegen der begrenzten Anzeige rundet. Manchmal kann auch die begrenzte Anzeige allein schon nicht für die Wiedergabe einer exakten Lösung reichen.

147 **11** *Quadratische Gleichungen und binomische Formeln*

a) $(x+2)^2 = 1$
$L = \{-3; -1\}$

b) $(x-3)^2 = 4$
$L = \{1; 5\}$

c) $(x+4)^2 = 0$
$L = \{-4\}$

d) $(x+2{,}5)^2 = 9$
$L = \{-5{,}5; 0{,}5\}$

e) keine bin. Formel
$L = \{-5-\sqrt{50};\ -5+\sqrt{50}\}$

f) keine bin. Formel
$L = \{\ \}$

g) $(x+11)(x-11) = 0$
$L = \{-11; 11\}$

h) keine bin. Formel
$L = \{7(1-\sqrt{2});\ 7(1+\sqrt{2})\}$

i) $(x-0{,}4)^2 = 0$
$L = \{0{,}4\}$

147

12 *Entdeckung eines allgemeinen Verfahrens*

a) $(x + 3)^2 = 3$ $L = \{-3 - \sqrt{3};\ -3 + \sqrt{3}\}$

b) Addition von 1 auf beiden Seiten der Gleichung führt zu:
$(x + 3)^2 = 16$ $L = \{-7; 1\}$

c) $(x - 2)^2 = 6$ $L = \{2 - \sqrt{6};\ 2 + \sqrt{6}\}$

d) Subtraktion von 6 auf beiden Seiten der Gleichung führt zu:
$(x - 2)^2 = 16$ $L = \{-2; 6\}$

e) $(x + 5)^2 = 0$ $L = \{-5\}$

f) Addition von 5 auf beiden Seiten der Gleichung führt zu:
$(x + 5)^2 = 5$ $L = \{-5 - \sqrt{5};\ -5 + \sqrt{5}\}$

13 *Mathe ohne Worte*

a) Umformen zu: $(x + 5)^2 = 64 \Rightarrow x_1 = 3;\ x_2 = -13$

b) Umformen zu: $(x - 6)^2 = 25 \Rightarrow x_1 = 1;\ x_2 = 11$

c) Umformen zu: $(x - 4)^2 = 20 \Rightarrow x_1 = 4 + \sqrt{20};\ x_2 = 4 - \sqrt{20}$

d) Umformen zu: $(x + 2)^2 = -1 \Rightarrow L = \{\ \}$

e) Umformen zu: $(x - 2)^2 = 6 \Rightarrow x_1 = 4 - \sqrt{6};\ x_2 = 4 + \sqrt{6}$

f) Umformen zu: $(x + 1)^2 = 7 \Rightarrow x_1 = 1 - \sqrt{7};\ x_2 = 1 + \sqrt{7}$

148

14 *Zwei Trainingseinheiten zum Lösen mit quadratischer Ergänzung*

(1) a) $x^2 + (-6)x - 9 = 0;$ $L = \{3 - \sqrt{18}; 3 + \sqrt{18}\}$

b) $x^2 + 16x - 40 = 0,$ $L = \{-8 - \sqrt{104}; -8 + \sqrt{104}\}$

c) $x^2 + (-8)x - 20 = 0,$ $L = \{-2; 10\}$

d) $x^2 + 7x - 26 = 0,$ $L = \left\{-\frac{7}{2} - \frac{1}{2}\sqrt{153}; -\frac{7}{2} + \frac{1}{2}\sqrt{153}\right\}$

e) $x^2 + 6 = 0,$ $L = \{\ \}$

f) $x^2 + (-1{,}5)x - 6 = 0,$ $L = \left\{\frac{3}{4} - \frac{1}{4}\sqrt{105}; \frac{3}{4} + \frac{1}{4}\sqrt{105}\right\}$

(2) a) $x^2 + (-5)x = 0,$ $L = \{0; 5\}$

b) $x^2 + \left(-\frac{6}{5}\right)x - \frac{7}{5} = 0,$ $L = \left\{\frac{3}{5} - \frac{1}{5}\sqrt{44}; \frac{3}{5} + \frac{1}{5}\sqrt{44}\right\}$

c) $x^2 + 2x - 4 = 0,$ $L = \{-1 - \sqrt{5}; -1 + \sqrt{5}\}$

d) $x^2 - 2x - 1 = 0,$ $L = \{1 - \sqrt{2}; 1 + \sqrt{2}\}$

e) $x^2 - 8x + 11 = 0,$ $L = \{4 - \sqrt{5}; 4 + \sqrt{5}\}$

f) $x^2 - 3x + 2{,}5 = 0,$ $L = \{\ \}$

15 *Verschärftes Training, auch mit Brüchen*

a) $L = \left\{\frac{1}{9} - \frac{1}{3}\sqrt{10}; \frac{1}{9} + \frac{1}{3}\sqrt{10}\right\}$ b) $L = \{-3; 1\}$ c) $L = \{-2; 0\}$

d) $L = \left\{\frac{1}{2}; 4\right\}$ e) $L = \{2\}$ f) $L = \{\ \}$

148 **16** *Die Entwicklung einer Formel*

$x^2 + px + q = 0 \qquad |-q$

$x^2 + px = -q \qquad |$quadratische Ergänzung

$x^2 + px + \left(\frac{p}{2}\right)^2 = \left(\frac{p}{2}\right)^2 - q \qquad |$bin. Formel

$\left(x + \frac{p}{2}\right)^2 = \left(\frac{p}{2}\right)^2 - q \qquad |$Wurzelziehen

$x + \frac{p}{2} = \sqrt{\left(\frac{p}{2}\right)^2 - q}$ oder $x + \frac{p}{2} = -\sqrt{\left(\frac{p}{2}\right)^2 - q} \qquad |-\frac{p}{2}$

$x = -\frac{p}{2} + \sqrt{\left(\frac{p}{2}\right)^2 - q}$ oder $x = -\frac{p}{2} - \sqrt{\left(\frac{p}{2}\right)^2 - q}$

Kurzschreibweise: $x_{1,2} = -\frac{p}{2} \pm \sqrt{\left(\frac{p}{2}\right)^2 - q}$ bzw. $x_{1,2} = -\frac{p}{2} \pm \sqrt{\frac{p^2}{4} - q}$

$L = \left\{-\frac{p}{2} + \sqrt{\left(\frac{p}{2}\right)^2 - q};\ -\frac{p}{2} - \sqrt{\left(\frac{p}{2}\right)^2 - q}\right\}$

149 **17** *Zwei Trainingseinheiten zur pq-Formel*

(1) a) $L = \{-5; 2\}$ b) $L = \{-8; 1\}$ c) $L = \{-2; -0{,}5\}$
d) $L = \{-2; 4\}$ e) $L = \{-4; 3\}$ f) $L = \{2 - \sqrt{11}; 2 + \sqrt{11}\}$

(2) a) $L = \left\{-\frac{3}{2}; -\frac{1}{2}\right\}$ b) $L = \left\{\frac{3 - \sqrt{465}}{12}; \frac{3 + \sqrt{465}}{12}\right\}$ c) $L = \left\{-\frac{3}{5}; 1\right\}$
d) $L = \{-3; 3\}$ e) $L = \{-1; 0; 4\}$ f) $L = \{-1; 5; 8\}$

18 *Welches Verfahren ist das günstigste?*

a)
- $x = \sqrt{25},\ x_1 = 5,\ x_2 = -5$
- $x + 4 = \sqrt{15},\ x_1 = -4 - \sqrt{15},\ x_2 = -4 + \sqrt{15}$
- $3x(x - 5) = 0,\ x_1 = 0,\ x_2 = 5$
- $(x - 6)^2 = 26,\ x_1 = 6 - \sqrt{26},\ x_2 = 6 + \sqrt{26}$
- $x_{1,2} = \frac{8}{6} \pm \sqrt{\left(\frac{8}{6}\right)^2 + 5} = \frac{4}{3} \pm \sqrt{\frac{61}{9}}$

b) Wurzelziehen geht schneller.

c) (1) pq-Formel: $L = \left\{-\frac{2}{3}; 2\right\}$ (2) Wurzelziehen: $L = \{-7 - \sqrt{5}; -7 + \sqrt{5}\}$
(3) Ausklammern: $L = \left\{0; \frac{1}{3}\right\}$ (4) Wurzelziehen: $L = \{-\sqrt{2}; \sqrt{2}\}$
(5) Quadratisches Ergänzen/Binomische Formel: $L = \{-7\}$
(6) Ausklammern: $L = \{-20; 0\}$
(7) Wurzelziehen: $L = \{-9; 3\}$ (8) „Produkt = 0"-Regel: $L = \{-6; 4\}$

150 **19** *Verständnisfragen*

a) Der Term x^2 ist stets positiv, d. h. $x^2 + 100 > 0$.
b) Falls a und b die gleichen Vorzeichen besitzen, gibt es keine Lösung.
c) $x^2 - rx = x(x - r) = 0$ hat immer eine Lösung, da ein Produkt Null ist, wenn einer der Faktoren Null ergibt. Das Produkt wird Null, falls $x_1 = 0$ oder $x_2 = r$.

20 *Lösungen und Scheitelpunktform*

a) $a > 0$ und $e > 0 \Rightarrow$ keine Nullstelle
$a > 0$ und $e = 0 \Rightarrow$ eine Nullstelle
$a > 0$ und $e < 0 \Rightarrow$ zwei Nullstellen
$a < 0$ und $e < 0 \Rightarrow$ keine Nullstelle
$a < 0$ und $e = 0 \Rightarrow$ eine Nullstelle
$a < 0$ und $e > 0 \Rightarrow$ zwei Nullstellen

b) Die Lösungen einer quadratischen Gleichung sind die Nullstellen der zugehörigen quadratischen Funktion.

150

21 *Lösungen und Diskriminante*

a) Die Diskriminante $\frac{p^2}{4} - q$ ist in der Lösungsformel (siehe Lehrbuch Seite 149) der Radikand. Ist der Radikand positiv, kann man die Wurzel ziehen und erhält zwei unterschiedliche Lösungen, ist der Radikand 0, so ist die Wurzel 0 und damit $x_1 = x_2$, es gibt also nur eine Lösung. Ist der Radikand negativ, so kann man die Wurzel nicht ziehen. Es gibt also keine Lösung.

b) Da es sich beim Umformen der allgemeinen Form in die Normalform um eine Äquivalenzumformung handelt, haben sie dieselbe Anzahl an Lösungen.

c) (1) $D = 0,\; L = \{3\}$

(2) $D = -\frac{7}{64}$, keine Lösung

(3) $D = 12,\; L = \{-2 - \sqrt{12}; -2 + \sqrt{12}\}$

22 *Lösungen und Graphen*

a) Umformen in Scheitelpunktform:

$f(x) = x^2 + px + q$ quadratische Ergänzung

$= x^2 + px + \left(\frac{p}{2}\right)^2 - \left(\frac{p}{2}\right)^2 + q$

$= \left(x + \frac{p}{2}\right)^2 - \frac{p^2}{4} + q$

Scheitelpunkt $SP\left(-\frac{p}{2} \middle| -\frac{p^2}{4} + q\right)$

b)

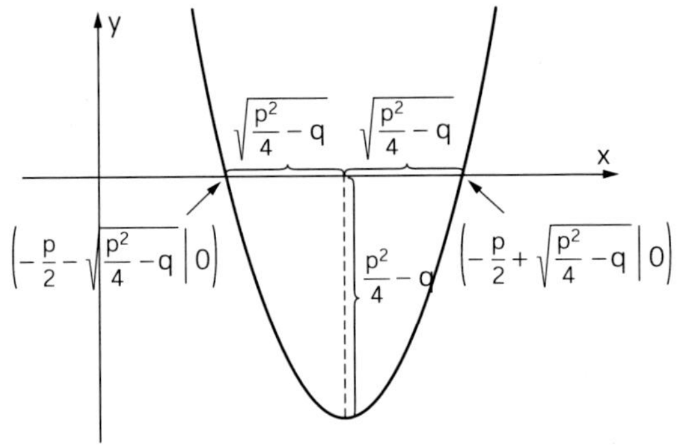

- Der Wert der Diskriminante entscheidet über die Anzahl der Nullstellen.
- Der y-Wert des Scheitelpunkts entspricht dem Wert der Diskriminante mit gegenteiligem Vorzeichen.
- Abstand der x-Werte der Nullstellen zum x-Wert des Scheitelpunkts.

23 *Quadratische Gleichungen bauen*

a) $(x - 5) \cdot (x - 2) = 0$; $x^2 - 7x + 10 = 0$

b) $(x - 7)^2 = 0$; $x^2 - 14x + 49 = 0$

c) $(x + 5) \cdot x = 0$; $x^2 + 7x = 2x$

d) $x^2 + x - 7 = x + 6$; $x^2 - 13 = 0$

e) $(x + 3) \cdot (x - 6) = 0$; $x^2 - 3x - 18 = 0$

f) $(x - \sqrt{2}) \cdot (x - 5) = 0$; $x^2 - (\sqrt{2} + 5)x + 5\sqrt{2} = 0$

151 **24** *Quadratische Gleichungen mit einem Computer-Algebra-System (CAS)*

a) $x^2 - 3x + 1 = 0 \Rightarrow p = -3,\ q = 1$

$$x_{1,2} = -\frac{-3}{2} \pm \sqrt{\frac{(-3)^2}{4} - 1} = \frac{3}{2} \pm \sqrt{\frac{9}{4} - \frac{4}{4}} = \frac{3}{2} \pm \frac{\sqrt{5}}{2}$$

$$x_1 = \frac{3 + \sqrt{5}}{2};\ x_2 = \frac{3 - \sqrt{5}}{2}$$

b) $$x_1 = -\frac{p}{2} + \sqrt{\frac{p^2}{4} - q} = -\frac{p}{2} + \sqrt{\frac{p^2}{4} - \frac{4q}{4}} = -\frac{p}{2} + \frac{\sqrt{p^2 - 4q}}{2} = \frac{-p + \sqrt{p^2 - 4q}}{2} = \frac{\sqrt{p^2 - 4q} - p}{2}$$

x_2 analog zu x_1: $x_2 = \frac{-p - \sqrt{p^2 - 4q}}{2} = \frac{-(p + \sqrt{p^2 - 4q})}{2}$

25 *Die abc-Formel*

$$x^2 + \frac{b}{a}x + \frac{c}{a} = 0 \qquad \left| -\frac{c}{a}\right.$$

$$x^2 + \frac{b}{a}x = -\frac{c}{a} \qquad |\text{quadratische Ergänzung}$$

$$x^2 + \frac{b}{a}x + \left(\frac{b}{2a}\right)^2 = \left(\frac{b}{2a}\right)^2 - \frac{c}{a}$$

$$\left(x + \frac{b}{2a}\right)^2 = \frac{b^2 - 4ac}{4a^2} \qquad |\sqrt{\ }$$

$$x + \frac{b}{2a} = \pm\sqrt{\frac{b^2 - 4ac}{4a^2}}$$

$$x + \frac{b}{2a} = \pm\frac{\sqrt{b^2 - 4ac}}{2a} \qquad \left| -\frac{b}{2a}\right.$$

$$x_{1,2} = -\frac{b}{2a} \pm \frac{\sqrt{b^2 - 4ac}}{2a}$$

$$x_1 = \frac{-b + \sqrt{b^2 - 4ac}}{2a};\ x_2 = \frac{-b - \sqrt{b^2 - 4ac}}{2a}$$

26 *Abschlusstraining*

a) $4x^2 + 10x + 6 = 8x^2 - 44 \Rightarrow x^2 - 2{,}5x - 12{,}5 = 0 \Rightarrow L = \{-2{,}5;\ 5\}$

b) $x^2 + 16x + 14 = 0 \Rightarrow (x + 8)^2 = 50 \Rightarrow L = \{-8 - \sqrt{50};\ -8 + \sqrt{50}\}$

c) $5x^2 - 13x + 4 = 0 \Rightarrow L = \{1{,}3 - 0{,}1\sqrt{109};\ 1{,}3 + 0{,}1\sqrt{109}\}$

d) $-3x^2 + 14x + 19 = 0 \Rightarrow L = \left\{\frac{14 - \sqrt{424}}{6};\ \frac{14 + \sqrt{424}}{6}\right\}$

e) $x^2 - 100 = 0 \Rightarrow L = \{-10;\ 10\}$

f) $x^2 - 4x = 0 \Rightarrow L = \{0;\ 4\}$

27 *Eine schwierige Hausaufgabe*

Katrins Lösung ist richtig. Sie hat ausgeklammert und die „Produkt = 0"-Regel benutzt und damit die erste Nullstelle ermittelt. Der verbleibende Faktor ist nun quadratisch und mit den schon bekannten Regeln zu lösen.

Anna teilt die Gleichung durch x, damit schließt sie die Lösung $x = 0$ aus.

Kopfübungen

1. $\sqrt{3 \cdot 27} \cdot \sqrt{10 \cdot 40} = \sqrt{81} \cdot \sqrt{400} = 9 \cdot 20 = 180$
2. Ein Parallelogramm lässt sich bereits eindeutig konstruieren, wenn man drei Werte kennt. (z. B. zwei Seiten und einen Winkel, Seite(n) und Diagonale(n))
3. $x = -2$
4. $O = 4\pi$
5. $\sqrt{3} + \sqrt{6}$; $3\sqrt{3} - \sqrt{2}$; 4; $3 - 2 = 1$; $4 + 6 = 10$
6. z. B. 1, 1, 1, 2
7. $y = -5x$

x	−2	−1	0	1	2
y	10	5	0	−5	−10

152

28 *Anzahl der Lösungen finden – eine Fallunterscheidung wird benötigt*

a) Die Gleichung (1) passt zu Bild B:

- eine Lösung für $k = 4$
- zwei Lösungen für $k < 4$
- keine Lösung für $k > 4$

Die Gleichung (2) passt zu Bild A:

- eine Lösung für $k = 6$ oder $k = -6$
- zwei Lösungen für $k > 6$ oder $k < -6$
- keine Lösung für $-6 < k < 6$

b) (1) $D = \left(\frac{4}{2}\right)^2 - k = 4 - k$

$D = 0$ für $k = 4$

$D < 0$ für $k > 4$

$D > 0$ für $k < 4$

(2) $D = \left(\frac{k}{2}\right)^2 - 9 = \frac{k^2}{4} - 9$

$D = 0$ für $k = 6$ oder $k = -6$

$D < 0$ für $-6 < k < 6$

$D > 0$ für $k > 6$ oder $k < -6$

29 *Ein arabisches Lösungsverfahren*

a) $A_{\text{großes Quadrat}} = 9\,cm^2 + 4 \cdot 4\,cm^2 = 25\,cm^2$

$a_{\text{großes Quadrat}} = 5\,cm$

$2 + x + 2 = 5 \Rightarrow x = 1$

Lösung der quadratischen Gleichung: $x_1 = 1$

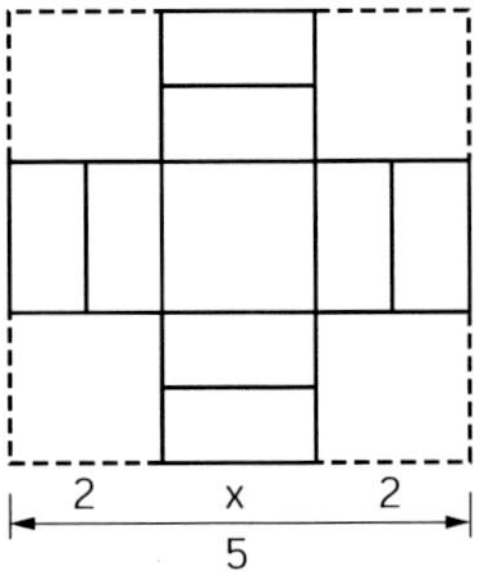

b) $A_{\text{großes Quadrat}} = 125\,cm^2 + 4 \cdot 25\,cm^2 = 225\,cm^2$

$a_{\text{großes Quadrat}} = 15\,cm$

$5 + x + 5 = 15 \Rightarrow x = 5$

Lösung der quadratischen Gleichung: $x_1 = 5$

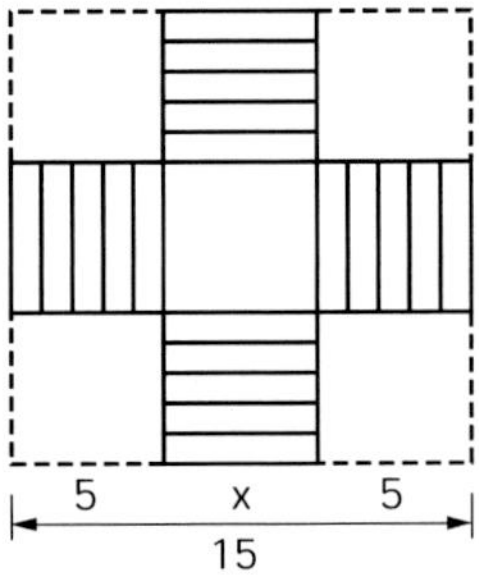

c) $A_{\text{großes Quadrat}} = 60\,cm^2 + 4 \cdot 49\,cm^2 = 256\,cm^2$

$a_{\text{großes Quadrat}} = 16\,cm$

$7 + x + 7 = 16 \Rightarrow x = 2$

Lösung der quadratischen Gleichung: $x_1 = 2$

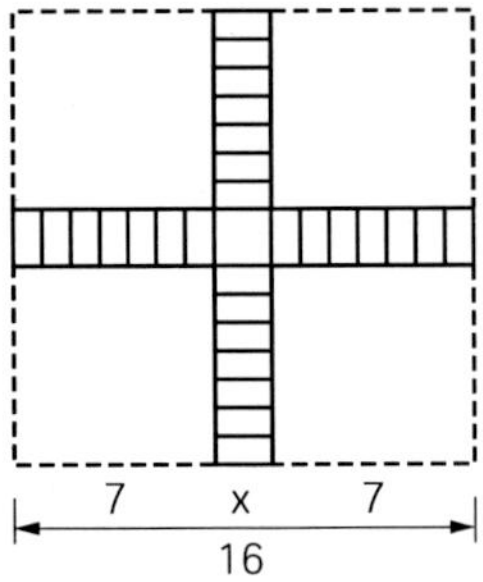

d) $A_{\text{großes Quadrat}} = 0\,cm^2 + 4 \cdot 1\,cm^2 = 4\,cm^2$

$a_{\text{großes Quadrat}} = 2\,cm$

$1 + x + 1 = 2 \Rightarrow x = 0$

Lösung der quadratischen Gleichung: $x_1 = 0$

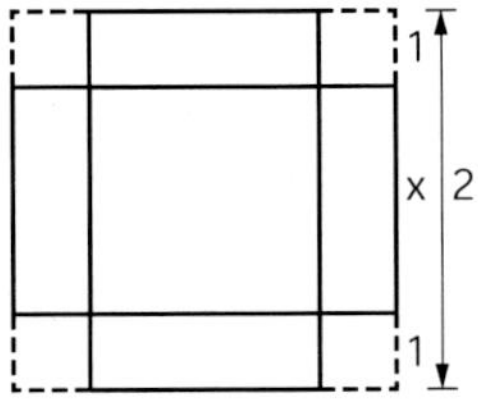

Mit diesem Verfahren findet man nur positive Lösungen der quadratischen Gleichung.

153 **30** *Forschungsaufträge*

Auftrag 1:

a) $L = \{3; 5\}$ b) $L = \{-7; -2\}$ c) $L = \{-2; 7\}$

Feststellung: $x_1 + x_2 = -p$ und $x_1 \cdot x_2 = q$

Auftrag 2:

$(x-3)(x-5) = x^2 - (3+5)x + 3 \cdot 5 = x^2 - 8x + 15 = 0$

Man kommt hier auf die gleiche Beobachtung wie in Auftrag 1.

Auftrag 3:

$(x - x_1)(x - x_2) = x^2 - (x_1 + x_2)x + x_1 \cdot x_2 = 0$

In allgemein aufgeschriebener Form bestätigen sich die Vermutungen aus Auftrag 1.

31 *Quadratische Gleichungen mit Vieta lösen*

a) $L = \{-4; -3\}$ b) $L = \{-6; -3\}$ c) $L = \{2\}$

d) $L = \{2; 4\}$ e) $L = \{3; 10\}$ f) $L = \{-10; 8\}$

32 *„Höhere" Gleichungen*

$$\begin{aligned}(x-a)(x-b)(x-c) &= (x^2 - (a+b)x + ab)(x-c)\\ &= x^3 - cx^2 - (a+b)x^2 + (a+b)cx + abx - abc\\ &= x^3 - (a+b+c)x^2 + (ab+ac+bc)x - abc\end{aligned}$$

Also: $-p = a+b+c$; $q = ab+ac+bc$; $r = -abc$

4.4 Problemlösen mit quadratischen Funktionen

154 **1** *Eine passende Kiste*

a) Schüleraktivität.

b) (1) Von der Länge x werden jeweils an den Ecken 3 cm abgeschnitten. Dadurch hat der Kistenbogen die Länge und Breite $(x-6)$ cm, und die hochgefalteten Ränder geben der Kiste die Höhe 3 cm.

(2) $V(x) = (x-6)(x-6) \cdot 3 = 3(x-6)^2$

(3) $V(x) = 3(x-6)^2 = 75$ für $x_1 = 11$; $x_2 = 1$

Als Lösung des Sachproblems kommt x_2 nicht infrage. Die Seitenlänge des ursprünglichen quadratischen Papiers ist also 11 cm.

2 *Mustererkennung*

a)

x	drei rote Flächen	zwei rote Flächen	eine rote Fläche
2	8	$0 = 0 \cdot 12$	$0 = 0 \cdot 6$
3	8	$12 = 1 \cdot 12$	$6 = 1 \cdot 6$
4	8	$24 = 2 \cdot 12$	$24 = 4 \cdot 6$
5	8	$36 = 3 \cdot 12$	$54 = 9 \cdot 6$
6	8	$48 = 4 \cdot 12$	$96 = 16 \cdot 6$

b) Mit genau drei roten Flächen: $f_3(x) = 8$

Mit genau zwei roten Flächen: $f_2(x) = 12(x-2)$

Mit genau einer roten Fläche: $f_1(x) = 6(x-2)^2$

c)

x	drei rote Flächen	zwei rote Flächen	eine rote Fläche
7	8	60	150
8	8	72	216
10	8	96	384
20	8	216	1944

156

3 *Ein Theatersaal*

Anzahl der Sitze pro Reihe: x; Anzahl der Reihen: $x + 12$

$x(x + 12) = 1260 \Rightarrow x_1 = 30;\ x_2 = -42$

x_2 ist keine sinnvolle Lösung des Sachproblems. Es gibt 42 Reihen mit jeweils 30 Sitzen.

4 *Rechtecke gesucht*

a) Länge des Rechtecks: x; Breite des Rechtecks: $x + 6$

$x(x + 6) = 91 \Rightarrow x_1 = 7;\ x_2 = -13,$

x_2 ist keine sinnvolle Lösung des Sachproblems.

Das Rechteck ist 7 cm lang und 13 cm breit.

b) Länge des Rechtecks: a; Breite des Rechtecks: b

$U = 2(a + b) = 40 \Rightarrow b = 20 - a$

$A = a(20 - a) = 36,\ a_1 = 18;\ a_2 = 2 \Rightarrow b_1 = 2;\ b_2 = 18$

Das Rechteck ist 18 cm lang und 2 cm breit.

c) Seitenlänge des Quadrats: a; Länge des Rechtecks: $a + 3$;

Breite des Rechtecks: $a - 1$

$A = (a + 3)(a - 1) = 32 \Rightarrow a_1 = 5;\ a_2 = -7$

a_2 ist keine sinnvolle Lösung des Sachproblems.

Das Rechteck ist 8 cm lang und 4 cm breit.

5 *Zahlen gesucht*

a) Gesucht wird $x > 0$, für das $f(x) = x(123 - x) = -x^2 + 123x$ maximal wird.

Der Graph von f(x) ist eine nach unten geöffnete Parabel. Der Scheitelpunkt ist Maximum der Funktion. Umformung in die Scheitelpunktform ergibt:

$f(x) = -(x - 61{,}5)^2 + 3782{,}25$

Der Scheitelpunkt ist $S(61{,}5\,|\,3782{,}25) \Rightarrow 61{,}5 \cdot 61{,}5 = 3782{,}25$ ist der größtmögliche Wert.

b) Gesucht wird x für das gilt: $(x - 3)(x + 3) = 41$

Lösung: $x_{1,2} = \pm\sqrt{50}$

c) Gesucht wird x für das gilt: $x(x + 1) = 3x$

Lösung: $x_1 = 0;\ x_2 = 2$

6 *Eine Grundstücksänderung*

$40x + (25 - x)x = 156 \Rightarrow x_1 = 2{,}5;\ x_2 = 62{,}5$

x_2 ist keine sinnvolle Lösung des Sachproblems. Der Streifen ist 2,5 m breit.

7 *Ein Swimmingpool*

a) $f(x) = 2(30 + 2x)x + 2 \cdot 20x = 4x^2 + 100x$

b) $f(x) = 360$ für $x_1 = -12{,}5 + \sqrt{246{,}25} \approx 3{,}2$

$x_2 = -12{,}5 - \sqrt{246{,}25} \approx -28{,}2$

x_2 ist keine sinnvolle Lösung des Sachproblems.

Der Weg ist 3,20 m breit.

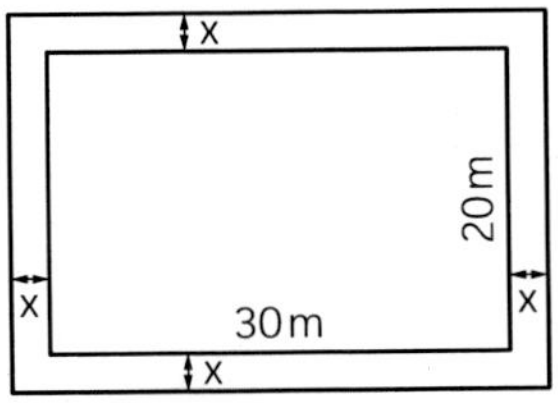

8 *Ein Stein*

a) (1) Höhe des Turms (2) Wurf nach unten (3) freier Fall

b) $h(t) = 0$ für $t_1 = 2;\ t_2 = -4$

t_2 ist nicht Lösung des Sachproblems. Der Stein trifft nach 2 s am Boden auf.

c) $g(t) = 40 + 10t - 5t^2$

$g(t) = 0$ für $t_1 = 4;\ t_2 = -2$

t_2 ist keine sinnvolle Lösung des Sachproblems. Der Stein trifft nach 4 s am Boden auf.

157

9 *Die Brücke und ein Segelschiff*

$h(x) = 0$ für $x_1 = 0$; $x_2 = 333{,}3$.
Die maximale Breite des Brückenbogens über dem Wasserspiegel beträgt ca. 333 m.
$h(x) = 8$ für $x_1 = 134$; $x_2 = 199$.
Das Segelschiff kann also im Bereich zwischen 134 m und 199 m den Brückenbogen passieren.

10 *Innermathematische Anwendungen*

a) $5x^2 + 5x + 5 = 0 \Rightarrow x^2 + x + 1 = 0$
Diskriminante $D = -0{,}75 < 0 \Rightarrow$ Die Gleichung hat keine Lösung.
b) Die Gleichung lässt sich auf die Form $x^2 + x + 1 = 0$ zurückführen.
Siehe Teilaufgabe a).
c) Die Gleichung lässt sich umformen zu $x^2 + 2x - 8 = 0$
Diskriminante $D = 9 \Rightarrow$ Die Gleichung hat zwei Lösungen.
d) Schüleraktivität.

11 *Aus dem Protokoll einer Gerichtsverhandlung anlässlich eines Autounfalls*

a) Der Sachverständige wird sagen, dass der Fahrer bei einer Geschwindigkeit von $80\,\frac{\text{km}}{\text{h}}$ ausreichend früh zum Stehen gekommen wäre, da der rechnerisch ermittelte Anhalteweg bei $80\,\frac{\text{km}}{\text{h}}$ nur 88 m beträgt.
b) $w(v) = \frac{v^2}{100} + \frac{3v}{10} = 150$ für $v_1 = -15 + 5\sqrt{609} \approx 108$; $v_2 = -15 - 5\sqrt{609} \approx -138$
v_2 ist keine sinnvolle Lösung des Sachproblems. Das Auto fuhr mehr als $108\,\frac{\text{km}}{\text{h}}$.
c) Reifenprofil und Gewicht des Autos, Beschaffenheit der Fahrbahn, nass oder trocken, Sichteinschränkung durch Dunkelheit oder Nebel, ...

Kopfübungen

1. Die Punkte des Kreises liegen im ersten, zweiten und vierten Quadranten.
2. a) $5^3 : 5^2 = 5$ b) $\sqrt{2} \cdot \sqrt{2} = 2$
3. $(a - b)(a + c) = a^2 + ac - ba - bc$
4. ... so ver-16-facht man ...
5.

Term	x	$\frac{1}{x}$	x^2	$\sqrt{x}$
Zahl	$\frac{4}{25}$	$\frac{25}{4}$	$\frac{16}{625}$	$\frac{2}{5}$

6. $x = 38$
7. $y = \frac{24}{x}$

158

12 *Ski*

a)

Anzahl der bestelltem Paar Ski	Preis pro ein Paar Ski in €	Gesamteinnahmen E (x) bei der Bestellung in €
1	124	124
2	123	246
3	122	366
...	...	...
x	125 – x	**x (125 – x)**
...	...	...
60	65	3900
61	65	3965
...	...	...
x	65	65 · x

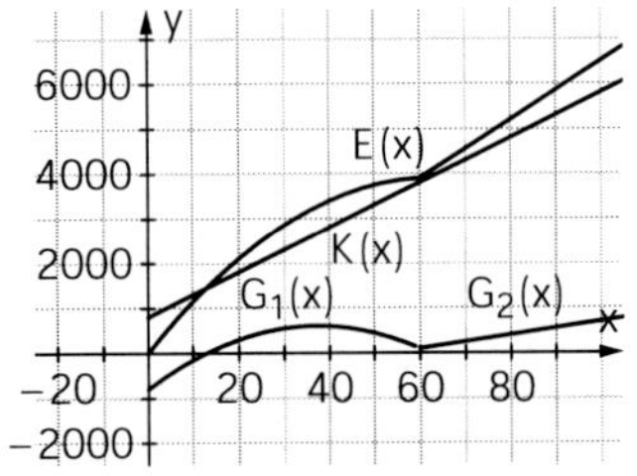

b) Der Wert 50 gibt die Stückkosten pro Paar Ski an.
Der Wert 800 gibt die Fixkosten die bei der Produktion entstehen an.
Es handelt sich um einen proportionalen Kostenverlauf.

c) $G(x) = E(x) - K(x)$
$G_1(x) = -x^2 + 75x - 800$ für $0 \leq x \leq 59$
$G_2(x) = 15x - 800$ für $x \geq 60$
$G_1(x) = 0$ für $x_1 \approx 12{,}9$; $x_2 \approx 62{,}1$. x_2 liegt nicht im Definitionsbereich.
Die Firma wird somit ab 13 Bestellungen Gewinn machen.
Gesucht wird x für das G (x) maximal wird.

(1) Preisreduzierung: $G(x) = -(x - 37{,}5)^2 + 606{,}25$ für $0 \leq x \leq 59$
Da es sich bei der ersten Gewinnfunktion um eine nach unten geöffnete Parabel handelt, ist der Scheitelpunkt zugleich das Maximum der Funktion. $S(37{,}5 \mid 606{,}25)$
Der maximale Gewinn wird also bei 37 bzw. 38 Paar Ski erreicht und beträgt 606 €.

(2) Ohne Reduzierung: $G(x) = 15x - 800$ für $x \geq 60$
Es handelt sich um eine proportionale Gewinnzunahme. Ab 94 Paar Ski steigt der Gewinn über den maximalen Gewinn im Bereich der Preisreduzierung. Danach steigt er immer weiter an.

158 **12** d) (1) $G_1(x) = -x^2 + 75x - 1200$

$G_1(x) = 0$ für $x_1 = 24$; $x_2 = 51$.

Mit höheren Fixkosten von 1200 € liegt die Gewinnzone zwischen 24 und 51 Paar Ski.

Auch hier wird der maximale Gewinn bei 37 bzw. 38 Paar Ski erreicht. Er beträgt allerdings nur 202 €.

$G_2(x) = 15x - 1200$

$G_2(x) = 0$ für $x = 80$.

Im Bereich ohne Reduzierung macht die Firma ab 80 Paar Ski wieder Gewinn. Ab 94 Paar Ski steigt der Gewinn über den maximalen Gewinn im Bereich der Preisreduzierung.

(2) $G_1(x) = -x^2 + 65x - 800$

$G_1(x) = 0$ für $x_1 = 17$; $x_2 = 48$.

Mit höheren Stückkosten von 60 € liegt die Gewinnzone zwischen 17 und 48 Paar Ski.

Der maximale Gewinn wird bei 32 bzw. 33 Paar Ski erreicht und beträgt 256 €.

$G_2(x) = 5x - 800$

$G_2(x) = 0$ für $x = 160$.

Im Bereich ohne Reduzierung macht die Firma ab 160 Paar Ski wieder Gewinn.
Ab 212 Paar Ski steigt der Gewinn über den maximalen Gewinn im Bereich der Preisreduzierung.

(3) $G_1(x) = -x^2 + 75x - 800$ für $0 \le x \le 69$

$G_2(x) = 15x - 800$ für $x \ge 70$

$G_1(x) = 0$ für $x_1 \approx 12{,}9$; $x_2 \approx 62{,}1$.

Die Gewinnzone liegt jetzt zwischen 13 und 62 Paar Ski.
Dann wird erst wieder ab 70 Paar verkauften Ski Gewinn erzielt.
Ab 94 Paar Ski steigt der Gewinn über den maximalen Gewinn im Bereich der Preisreduzierung.

13 *Ein dreieckiges Grundstück*

- Die Gerade $y = \frac{1}{3}x$ auf dem Intervall [0, 60] bildet zusammen mit der Parallelen zur y-Achse bei $x = 60$ und der x-Koordinatenachse auf dem Intervall [0, 60] die Grundstücksgrenzen. Einheit: 1 cm ≙ 10 m.

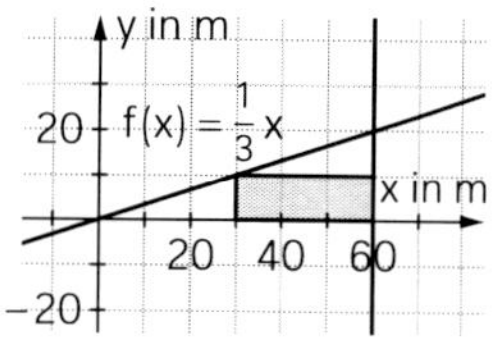

- $A = 9\,m \cdot \frac{1}{3} \cdot 51\,m = 153\,m^2$

  $A = 15\,m \cdot \frac{1}{3} \cdot 45\,m = 225\,m^2$

  $A = 20\,m \cdot \frac{1}{3} \cdot 40\,m = 266{,}\overline{6}\,m^2$

- $A(x) = x \cdot \frac{1}{3} \cdot (60 - x)$

Kapitel 5 Modelle, Wurzeln, Geometrie und Parabeln

Didaktische Hinweise

Wer an Parabeln denkt, dem fallen in der Regel zunächst einmal quadratische Funktionen ein. Parabeln bzw. Teile einer Parabel erhält man aber auch als Graph von Wurzelfunktionen (Lernabschnitt **5.2**). Aber auch in der Geometrie kennt man Parabeln, z. B. als Ort aller Punkte, die von einem Punkt F und einer Geraden h den gleichen Abstand haben (Lernabschnitt **5.3**). In vielen konkreten Situationen des Alltags kann man Parabeln gut zum Modellieren gebrauchen. Man kann die Parabeln mit drei gegebenen Punkten aber auch durch quadratische Regression mit dem GTR oder einer Tabellenkalkulation ermitteln (Lernabschnitt **5.1**).

In allen Lernabschnitten steht dabei weniger das Kalkül im Zentrum, als die Auseinandersetzung mit Phänomenen und Entdeckungen von besonderen Eigenschaften der entsprechenden Funktionen durch offene Aufgaben und den Blick erweiternde Fragestellungen. Durch die Vermeidung der oft beklagten Verengung des Begriffs Parabel auf den Graphen quadratischer Funktionen werden insbesondere die Kompetenzen zur Modellierung gestützt und weiter entwickelt.

Die grundlegende Erfahrung beim *Modellieren mit Daten* (**5.1**) ist, dass diese nicht eindeutig zu einer Funktion („Modell") passen, die Lösungen („Modelle") unterscheiden sich durch unterschiedliche Verfahren der Berechnung und Auswahl benutzter Daten. Die Passung zur Realsituation muss in einem abschließenden Schritt überprüft werden, dabei kann sich zeigen, dass unterschiedliche Lösungen in gleicher Weise adäquat bezüglich der Problemlösung sind. Um diese Erfahrungen zu ermöglichen, ist es zwingend notwendig, Datensätze zu benutzen, die mehr Informationen als notwendig zur Bestimmung einer Funktion beinhalten und auch nicht exakt zu einer Funktion passen. Beim konkreten Ermitteln von Modellen ohne digitale Werkzeuge helfen die in 4.2 erarbeiteten Werkzeuge, so dass hier in erweiterten Kontexten einerseits wiederholend geübt wird, anderseits aber die Konzentration auf das Neue, den Modellierungsprozess, gelenkt werden kann. Mit digitalen Werkzeugen stehen weitere, sehr wirkmächtige Hilfsmittel beim Modellieren zur Verfügung (Regressionen, Funktionenplotter mit Schiebereglern). Ganz wichtig ist, dass die Passung eines Modells zu Daten noch nichts über einen möglichen Wirkzusammenhang, also eine theoretische Stützung des quadratischen Modells, aussagt. Eine diesbezügliche Sensibilisierung wird angesprochen (Seite 170).

Im Lernabschnitt **5.2** *Wurzelfunktionen und Wurzelgleichungen* wird ein erster Zugang zu den Wurzelfunktionen durch das Vertauschen der x- und y-Spalte der Tabelle zu der quadratischen Funktion $f(x) = x^2$ für $x > 0$ gewonnen. Anhand der umgekehrten Tabellen lassen sich einige Eigenschaften der Wurzelfunktion $g(x) = \sqrt{x}$ entdecken. In der üblichen Weise können Schülerinnen und Schüler mit dem GTR oder der entsprechenden Software aus dieser „Mutter" aller Wurzelfunktionen durch entsprechende Manipulationen neue Wurzelfunktionen erzeugen (Aufgabe 2). Das Wurzelfunktionen auch die Realität modellieren können, zeigt die Aufgabe 3 (Tsunami), in deren Umfeld Schülerinnen und Schüler sehr schöne fächerübergreifende Recherchen im Internet betreiben können.

Wurzelfunktionen, die auf eine Parabel oder einen Parabelzweig führen, können mit dem „Basiswissen" schnell skizziert werden. Der GTR und theoretische Überlegungen im Wechselspiel erlauben selbstgesteuertes Lernen.

Der schon in der Aufgabe 2 angedeutete Zusammenhang zwischen quadratischen Funktionen und Wurzelfunktionen $g(x) = a\sqrt{x-b} + c$ wird über die Umkehrung von Funktionen vertieft.

Abschließend widmet sich dieser Lernabschnitt den Wurzelgleichungen. Die Aufgaben sind bewusst einfach gehalten, ohne dabei darauf zu verzichten, die Frage der Äquivalenzumformung einer Gleichung zu thematisieren.

Im Lernabschnitt **5.3** *Geometrie der Parabel* wird die Parabel aus der Bindung als Funktionsgraph gelöst und als geometrische Ortslinie herausgestellt. Dabei werden die charakteristischen Eigenschaften mit Hilfe der Begriffe Brennpunkt und Leitgerade beschrieben. Eine Vielfalt von Konstruktionsmöglichkeiten (u. a. auch mit dem passenden Werkzeug DGS) wird vorgestellt und in entsprechenden Übungen aktiv ausgeführt. Mit vielen praktischen Erzeugungen von Parabeln (Konstruktion mit Zirkel und Lineal, „Knickparabel“, Hüllkurve im Winkelfeld) werden die bereits erworbenen geometrischen Grundvorstellungen und Zusammenhänge erweitert und vertieft. In einer abschließenden experimentellen Übung wird die Parabel zusammen mit Kreis, Ellipse und Hyperbel auch anschaulich als Kegelschnitt erfahren. Insgesamt wird damit die in „Neue Wege“ immer wieder angesprochene Verbindung zwischen Algebra und Geometrie um einige interessante Facetten angereichert.

Lösungen

5.1 Modellieren mit Daten

166 **1** *Snowboarding*

a)

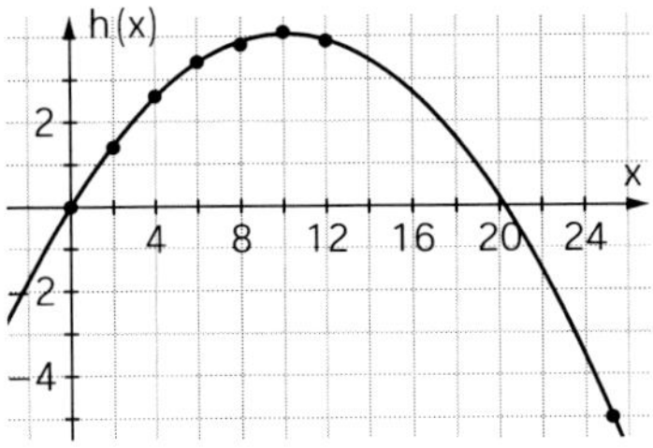

b) $A(x) = -0{,}041\,(x-10)^2 + 4{,}1$
$B(x) = -0{,}039\,x\,(x-20)$
$C(x) = -0{,}043\,x^2 + 0{,}825\,x$

x	h(x) gemessen	A(x)	B(x)	C(x)
0	0	0	0	0
2	1,4	1,476	1,404	1,478
4	2,6	2,624	2,496	2,612
6	3,4	3,444	3,276	3,402
8	3,8	3,936	3,744	3,848
10	4,1	4,1	3,9	3,95
12	3,9	3,936	3,744	3,708

Die errechneten Höhen weichen nur geringfügig von den gemessenen ab.
Das quadratische Modell bildet die Wirklichkeit recht gut ab.
$A(x) = -5 \Rightarrow (x-10)^2 = 221{,}91 \Rightarrow x_{1,2} = 10 \pm 14{,}9$
$x_1 = 24{,}9$ und $x_2 = -4{,}9$, x_2 ist keine Lösung des Sachproblems.
$B(x) = -5 \Rightarrow x^2 - 20x - 128{,}21 = 0 \Rightarrow x_1 = 25{,}1$ und $x_2 = -5{,}1$,
x_2 ist keine sinnvolle Lösung des Sachproblems.
$C(x) = -5 \Rightarrow x^2 - 19{,}19x - 116{,}28 = 0 \Rightarrow x_1 = 24$ und $x_2 = -4{,}8$
x_2 ist keine sinnvolle Lösung des Sachproblems.

167 **2** *Modell für den Flug eines Basketballs*

(1) Ausgangsformel: Scheitelpunktform $f(x) = a(x-d)^2 + e$
$f(x) = a(x-2{,}5)^2 + 3{,}9$ | S(2,5 | 3,9) einsetzen
$3{,}2 = a(1-2{,}5)^2 + 3{,}9$ | P(1 | 3,2) einsetzen
$-0{,}7 = 2{,}25a$ | −3,9 und vereinfache
$a = -0{,}311$ | dividiere durch 2,25
$\Rightarrow f(x) = -0{,}311\,(x-2{,}5)^2 + 3{,}9$

(2) Ausgangsformel: Allgemeine Form $f(x) = ax^2 + bx + c$
Setze die drei Punkte in die Formel ein.
$2 = 0a + 0b + c$
$3{,}8 = 4a + 2b + c$
$3 = 16a + 4b + c$
Lösen des linearen Gleichungssystems liefert: $a = -0{,}325$; $b = 1{,}55$; $c = 2$
$\Rightarrow f(x) = -0{,}325\,x^2 + 1{,}55\,x + 2$

168 **3** *Eine Wasserkanone*

Man legt den Ausgangspunkt des Wasserstrahls in den Ursprung des Koordinatensystems. Dann hat man Nullstellen bei 0 und 30 und den Scheitelpunkt aus Symmetriegründen bei S(15|15). Daraus ergibt sich: $f(x) = -\frac{1}{15}x(x-30)$

4 *Parabeln im Sport*

a) Nullstellen $x_1 = 0$; $x_2 = 5$; Scheitelpunkt $S(2{,}5\,|\,0{,}5)$
$\Rightarrow f(x) = -0{,}08\,x(x-5)$

b) Nullstelle $x_1 = 4{,}2$; Scheitelpunkt $S(2\,|\,3)$; Nullstelle $x_2 = -0{,}2$
$\Rightarrow f(x) = -0{,}62\,(x+0{,}2)(x-4{,}2)$

5 *Korb oder kein Korb?*

(1) Modell für Punkte A, B und C
$f_1(x) = -0{,}43x^2 + 1{,}87x + 1{,}77$
$f_1(3{,}4) = 3{,}45$, d.h. der Punkt D passt nicht zum errechneten Modell.

(2) Modell für Punkte A, B und D
$f_2(x) = -0{,}36x^2 + 1{,}75x + 1{,}81$
$f_2(1{,}2) = 3{,}88$, d.h. der Punkt C passt fast zum errechneten Modell.

(3) Modell für Punkte B, C und D
$f_3(x) = -0{,}26x^2 + 1{,}34x + 2{,}17$
$f_3(0{,}5) = 2{,}77$, d.h. der Punkt A passt nicht zum errechneten Modell.

Für die weitere Rechnung verwenden wir also das Modell (2).
$f_2(4{,}6) = 2{,}29$, d.h. der Ball landet bei einem Wurf von der Freiwurflinie, die 4,6 m entfernt ist, nicht im Korb. Hier erreicht der Ball nach 4,6 m eine Höhe von 2,29 m und nicht die nötigen 3,05 m.

169 **6** *Parabeln im Sport mit Regression und Schiebereglern*

(1) „Parabeln im Sport“

a) Z. B.:

x	y
0	0
1	0,25
2	0,4
2,5	0,5
3	0,4
4	0,25
5	0

Quadratische Regression:
$a = -0{,}0711484$
$b = 0{,}35574229$
$c = -0{,}009663$
$r^2 = 0{,}973092$

b) Z. B.:

x	y
0	1,2
1	2,4
2	3
3	2,8
4	1,5
4,2	0

Quadratische Regression:
$a = -0{,}5240948$
$b = 2{,}07729065$
$c = 1{,}06172532$
$r^2 = 0{,}89405595$

169 **6** (2) „Korbwurf"

Z. B.:

x	y
0	1,6
0,9	3,2
1,9	4
3,4	3,7

Quadratische Regression:
$a = -0{,}4409227$
$b = 2{,}10981681$
$c = 1{,}61627016$
$r^2 = 0{,}99906959$

7 *Bremsen bei nasser Fahrbahn*

Geschwindigkeit v in km/h und Bremsweglänge in m.
Mit quadratischer Regression folgt:
$b(v) = 0{,}017\,v^2 - 0{,}32\,v + 5{,}65$
Die Faustregel für trockene Fahrbahnen lautet $b(v) = 0{,}01\,v^2$.
Der Bremsweg verlängert sich also auf nasser Fahrbahn wesentlich.

170 **8** *Einwohner der USA*

a) Streudiagramm siehe Schülerbuch.
Ein linearer Zusammenhang würde bedeuten, dass die Bevölkerung proportional zur Zeit wächst. Es müssten also die Geburtenrate und die Sterberate in jedem Jahr übereinstimmen. Dies ist allerdings in der Realität nicht gegeben.
Mit quadratischer Regression folgt:
$f(x) = 0{,}0068\,x^2 - 0{,}1053\,x + 5{,}4868$

b) Wir gehen vom Jahr 2016 aus, also $x = 226$:
$f(226) = 329$
Das Modell stellt die aktuelle Einwohnerzahl der USA fast korrekt da. Fügt man den aktuellen Wert von 316 Mio. Einwohner hinzu, folgt mit quadratischer Regression:
$f(x) = 0{,}0065\,x^2 - 0{,}0661\,x + 4{,}799$

9 *Futterzusatz und Gewichtszunahme*

a)

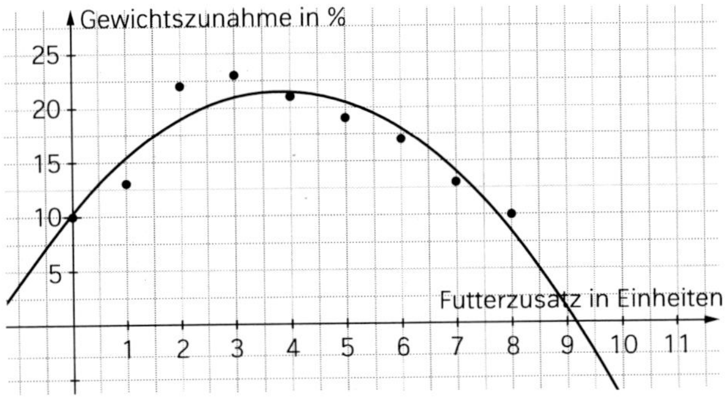

b) Der Taschenrechner liefert folgendes Ergebnis:
$y = -0{,}76\,x^2 + 5{,}86\,x + 10{,}27$

c) Scheitelpunkt $S(3{,}84\,|\,21{,}54)$
Bei 3,84 Einheiten Futterzusatz ist die Gewichtzunahme am größten.

170 Kopfübungen

1. $= 7 + 1 = 8$
2. Ein Rechteck ist ein Trapez mit parallelen Schenkeln.
3. $-1,5$
4. $2 \cdot 10^2 \cdot \pi \cdot \frac{1}{20} \approx 31,42$ (in m^2)
5. $36 = \sqrt{1296}$; $10 = \sqrt{100}$; $0,25 = \sqrt{0,0625}$
6. Maximum, Minimum, Median, oberes und unteres Quartil
7. $y = 3x - 2$

x	−2	−1	0	1	2
y	−8	−5	−2	1	4

171

10 *Querlage und Höhenverlust bei Segelflugzeugen*

(A) Lineares Modell

Abbildung siehe Schülerband.

y aus Modell	d	d^2
32,80	−3,20	10,2400
30,85	0,55	0,3025
28,90	1,90	3,6100
26,95	2,35	5,5225
25,00	1,40	1,9600
23,05	−0,25	0,0625
21,10	−2,50	6,2500

Die Summe der Quadrate der Abweichungen beträgt 27,9475.

(B) Quadratisches Modell

Abbildung siehe Schülerband.

y aus Modell	d	d^2
35,200	−0,800	0,640000
30,375	0,075	0,005625
26,700	−0,300	0,090000
24,175	−0,425	0,180625
22,800	−0,800	0,640000
22,575	−0,725	0,525625
23,500	−0,100	0,010000

Die Summe der Quadrate der Abweichungen beträgt 2,091875

An den beiden Grafiken sieht man, dass in diesem Fall das quadratische Modell angemessen ist; dies wird durch die jeweilige Summe der quadratischen Abweichungen bestätigt, die bei der Ausgleichsparabel deutlich kleiner ist als bei der Ausgleichsgeraden.
Im weiteren Verlauf wird der Höhenverlust im quadratischen Modell bei stärkerer Querlage wieder größer, beim linearen Modell ist der Höhenverlust gleichbleibend.

5.2 Wurzelfunktionen und Wurzelgleichungen

172 **1** *Das Besondere an Wurzelfunktionen*

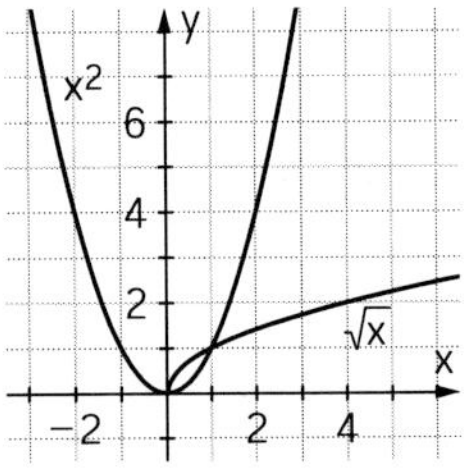

Es ist $\mathbb{D}_f = \{x \in \mathbb{R}\colon\ x \geq 0\}$ und $\mathbb{D}_g = \{x \in \mathbb{R}\}$.

x	−4	−3	−2	−1	0	1	2	3	4	5	6
f(x)	-	-	-	-	0	1	1,41	1,73	2	2,24	2,45
g(x)	16	9	4	1	0	1	4	9	16	25	36

Man erhält den Graphen von f aus dem von g durch Spiegelung an der Winkelhalbierenden des 1. Quadranten. Es ist $(f(x))^4 = g(x)$.

2 *Funktionenlaboratorium*

a) Für $c = 2$ und $c = 3$ wird der Graph um 2 bzw. 3 nach oben verschoben, für $c = -1$ wird der Graph um 1 nach unten verschoben. $\mathbb{D} = \{x \mid x \geq 0\}$.

b) Für $b = 2$ und $b = 3$ wird der Graph um 2 bzw. 3 nach links verschoben, für $b = -1$ wird der Graph um 1 nach rechts verschoben.
$\mathbb{D}_1 = \{x \mid x \geq -2\}$; $\mathbb{D}_2 = \{x \mid x \geq -3\}$; $\mathbb{D}_3 = \{x \mid x \geq 1\}$

c) Für $a = 2$ und $a = 3$ wird der Graph mit dem Faktor 2 bzw. 3 in vertikaler Richtung gestreckt (er wird offener), für $a = -1$ wird der Graph an der x-Achse gespiegelt.
$\mathbb{D} = \{x \mid x \geq 0\}$

d) Der Graph ist um 2 nach links und um 3 nach unten verschoben.
$\mathbb{D} = \{x \mid x \geq -3\}$

x	−2	−1	0	1	2	3	4	5	6	7	8
$\sqrt{x+2} - 3$	−3	−2	−1,59	−1,27	−1	−0,76	−0,55	−0,35	−0,17	0	0,16

173 **3** *Tsunamis*

a)

Wassertiefe in m	Geschwindigkeit in m/s	Geschwindigkeit in km/h
50	22,1	79,7
75	27,1	97,6
100	31,3	112,7
500	70,0	252,0
1000	99,0	356,4
2000	140,0	504,0
5000	221,4	796,9
7500	271,1	976,0

b) Bei einer 100-mal größeren Wassertiefe ist die Geschwindigkeit 10-mal größer. Bei einer x-mal größeren Tiefe ergibt sich eine $\sqrt{x}$-mal höhere Geschwindigkeit.

c) Wassertiefe: 2296 m

175 **4** *Definitionsmenge*

a) $\mathbb{D} = \{x \mid x \geq 0\}$ b) $\mathbb{D} = \{x \mid x \geq -2\}$ c) $\mathbb{D} = \left\{x \mid x \geq \frac{2}{5}\right\}$

d) $\mathbb{D} = \{x \mid x \geq -5\}$ e) $\mathbb{D} = \mathbb{R}$ f) $\mathbb{D} = \{x \mid |x| \leq 3\}$

5 *Transformation von Graphen*

a) Verschiebung um 2 nach unten entlang der y-Achse → (4)
b) Verschiebung um 2 nach rechts entlang der x-Achse → (1)
c) Streckung um Faktor 2 in y-Richtung → (6)
d) Streckung mit Faktor 3 und Verschiebung um 1 nach unten entlang der y-Achse und Verschiebung um 3 nach rechts entlang der x-Achse → (5)
e) Streckung mit Faktor $\sqrt{9} = 3$ → (2)
f) Spiegelung an der x-Achse und Streckung um Faktor 2, sowie Verschiebung um 4 entlang der x-Achse → (3)

6 *Graphen schnell zeichnen*
Um geeignete Wertepaare zu erhalten, wählt man für x Werte, sodass die Wurzel ganzzahlig ist

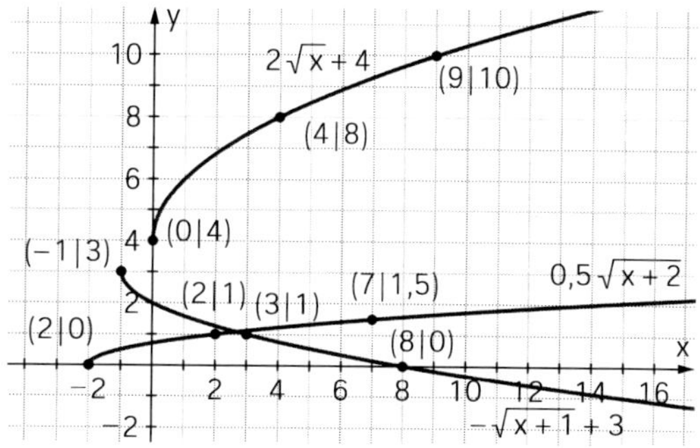

176 **7** *Wurzelfunktion gesucht*
Allgemein ist es hilfreich zu schauen, in welchem Punkt P der Graph der Wurzelfunktion „startet" und die Verschiebung entlang der x- und y-Achse abzulesen. Weiterhin kann man den Streckfaktor rausfinden, indem man einen Punkt auf dem Graphen abliest und mit der nicht gestreckten Wurzelfunktion an der Stelle vergleicht.
Linkes Schaubild: $f(x) = \sqrt{x+1} + 3$, denn das Schaubild zeigt eine einfache Wurzelfunktion, die um 3 nach oben und um 1 nach links verschoben ist
Rechtes Schaubild: $f(x) = -\sqrt{x-3} - 2$, denn das Schaubild zeigt eine an der x-Achse gespiegelte einfache Wurzelfunktion, die um 3 nach rechts und um 2 nach unten verschoben ist.

8 *Quadratische Funktionen und Wurzelfunktionen*

a)

x	0	1	2	3
f(x)	0	1	4	9

x	0	1	4	9
f(x)	0	1	2	3

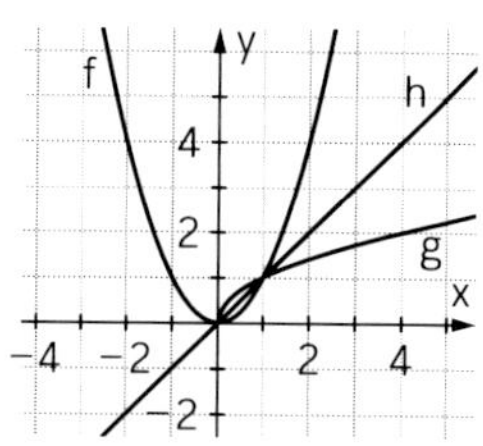

b)

x	−1	0	1	2
f(x)	0	1	4	9

x	0	1	4	9
g(x)	−1	0	1	2

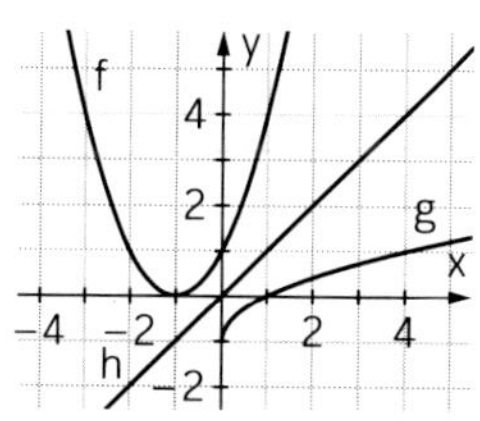

176 **8** c)

x	0	1	2	3
f(x)	−2	−1	2	7

x	−2	−1	2	7
g(x)	0	1	2	3

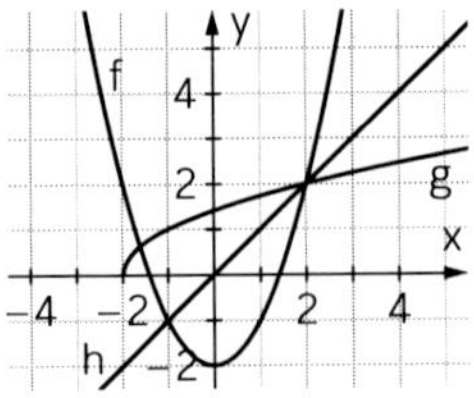

d)

x	−1	0	1	2
f(x)	−2	−1	2	7

x	−2	−1	2	7
g(x)	−1	0	1	2

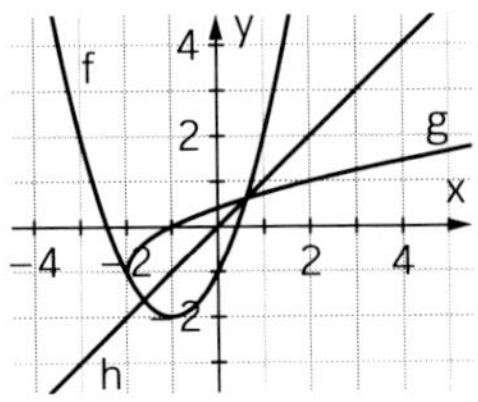

177 **9** *Umkehrung eindeutig oder nicht*

a) Die Umkehrung ist eindeutig, es existiert also eine Umkehrfunktion.
Da der vorgegebene Graph symmetrisch zur Geraden $y = x$ ist, stimmen der Graph der gegebenen Funktion und der Graph der Umkehrfunktion überein: $f(x) = f^{-1}(x) = -x + 3$.

b) Die Umkehrung ist nicht eindeutig, es existiert also keine Umkehrfunktion.

c) Die Umkehrung ist eindeutig, es existiert also eine Umkehrfunktion.
Da der vorgegebene Graph symmetrisch zur Geraden $y = x$ ist, stimmen der Graph der gegebenen Funktion und der Graph der Umkehrfunktion überein: $f(x) = f^{-1}(x) = \frac{1}{x}$.

d) Die Umkehrung ist eindeutig, es existiert also eine Umkehrfunktion.
$f(x) = 2\sqrt{x-4}$; $f^{-1}(x) = \frac{1}{4}x^2 + 4$

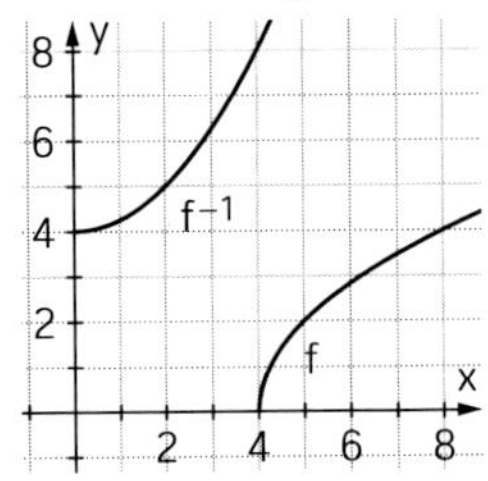

10 *Zum Nachdenken*

Schneidet eine Horizontale den Graphen der Funktion f in mehr als einem Punkt, dann gibt es zu einem y-Wert mehr als einen x-Wert mit $f(x) = y$. Dies bedeutet, dass die Umkehrung der Funktion nicht eindeutig ist.

178 **11** *Noch mehr zum Nachdenken*

a) Die Umkehrfunktion von f(x) ist $f^{-1}(x) = \frac{1}{2}(x + 3)$.
f besitzt eine Umkehrfunktion, g hingegen nicht: Jedem Bildwert von f lässt sich exakt ein Wert der Definitionsmenge zuordnen. Bei g ist das nicht der Fall, denn durch ihre Zuordnungsvorschrift wird allen Werten x das Bild 3 zugeordnet. Folglich ist die Umkehrung nicht eindeutig, 3 kann zu beliebigen Werten für x „gehören".

b) Alle linearen Funktionen sind Geraden. Sie werden von einer Horizontalen (siehe Aufgabe 10) nur in einem Punkt geschnitten. Dann aber besitzen sie eine Umkehrfunktion.
Ist $m = 0$, so gilt dieses Kriterium nicht, da die Gerade dann selbst eine Horizontale ist und damit die Horizontale die Gerade in unendlich vielen Punkten schneidet.

c) Betrachtet man von der Parabel nur einen Ast, wie in diesem Beispiel, so gilt für ihn, dass er von einer Horizontalen nur einmal geschnitten wird.
Allgemein gilt: Eine quadratische Funktion mit dem Scheitelpunkt $(x_s | y_s)$ und der Definitionsmenge $\mathbb{D} = \{x | x \geq x_s\}$ oder $\mathbb{D} = \{x | x \leq x_s\}$ besitzt eine Umkehrfunktion.

178 **12** *Berechnung der Funktionsgleichung der Umkehrfunktion*

a) Umkehrfunktion $f^{-1}(x) = \frac{1}{2}x$ mit $\mathbb{D} = \mathbb{R}$

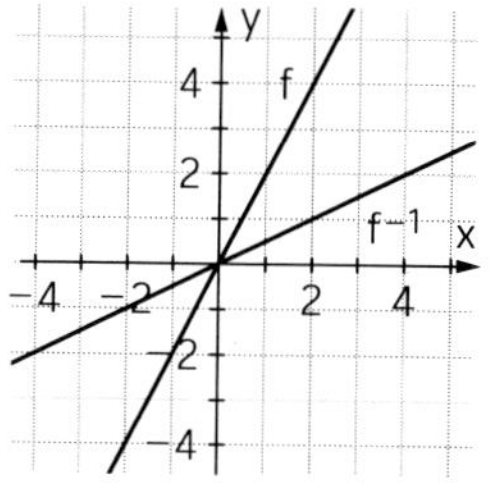

b) Umkehrfunktion $f^{-1}(x) = x + 3$ mit $\mathbb{D} = \mathbb{R}$

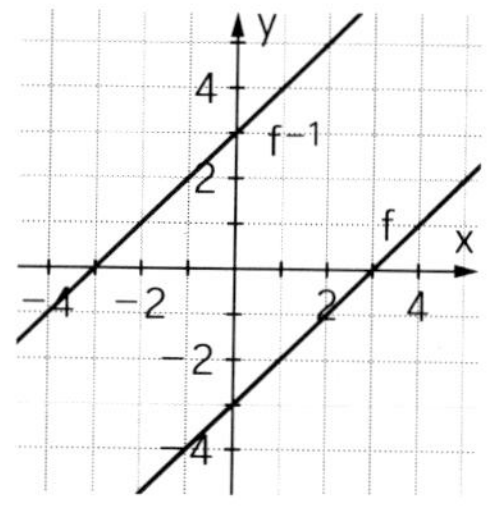

c) Umkehrfunktion $f^{-1}(x) = \frac{5}{4}(x + 1)$ mit $\mathbb{D} = \mathbb{R}$

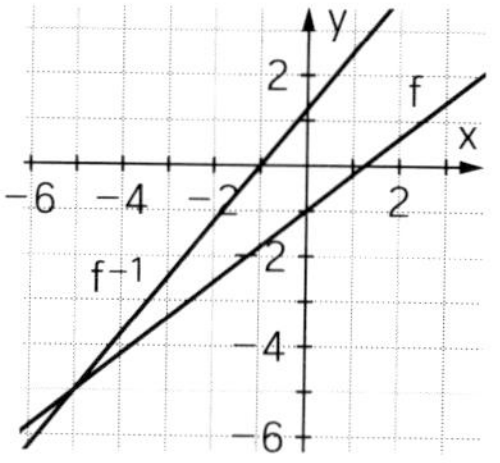

d) Umkehrfunktion $f^{-1}(x) = \sqrt{x} - 3$ mit $\mathbb{D} = \{x \mid x \geq 0\}$

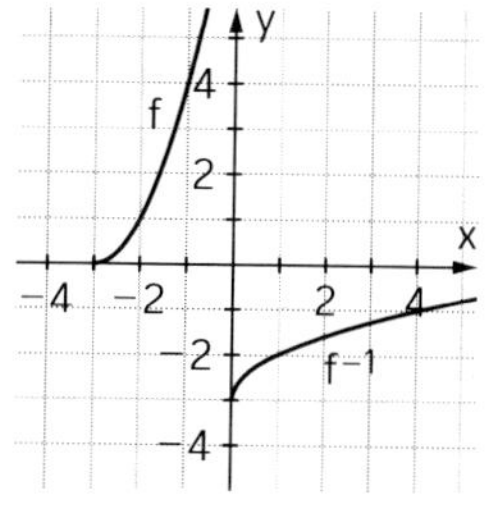

e) Umkehrfunktion $f^{-1}(x) = \sqrt{\frac{x}{2}} + 1$ mit $\mathbb{D} = \{x \mid x \geq 0\}$

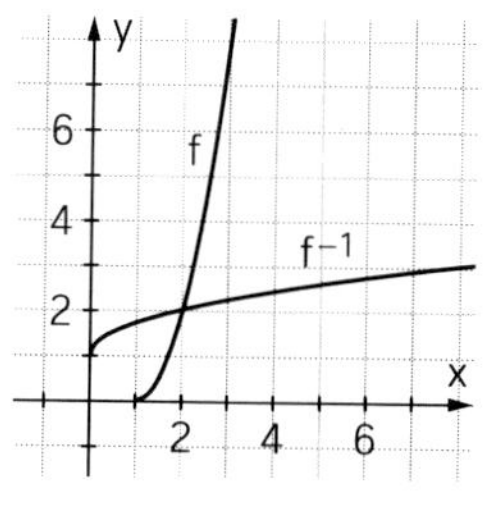

f) Umkehrfunktion $f^{-1}(x) = \sqrt{9 - x}$ mit $\mathbb{D} = \{x \mid x \leq 9\}$

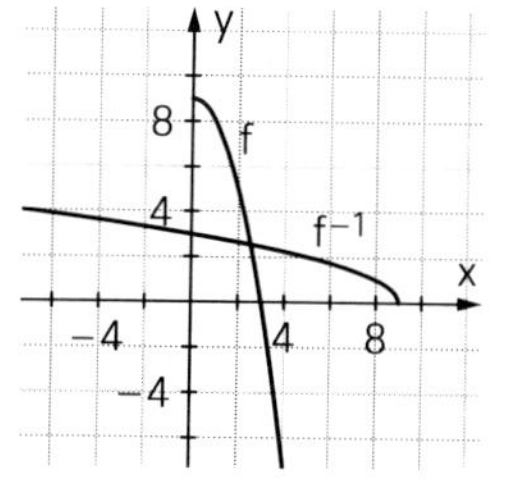

13 *Die Länge eines Sekundenpendels*

a)

x (in m)	0	0,05	0,1	0,15	0,2	0,25	0,3	0,35	0,4	0,45	0,5
T (in s)	0	0,446	0,634	0,777	0,897	1,003	1,099	1,187	1,269	1,346	1,419

b) Die Pendellänge muss etwa 25 cm betragen.

c) $1 = 6{,}28\sqrt{\frac{x}{9{,}6}} \Rightarrow \left(\frac{1}{6{,}28}\right)^2 = \frac{x}{9{,}6} \Rightarrow x = \left(\frac{1}{6{,}28}\right)^2 \cdot 9{,}6 \approx 0{,}2485$

Der errechnete Wert für die Pendellänge: 24,85 cm

180 **14** *Training Wurzelgleichungen*

a) $L = \{81\}$

b) $L = \left\{0; \frac{1}{4}\right\}$

c) $L = \{\ \}$

d) $L = \{5\}$

e) $L = \left\{\frac{3}{4}\right\}$

f) $L = \{\ \}$

180

15 *Training: schwierigere Wurzelgleichungen*

a) $\sqrt{x} + 5 = x + 3 \Leftrightarrow \sqrt{x} = x - 2 \Rightarrow x = x^2 - 4 \cdot x + 4$
$\Leftrightarrow (x - 2{,}5)^2 = 2{,}25 \Leftrightarrow x = 4$ oder $x = 1$
Die Probe zeigt, dass $L = \{4\}$.

b) $\sqrt{4 \cdot x - 4} = x - 1 \Rightarrow 4 \cdot x - 4 = x^2 - 2 \cdot x + 1 \Leftrightarrow -5 = x^2 - 6 \cdot x \Leftrightarrow (x - 3)^2 = 4$
$\Rightarrow x = 5$ oder $x = 1$
Die Probe zeigt jedoch, dass $L = \{1; 5\}$.

c) $-2 \cdot \sqrt{x - 3} - 1 = x \Leftrightarrow \sqrt{x - 3} = -\frac{1}{2} \cdot (x + 1) \Rightarrow x - 3 = -\frac{1}{4}(x + 1)^2$
$\Leftrightarrow -4 \cdot x + 12 = x^2 + 2 \cdot x + 1 \Leftrightarrow 11 = x^2 + 6 \cdot x \Leftrightarrow (x + 3)^2 = 20$
$\Leftrightarrow x = \sqrt{20} - 3 \approx 1{,}47$ oder $x = -\sqrt{20} - 3 \approx -7{,}47$
Die Probe zeigt jedoch, dass $L = \{\ \}$.

d) $L = \left\{\frac{5}{3}\right\}$

e) $\sqrt{x^2 + 9} - 2 = x \Leftrightarrow \sqrt{x^2 + 9} = x + 2$
$\Rightarrow x^2 + 9 = (x + 2)^2 = x^2 + 4x + 4$
$\Leftrightarrow 4x = 5 \Rightarrow L = \left\{\frac{5}{4}\right\}$

f) $\sqrt{x + 1} + 4 = 2 \cdot x \Rightarrow x + 1 = 4 \cdot x^2 - 16 \cdot x + 16 \Leftrightarrow 17 \cdot x - 4 \cdot x^2 = 15$
$\Leftrightarrow x^2 - \frac{17}{4} \cdot x = \frac{-15}{4} \Leftrightarrow \left(x - \frac{8{,}5}{4}\right)^2 = \frac{-15}{4} + 4\frac{33}{64} = \frac{49}{64}$
Dies führt auf $x = 3$ oder $x = 1{,}25$. Die Probe zeigt, dass $L = \{3\}$.

16 *Wurzelgleichungen für Experten*

a) $\sqrt{x + 3} + 1 = \sqrt{3x - 2} \Rightarrow x + 3 + 2 \cdot \sqrt{x + 3} + 1 = 3x - 2 \Rightarrow 2\sqrt{x + 3} = 2x - 6$
$\Rightarrow x + 3 = (x - 3)^2 = x^2 - 6 \cdot x + 9 \Rightarrow -6 = x^2 - 7 \cdot x \Rightarrow x = 6$

b) $\sqrt{x - 6} + \sqrt{x} = 3 \Rightarrow x - 6 + 2 \cdot \sqrt{x \cdot (x - 6)} + x = 9 \Rightarrow 2 \cdot x + 2 \cdot \sqrt{x \cdot (x - 6)} = 15$
$\Rightarrow 2 \cdot \sqrt{x \cdot (x - 6)} = 15 - 2 \cdot x \Rightarrow x \cdot (x - 6) = 56{,}25 - 15 \cdot x + x^2 \Rightarrow x = 6{,}25$

c) $\sqrt{x} - 1 = 3 + \sqrt{x} \Leftrightarrow -1 = 3$: Widerspruch, d. h. es gibt keine Lösung

d) $3 \cdot \sqrt{2 \cdot x + 1} = \sqrt{4 \cdot x + 3} + 3 \Rightarrow 9 \cdot (2 \cdot x + 1) = 4 \cdot x + 3 + 6 \cdot \sqrt{4 \cdot x + 3} + 9$
$\Leftrightarrow \frac{1}{6} \cdot (18 \cdot x + 9 - 4 \cdot x - 3 - 9) = \sqrt{4 \cdot x + 3} \Rightarrow \frac{1}{36} \cdot (14 \cdot x - 3)^2 = 4 \cdot x + 3$
$\Leftrightarrow 196 \cdot x^2 - 228 \cdot x = 99 \Leftrightarrow x \approx 1{,}5$ oder $x \approx -0{,}34$. Die Probe zeigt, dass nur $x \approx 1{,}5$ die Ausgangsgleichung löst.

e) $\sqrt{x - 6} = 3 + \sqrt{x} \Rightarrow x - 6 = 9 + 6 \cdot \sqrt{x} + x \Rightarrow -6 = 9 + 6 \cdot \sqrt{x} \Leftrightarrow -15 = 6 \cdot \sqrt{x}$
Die Probe zeigt jedoch, dass $L = \{\ \}$.

f) $\sqrt{x} + \sqrt{2 \cdot x} = \sqrt{3 \cdot x + 12} \Rightarrow x + 2 \cdot x \cdot \sqrt{2} + 2 \cdot x = 3 \cdot x + 12 \Leftrightarrow x = \frac{6}{\sqrt{2}}$
Die Probe zeigt, dass $L = \left\{\frac{6}{\sqrt{2}}\right\}$

17 *Zum Nachdenken*

Es folgt zwar aus $x = 2$, dass $x^2 = 4$, aber umgekehrt folgt aus $x^2 = 4$ obwohl $x = 2$ als auch $x = -2$.

Kopfübungen

1. Z. B. $2\pi \cdot \frac{1}{3\pi} = \frac{2}{3}$ oder $\sqrt{2} \cdot \sqrt{8} = 4$
2. Ein Rechteck lässt sich bereits eindeutig konstruieren, wenn man die Länge zweier Seiten kennt.
3. $x^2 - 1{,}44 = (x - 1{,}2) \cdot (x + 1{,}2)$.
4. Es ist $V_{Zylinder} = \pi \cdot r^2 \cdot h = \pi \cdot (1\,\text{dm})^2 \cdot 1\,\text{dm} = \pi\,\text{dm}^3 = \pi\,\text{l}$.
5. Spannweite: 17, arithmetisches Mittel: 9,625
6. a) $\sqrt{a} \cdot \sqrt{a} = a$ b) $\sqrt[3]{b} \cdot \sqrt[3]{b} \cdot \sqrt[3]{b} = b$.
7. $U(x) = 2\pi \cdot (3 + x)$, lineare Funktion.

181 **18** *Wurzelgleichungen mit Parameter*

Die Gleichung wird allgemein gelöst von $x = 2 \cdot a$

a) Für $a < 0$ gibt es keine Lösung

b) Für $a \geq 0$ gibt es eine Lösung.

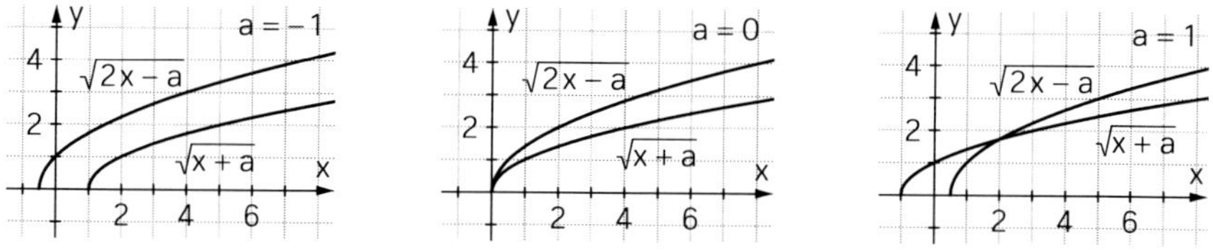

19 *Bahnradrennen*

a) Es ist $15 = \sqrt{0{,}171 \cdot 80 \cdot \alpha}$ also $\alpha = \frac{225}{0{,}171 \cdot 80} \approx 16{,}45°$

b) Es ist $45\,\frac{km}{h} = 12{,}5\,\frac{m}{s}$ also $12{,}5^2\left(\frac{m}{s}\right)^2 = 156{,}25\,\frac{m^2}{s^2} = \sqrt{0{,}171 \cdot r \cdot 10°}$ und damit $r \approx 91{,}37\,m$.

20 *Hier geht's rund*

a) $\mathbb{D} = \{x \mid -4 \leq x \leq 4\}$

x	−4	−3,5	−3	−2,5	−2	−1,5	−1	−0,5	0
f(x)	0	1,94	2,65	3,12	3,46	3,71	3,87	3,97	4

x	0,5	1	1,5	2	2,5	3	3,5	4
f(x)	3,97	3,87	3,71	3,46	3,12	2,65	1,94	0

Graph: Halbkreis über der x-Achse; Mittelpunkt im Koordinatenursprung; Radius 4 cm

b) Die Entfernung beträgt stets 4 cm.

c) Die Rechnung mithilfe des Satzes von Pythagoras bestätigt die Messung.
Es gilt $d = 4\,cm$.

d) Da nicht jede Horizontale den Graphen genau einmal schneidet, existiert keine Umkehrfunktion. Wenn man den Definitionsbereich allerdings einschränkt, z. B. auf $\mathbb{D} = \{x \mid 0 \leq x \leq 4\}$, so existiert eine Umkehrfunktion.
Die Funktionsgleichung der Umkehrfunktion ist dann $f^{-1}(x) = \sqrt{16 - x^2}$ mit $\mathbb{D} = \{x \mid 0 \leq x \leq 4\}$.
Für die Funktion $f(x)\colon x \to \frac{1}{x}$ gilt ähnliches.
$\mathbb{D} = \{x \mid x \in \mathbb{R},\ x \neq 0\}$
Die Umkehrfunktion existiert, hat dieselbe Funktionsvorschrift und denselben Definitionsbereich.

5.3 Geometrie der Parabel

182 **1** *Zur Auffrischung geometrischer Kenntnisse*

a) (1) Mittelsenkrechte von $\overline{AB}$
(2) Kreis um M mit Radius r
(3) Die beiden Parallelen zu g im Abstand d.
(4) $g \nparallel h$: Winkelhalbierende der Geradenkreuzung; $g \parallel h$: Mittelparallele von g und h

b) Bei (4) muss eine Fallunterscheidung gemacht werden.

182 **2** *Eine bekannte Kurve als Ortslinie*

a) Man zeichnet um F konzentrische Kreise, deren Radien sich jeweils um einen festen Wert, z. B. 5 mm unterscheiden. Zu der Geraden h zeichnet man eine Parallelenschar mit den gleichen Abständen, also auch z. B. 5 mm. Man sucht dann die Schnittpunkte der Parallelen mit den Kreisen, die von h und von F den gleichen Abstand haben.

b) Die Kurve sieht aus wie eine Parabel. Begründung: z. B. mit passendem Koordinatensystem und Funktionsgleichung $y = ax^2 + b$.

c) Je größer der Abstand von F zu h, desto offener wird die Parabel.

183 **3** *„Schülerparabel"*

a) Siehe die Abbildung im Schülerband.
Direkt ablesen kann man den Sachverhalt für die drei Parabelpunkte $(-2|1)$, $(0|0)$, $(2|1)$.

b)

$y = \frac{1}{2}x^2$	$F\left(0\middle|\frac{1}{2}\right)$	$y = -\frac{1}{2}$
$y = \frac{1}{8}x^2$	$F(0\|2)$	$y = -2$
$y = x^2$	$F\left(0\middle|\frac{1}{4}\right)$	$y = -\frac{1}{4}$

c)

a	1	$\frac{1}{2}$	$\frac{1}{4}$	$\frac{1}{8}$	a
y-Koordinate	$\frac{1}{4}$	$\frac{1}{2}$	1	2	$\frac{1}{4a}$

4 *Konstruktion einer Ortskurve mit DGS*

a) Z. B. Kurve zeichnen, ausdrucken, in Koordinatensystem zeichnen, Funktionsgleichung $y = ax^2$.

b) Je weiter F und h voneinander entfernt sind, desto offener wird die Parabel.

c) P liegt auf der Mittelsenkrechten von $\overline{FL}$ und ist damit von F und von L gleich weit entfernt: $\overline{PF} = \overline{PL}$.

d) Da $\overline{PL}$ senkrecht zu h verläuft, ist der Abstand von P zur Geraden h genauso groß wie die Entfernung von P zu F.
Definition: Eine Parabel ist die Ortslinie aller Punkte, die von einem gegebenen Punkt F und von einer gegebenen Geraden h gleich weit entfernt sind.

185 **5** *Parabeln konstruieren (Zirkel, Lineal) und, wenn möglich, berechnen*

a) Für die Konstruktion von (1) – (4) geht man wie folgt vor:

- Zeichne Leitgerade und Brennpunkt.
- Zeichne Parallelen zur Leitgeraden in verschiedenen Abständen.
- Zeichne Kreise um F, deren Radien so groß sind wie die Abstände der Parallelen zur Leitgeraden. Markiere die passenden Schnittpunkte.
- Verbinde die Schnittpunkte durch eine möglichst glatte Kurve.

(1)

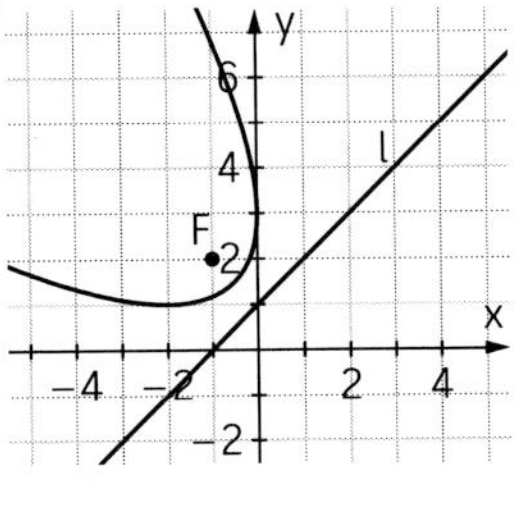

(2)

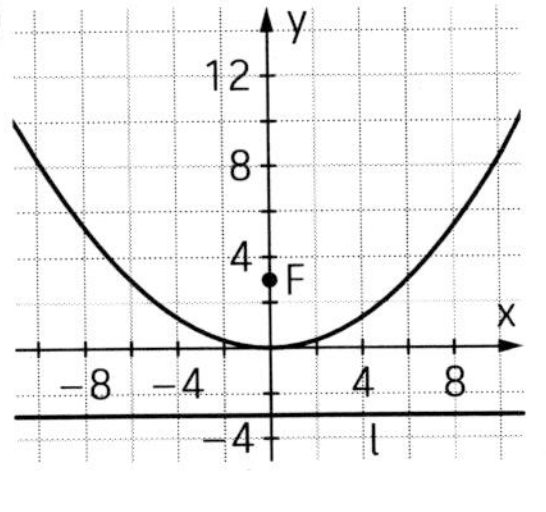

185 **5** a) (3)

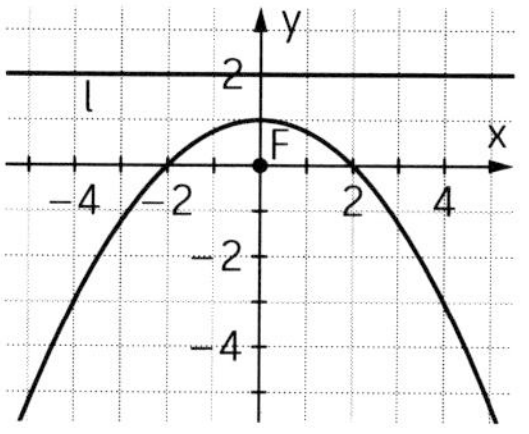

(4)

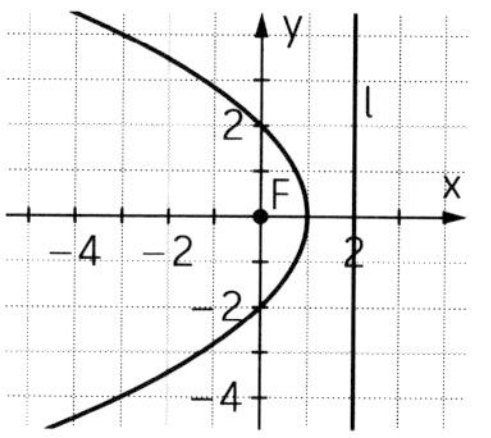

b) Zu (1) und (4) kann man keine Funktion der Art $f(x) = ax^2 + bx + c$ finden, da die Parabeln nicht symmetrisch zur y-Achse verlaufen.

(2) $y = \frac{1}{12}x^2$

(3) $y = -\frac{1}{4}x^2 + 1$

c) Wo liegen alle Punkte, die zu $F\left(0 \middle| \frac{1}{4a}\right)$ und der Geraden $y = -\frac{1}{4a}$ denselben Abstand haben?

Nach Konstruktion gilt: $\overline{FP} = \overline{LP} = d$, also:

(1) $\overline{FA}^2 + \overline{AP}^2 = d^2$, also $x^2 + \left(y - \frac{1}{4a}\right)^2 = d^2$ mit $A\left(x \middle| \frac{1}{4a}\right)$ und $P(x|y)$

(2) $d^2 = \left(y + \frac{1}{4a}\right)^2$

(1) und (2) ergibt:

$x^2 + \left(y - \frac{1}{4a}\right)^2 = \left(y + \frac{1}{4a}\right)^2$

$x^2 + y^2 - \frac{1}{2a}y + \frac{1}{16a^2} = y^2 + \frac{1}{2a}y + \frac{1}{16a^2}$

$x^2 = \frac{1}{a}y$, also $y = ax^2$.

6 *Parabel durch Falten – etwas zum Entdecken*

a) Schüleraktivität.

b) Die durch das Falten entstehenden Linien entsprechen den konstruierten Mittelsenkrechten aus Aufgabe 4, Seite 183 im Schülerband. Die untere Kante des Papiers bildet die Leitlinie. Je näher F an die Leitlinie rutscht, desto steiler verlaufen die nachzuzeichnenden Falze und desto näher liegen sie am rechten (oder linken, je nach Verfahren) Papierrand. Führt man die Konstruktion mit der kürzeren Seite des Blattes durch, so ist der Spielraum für die Wahl des Brennpunktes gegenüber einer Konstruktion mit der längeren Kante als Leitlinie größer. Es lassen sich also mehr Parabeln konstruieren.

186 Die Aufgaben auf dieser Seite zielen auf das eigenständige Experimentieren der Schülerinnen und Schüler. Sie eignen sich besonders zum Einsatz im Rahmen arbeitsteiliger Gruppenarbeit oder Stationenlernen und der anschließenden Präsentation.

Kapitel 6
Satz des Pythagoras

Didaktische Hinweise

Wenn es einen mathematischen Satz gibt, der zur Allgemeinbildung aller Schulabsolventen gehört, so ist es sicher der Satz des Pythagoras. In der Regel wird er als eine Eigenschaft rechtwinkliger Dreiecke in der verkürzten Form $a^2 + b^2 = c^2$ aus dem Gedächtnis abgerufen.

In diesem Kapitel werden geometrische, algebraische und zahlentheoretische Aspekte rund um den Satz des Pythagoras behandelt, der Gesamtkonzeption des Buches entsprechend mit vielen Gelegenheiten zum aktiven und entdeckenden Lernen und zum verständnisorientierten Üben wesentlicher Basiskompetenzen. Der Satz des Pythagoras und die Umkehrung werden von Anfang an zusammen gesehen, die angesprochenen Phänomene weisen auch viele geschichtliche Bezüge auf. Im zweiten Lernabschnitt bieten das *Begründen und Variieren des Satzes des Pythagoras* reichhaltige Gelegenheiten zum eigenständigen Fragen, Entdecken und Beweisen und zum Kommunizieren mit und über Mathematik. Die auch in anderen Bereichen nützliche Strategie der „Aufgabenvariation“ wird in einem eigenen Basiswissen herausgestellt und in den Übungen trainiert. Ein weiterer Lernabschnitt ist den Strategien zum Problemlösen mit dem Satz des Pythagoras gewidmet, hier werden zudem viele Bezüge zu anderen Bereichen der Mathematik hergestellt und damit ein Beitrag zum kumulativen Lernen geleistet.

Im Lernabschnitt **6.1** *Phänomene rund um den Satz des Pythagoras* führen eigene Handlungs- und Denkaktivitäten (Puzzle, Knotenschnur, bewegte Quadratfiguren) zum Satz des Pythagoras und dessen Umkehrung. Im Basiswissen werden beide Sätze formuliert, die anschließenden Übungen beziehen sich entsprechend auf die Berechnung fehlender Seitenlängen im rechtwinkligen Dreieck und umgekehrt auf die Prüfung der Rechtwinkligkeit von Dreiecken mit vorgegebenen Seitenlängen. Zu beiden Sätzen werden neben ersten Anwendungen auch eigene Beweisaktivitäten durch „Zerlegen“ bzw. „Falten – Schneiden – Puzzeln“ herausgefordert. In der zweiten grünen Ebene gibt es zu den Pythagoreischen Zahlentripeln interessante Übungen sowohl mit geschichtlichen als auch mit zahlentheoretischen Bezügen, u. a. wird auch anschaulich eine Strategie zum Auffinden pythagoreischer Grundtripel entdeckt.

Im Interesse wichtiger Kompetenzen wie z. B. „Mathematische Fragen stellen“ oder „Spezialisieren und Verallgemeinern“ ist der Abschnitt **6.2** weiteren Beweisaktivitäten (u. a. mit einem Widerspruchsbeweis) und der Aufgabenvariation im Zusammenhang mit dem Satz des Pythagoras gewidmet. In der ersten grünen Ebene führt eine Aufgabe mit der Fragestellung „Was passiert wenn“ zu ersten selbständigen Variationen. Im Basiswissen werden dann „Nützliche Leitfragen und Strategien“ bei der Aufgabenvariation zusammengestellt, die im Übungsteil auf vielfältige und herausfordernde Problemstellungen und -variationen angewandt werden. Der Katheten- und der Höhensatz am rechtwinkligen Dreieck bieten eine Möglichkeit zur Förderung leistungsstarker Schülerinnen und Schüler.

Im Lernabschnitt **6.3** werden nun vielfältige Anwendungen des Satzes des Pythagoras im Rahmen von Problemlöseaufgaben aufgeführt. Im Basiswissen wird hierzu die übergeordnete Strategie festgehalten und an einem Beispiel erläutert. In den anschließenden Übungen mit gestufter Komplexität gibt es dann viele Gelegenheiten zum Anwenden dieser Strategie und damit zur Weiterentwicklung der eigenen Problemlösefähigkeiten. Besondere Berücksichtigung finden dabei auch Probleme zur Berechnung charakteristischer Streckenlängen (Diagonalen, Höhen, Kanten) in Körpern, damit wird einmal ein weiterer Beitrag zur Schulung der Raumanschauung geliefert, zum anderen wird eigenständig eine „nützliche Formelsammlung" erstellt, die auch im weiteren Unterricht verwendet werden kann. Am Beispiel der Konstruktion und Berechnung im Maßwerk von Kirchenfenstern wird ein weiteres Mal das fruchtbare Zusammenwirken von Geometrie und Algebra herausgestellt.

Lösungen

6.1 Phänomene rund um den Satz des Pythagoras

192 **1** *Ein geometrisches Puzzle und eine schöne Entdeckung*

a) Der Flächeninhalt der gelben Restfläche beträgt $A = 49\,cm^2 - 4 \cdot 6\,cm^2 = 25\,cm^2$.
Die Flächenformen der gelben Flächen: (1) und (3) sind aus Rechtecken zusammengesetzte Flächen, (2) sind zwei Quadrate und (4) ist ein Quadrat.

b) Da bei (4) der Flächeninhalt des gelben Quadrats $25\,cm^2$ groß ist, beträgt seine Seitenlänge 5 cm; die längste Seite der blauen Dreiecke ist also 5 cm lang.

c) Term (A) entspricht der Summe der Flächeninhalte der beiden Quadrate aus Bild (2). Term (B) entspricht der gelben Restfläche in Bild (4). Term (C) beschreibt den Flächeninhalt der gelben Restfläche von sowohl Bild (1) als auch Bild (3), denn in beiden Fällen lässt sie sich als (De)konstruktion einer „T-Figur“ auffassen: In Bild (1) ergibt sie sich als Summe zweier Quadrate mit Seitenlänge a und der Fläche eines rechteckigen „Steges“ mit Kantenlänge k und $k - 2a$. Verschiebt man eines der Quadrate an den gegenüberliegenden unteren Teil des Steges, erhält man die gelbe Restfläche wie in Bild (3). Term (D) entspricht Bild (1): Der erste Summand bezieht sich auf die Fläche des Steges, der zweite auf die „Dachfläche“ des T.

d) Da die gelben Flächeninhalte alle gleich sind, folgt mit Bild (2) und Bild (4), dass $a^2 + b^2 = c^2$, also sind (A) und (B) gleich.
Weiter ist $a^2 + b^2 = a^2 + (k - a)^2 = a^2 + k^2 - 2ka + a^2 = 2a^2 + k(k - 2a)$, das heißt (C) ist auch gleich zu den ersten beiden Termen. Des Weiteren gilt
$(k - 2a)b + (k - b)k = k^2 - 2ab = k^2 - 2a(k - a) = 2a^2 + k(k - 2a)$,
Folglich sind die Terme alle äquivalent.

e) In einem rechtwinkligen Dreieck ist die Summe der Quadrate der beiden Kathetenlängen gleich dem Quadrat der Hypotenusenlänge: $a^2 + b^2 = c^2$

193 **2** *Archäologie und Mathematik*

a) Schüleraktivität. Sie erzeugen ein rechtwinkliges Dreieck, da sie Seiten mit 6, 8 und 10 gleichlangen Streckenabschnitten halten und $6^2 + 8^2 = 10^2$.

b) Bei 30 Abschnitten besteht eine weitere Möglichkeit der Einteilung in dem Tripel (5, 12, 13) und bei 12 in dem Tripel (3, 4, 5). Bei 40 gleichlangen Abschnitten auf der Schnur gibt es keine Möglichkeit die Seiten so einzuteilen, dass ein rechter Winkel entsteht.

3 *Quadrat-Figuren: von Hand oder per Mausklick*

a)

	Seitenlängen			Flächeninhalt			größter Winkel
(1)	2	4	5	4	16	25	≈ 108°
(2)	3	4	5	9	16	25	90°
(3)	4	4	5	16	16	25	≈ 77°
(4)	1,503	2,850	3,222	2,2590	8,1225	10,3813	90 °
(5)	1,941	2,912	3,222	3,7675	8,4797	10,3813	80°
(6)	1,859	2,326	3,222	3,4559	5,4103	10,3813	100°

Hypothese: Wenn die Summe der Quadratflächen über den beiden kürzeren Seiten gleich der Quadratfläche über der längsten Seite ist, dann ist der Winkel gegenüber der längsten Seite ein rechter Winkel.
Ist die Summe kleiner, so handelt es sich um einen stumpfen Winkel, ist die Summe größer, um einen spitzen Winkel.

b) Schüleraktivität (beliebige Beispiele sind möglich).

195

4 *Formulierung mathematischer Sätze*

Wenn ein Dreieck rechtwinklig ist, dann ergibt die Summe der Kathetenquadrate gerade das Hypotenusenquadrat.
Wenn die Längen der Seiten a, b, c eines Dreiecks die Beziehung $a^2 + b^2 = c^2$ erfüllen, dann ist das Dreieck rechtwinklig.

5 *Länge gesucht*

a) $x = \sqrt{(0{,}7\,\text{cm})^2 + (2{,}4\,\text{cm})^2} = 2{,}5\,\text{cm}$

b) $x = \sqrt{(2a)^2 + a^2} = \sqrt{5 \cdot a^2} = a \cdot \sqrt{5}$

c) $x = \sqrt{(25\,\text{cm})^2 - (15\,\text{cm})^2} = 20\,\text{cm}$

d) $x = \sqrt{(13\,\text{cm})^2 - (5\,\text{cm})^2} = 12\,\text{cm}$

e) Die gesuchte Seite sei hier mit y bezeichnet und es ist $y = \sqrt{2x^2} = \sqrt{2}\,x$.

f) $x = \sqrt{(2{,}7\,\text{cm})^2 + (1{,}5\,\text{cm})^2} \approx 3{,}1\,\text{cm}$

g) $x = \sqrt{(3{,}5\,\text{cm})^2 - (2\,\text{cm})^2} \approx 2{,}9\,\text{cm}$

h) $x = \sqrt{(6\,\text{cm})^2 - (4\,\text{cm})^2} \approx 4{,}5\,\text{cm}$

6 *Dreiecke aufspannen*

Ein rechtwinkliges Dreieck lässt sich mit einer Konstruktion wie im ersten und zweiten Beispiel aufspannen: Im ersten Fall ist $(6\,\text{m})^2 + (8\,\text{m})^2 = (10\,\text{m})^2$, im zweiten gilt $(1{,}2\,\text{m})^2 + (0{,}5\,\text{m})^2 = (1{,}3\,\text{m})^2$. Mit einer Wahl der Längen wie im dritten Beispiel lässt sich kein solches Verhältnis finden.

7 *Kopfrechnen*

a) $A = x^2 = (13\,\text{cm})^2 - (12\,\text{cm})^2 = 25\,\text{cm}$.

b) $A = 3\,\text{cm} \cdot x\,\text{cm} = 3\,\text{cm} \cdot \sqrt{(8\,\text{cm})^2 + (15\,\text{cm})^2} = 3\,\text{cm} \cdot 17\,\text{cm} = 51\,\text{cm}$.

c) Bezeichne a die unbekannte Seite des großen Dreiecks. Es gilt $a = \sqrt{13^2 - 12^2} = 5$. Damit ergibt sich $c = \sqrt{a^2 - 4^2} = 3$.

d) Die gesuchte Länge x entspricht der Diagonalen eines Rechtecks von 15 cm Breite und Seitenlänge $\sqrt{25\,\text{cm}^2} + 15\,\text{cm} = 20\,\text{cm}$. Damit ist $x = \sqrt{(20\,\text{cm})^2 + (15\,\text{cm})^2} = 25\,\text{cm}$.

8 *Tabelle vervollständigen*

Kathete a	5 cm	6 cm	1,5 cm	15 cm	7 cm	16 cm
Kathete b	12 cm	8 cm	3,6 cm	8 cm	24 cm	12 cm
Hypotenuse c	13 cm	10 cm	3, 9 cm	17 cm	25 cm	20 cm
Flächeninhalt A	30 cm²	24 cm²	2,7 cm²	60 cm²	84 cm²	96 cm²

Der Flächeninhalt eines rechtwinkligen Dreiecks ergibt sich hierbei immer aus $\frac{a \cdot b}{2}$.

9 *Pythagoras im Alltag*

(1) $1^2 + 0{,}65^2 = 1{,}4225$, $\sqrt{1{,}4225} \approx 1{,}1927$
Die Maße sind nicht exakt angegeben, sondern geringfügig gerundet.

(2) Die Seilbahn überwindet eine Höhe von $\sqrt{(1050\,\text{m})^2 - (820\,\text{m})^2} \approx 655{,}82\,\text{m}$.

(3) Die Höhe der Fichte belief sich vor dem Sturm auf
$h = 3{,}20 + \sqrt{16{,}75^2 + 3{,}20^2} = 3{,}20 + \sqrt{280{,}56 + 10{,}24} = 3{,}20 + \sqrt{290{,}8} \approx 20{,}25$

196

10 *Rechtwinklige Segel*

Nur die Segel unter (3) und (5) sind rechtwinklig, wie man mit dem Satz des Pythagoras leicht nachprüft:

(1) $\sqrt{3{,}32^2 + 4{,}32^2} \approx 5{,}45$; nicht rechtwinklig

(2) $\sqrt{3{,}55^2 + 4{,}25^2} \approx 5{,}54$; fast rechtwinklig

(3) $\sqrt{3{,}88^2 + 4{,}45^2} \approx 5{,}90$; rechtwinklig

(4) $\sqrt{3{,}25^2 + 5{,}25^2} \approx 6{,}17$; nicht rechtwinklig

(5) $\sqrt{4{,}38^2 + 5{,}50^2} \approx 7{,}03$; rechtwinklig

11 *Die Abstandsformel*

a) Es gibt unendlich viele Punkte R, die mit den Punkten P und Q ein rechtwinkliges Dreieck bilden. Diese Punkte liegen auf dem Thales-Kreis über der Strecke $\overline{PQ}$. Am einfachsten ist es, den Punkt R zu wählen, der die gleiche x-Koordinate wie Q(7|5) und die gleiche y-Koordinate wie P(3|2) hat, also R(7|2).
Die Länge d der Strecke $\overline{PQ}$ wird mit dem Satz von Pythagoras berechnet:
$d(P, Q) = \sqrt{(x_Q - x_R)^2 + (y_Q - y_R)^2} = \sqrt{(7-3) + (5-2)^2} = \sqrt{16+9} = 5$

b) Für $P = (-2|6)$, $Q = (3|-1)$ ist $R = (3|6)$ und damit
$\overline{PQ} = \sqrt{(3-(-2))^2 + (-1-6)^2} = \sqrt{74} \approx 8{,}60$.

c) In den rechtwinkligen Dreiecken PQR ist die Strecke $\overline{PQ}$ jeweils die Hypotenuse, die gegenüber dem rechten Winkel bei R liegt. Die Strecken $\overline{PR}$ und $\overline{RQ}$ sind die Katheten in den rechtwinkligen Dreiecken. Der Satz von Pythagoras liefert die Formel.

12 *Abstandsbestimmung*

a) $d(A, B) = \sqrt{(13-10)^2 + (16-20)^2} = 5$

b) $d(C, D) = \sqrt{(-7-8)^2 + (23-15)^2} = 17$

c) $d(E, F) = \sqrt{(7-(-8))^2 + (3-(-5))^2} = 17$

13 *Berechnungen am Dreieck*

a) Der Umfang U des Dreiecks ergibt sich aus der Summe seiner Seitenlängen:
$U = \overline{AB} + \overline{BC} + \overline{CA}$.
Hierbei ist
$d(A, B) = \sqrt{100}$ LE = 10 LE, $d(B, C) = \sqrt{400}$ LE = 20 LE, $d(A, C) = \sqrt{500}$ LE ≈ 22,4 LE
Damit ergibt sich der Umfang U = 10 LE + 20 LE + 22,4 LE = 52,4 LE.

b) Es ist $d(P, R) = d(Q, R) \neq d(P, Q)$, deswegen ist das Dreieck gleichschenklig, aber nicht gleichseitig. Um zu überprüfen, ob das Dreieck rechtwinklig ist, rechnet man:
$d(P, R)^2 + d(Q, R)^2 = 2 \cdot 136 = d(P, Q)^2 = 272$
Der Satz des Pythagoras ist erfüllt, damit ist das Dreieck rechtwinklig.

14 *Ein Zerlegungsbeweis für den Satz des Pythagoras*

a) Im linken Bild ist die Restfläche das Quadrat über der Hypotenuse des Dreiecks, rechts sieht man als Restfläche die beiden Quadrate über den Katheten. Da in beiden Fällen das große Quadrat und die vier Dreiecke gleich sind, sind die Restflächen inhaltsgleich.

b) Die Rechtwinkligkeit der Dreiecke ist erforderlich, um das große Quadrat entsprechend auslegen zu können.

197

15 *Falten – Schneiden – Puzzeln*

Wenn das Dreieck nicht rechtwinklig ist, überlagern sich die roten Quadrate (spitzer Winkel) bzw. klaffen auseinander (stumpfer Winkel). Außerdem entstehen keine kongruenten „Abschnittfiguren".

197 Kopfübungen

1. Es handelt sich um einen stumpfen Winkel.
2. a) $\sqrt{8+\sqrt{2}} > 3$ b) $\sqrt{20} + \sqrt{5} > 5$
3. $-5 + (3 - 2x) = 4 \cdot (x - 1)$
 $\Leftrightarrow -5 + 3 - 2x = 4x - 4$
 $\Leftrightarrow 2 = 6x \Leftrightarrow x = \frac{1}{3}$
4. $-5, -4, -3$
5. Alle in der Klasse vorkommenden Augenfarben müssen gleich oft vertreten sein, das heißt, wenn jede Gruppe von Schülern, die die gleiche Augenfarbe haben, aus n Mitgliedern besteht, liegt die Wahrscheinlichkeit für eine Augenfarbe bei $\frac{1}{n}$.
6. Die Oberfläche des Zeltes ist das Doppelte der Summe eines Dreiecks und eines Rechtecks. Das Dreieck hat einen Flächeninhalt von $\frac{6\,m \cdot 4\,m}{2} = 12\,m^2$; der Flächeninhalt des Rechtecks beläuft sich auf $6\,m \cdot 5\,m = 30\,m^2$. Der Oberflächeninhalt des Zeltes beträgt also $84\,m^2$.
7. Es ist $a(x) = -1 \cdot x + 0$ linear, $b(x) = \frac{1}{4} \cdot x + 0$ linear, $c(x) = x^2 + 2 \cdot x + 1$ nicht linear und $d(x) = 2 \cdot x - 2$ linear.

198

16 *Pythagoreische Tripel finden*

a) $(n+1)^2 - n^2 = n^2 + 2n + 1 - n^2 = 2n + 1$

b)

2n + 1 (Quadratzahl)	n	n + 1	Pythagoreisches Tripel
$9 = 3^2$	4	5	(3, 4, 5)
$25 = 5^2$	12	13	(5, 12, 13)
$49 = 7^2$	24	25	(7, 24, 25)
$81 = 9^2$	40	41	(9, 40, 41)
$121 = 11^2$	60	61	(11, 60, 61)

17 *Veränderliche Dreiecke*

a) Dreieck (3, 4, 5) wird zu Dreieck (5, 6, 7); hierbei handelt es sich nicht um ein pythagoreisches Tripel, das neue Dreieck ist also nicht rechtwinklig.
Dreieck (5, 12, 13) wird zu Dreieck (7, 14, 15); hierbei handelt es sich ebenfalls nicht um ein pythagoreisches Tripel, das neue Dreieck ist also nicht rechtwinklig.
Wenn man die Seiten eines rechtwinkligen Dreiecks um die jeweils gleiche Länge vergrößert, ist das neue Dreieck nicht rechtwinklig.

b) $(a+d)^2 + (b+d)^2 = a^2 + 2ad + d^2 + b^2 + 2bd + d^2 = a^2 + b^2 + 2d(a+b) + 2d^2$
$= c^2 + 2cd + d^2 - 2cd + 2d(a+b) + d^2$ (wegen $a^2 + b^2 = c^2$)
$= (c+d)^2 - d(2a + 2b - 2c + d) \neq (c+d)^2$
Da der Satz des Pythagoras nicht erfüllt ist, ist das neue Dreieck nicht rechtwinklig.

c)

Grundtripel	Verdoppeln		Verdreifachen	
(3, 4, 5)	(6, 8, 10)	36 + 64 = 100	(9, 12, 15)	81 + 144 = 225
(5, 12, 13)	(10, 24, 26)	100 + 576 = 676	(15, 36, 39)	225 + 1296 = 1521
(8, 15, 17)	(16, 30, 34)	256 + 900 = 1156	(24, 45, 51)	576 + 2025 = 2601
(7, 24, 25)	(14, 48, 50)	196 + 2304 = 2500	(21, 72, 75)	441 + 5184 = 5625

Multipliziert man in einem rechtwinkligen Dreieck alle Seiten mit einem gemeinsamen Faktor, so bleibt es rechtwinklig, da sich der Faktor einfach herauskürzt:
$(n \cdot a)^2 + (n \cdot b)^2 = n^2 a^2 + n^2 a^2 + n^2 b^2 = (n \cdot c)^2 = n^2 c^2$

6.2 Begründen und Variieren des Satzes des Pythagoras

199 **1** *Ähnlichkeit und Pythagoras*

a) Die Dreiecke ABC, ADC und DCB sind ähnlich zueinander, denn ihre Innenwinkel sind gleich: Sei α der Winkel bei A, β der bei B, γ der bei C und sei $\gamma = \gamma_1 + \gamma_2$ mit γ_2 in DCB und γ_1 in ADC. Wegen der Winkelsumme im Dreieck ist $\alpha + \beta + \gamma = 180°$. Daraus folgt sofort $\alpha + \beta = 90°$ (1). In ADC gilt zudem $\alpha = 90° - \gamma_2$ (2) und in DBC $\beta = 90° - \gamma_1$ (3). Setzt man nun (2) in (1) ein, ergibt dies $\gamma_2 = \beta$ und (3) in (1) ergibt $\gamma_1 = \alpha$.

b)

	Hypotenuse	Kathete lang	Kathete kurz
ABC	c	b	a
AHC	b	p	h
HCB	a	h	q

c) Es ist $\frac{c}{b} = \frac{b}{p}$, $\frac{c}{b} = \frac{a}{h}$, $\frac{b}{p} = \frac{a}{h}$, $\frac{c}{a} = \frac{b}{h}$, $\frac{c}{a} = \frac{a}{q}$, $\frac{b}{h} = \frac{a}{q}$, $\frac{b}{a} = \frac{p}{h}$, $\frac{b}{a} = \frac{h}{q}$, $\frac{p}{h} = \frac{h}{q}$. Daraus folgt durch Umformen $b^2 = c \cdot p$ und $a^2 = c \cdot q$. Diese Gleichungen besagen geometrisch, dass das Kathetenquadrat gleich dem Produkt des anliegenden Hypotenusenabschnitts mit der Hypotenuse ist.

d) Wie unter c) angeführt, folgen die Kathetensätze direkt aus den Verhältnisgleichungen. Durch Addition dieser Sätze erhält man den Satz des Pythagoras, $a^2 + b^2 = c \cdot (p + q) = c^2$.

2 *Der Kathetensatz*

a)

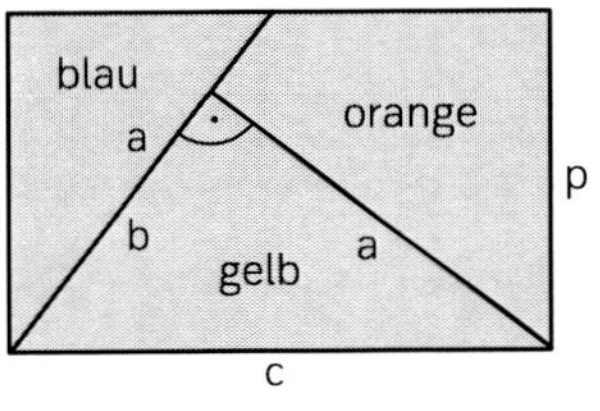

b) Im Folgenden bezeichne H den Fußpunkt der Höhe h.

Beweisschritt	Begründung
(1) $b^2 = q^2 + h^2$	Satz des Pythagoras im Dreieck AHC
(2) $a^2 = p^2 + h^2$	Satz des Pythagoras im Dreieck HCB
(3) $a^2 - b^2 = p^2 - q^2 = (p + q)(p - q)$	Subtrahiere (1) von (2) und wende dann 3. binomische Formel an.
(4) $a^2 + b^2 = c^2 = (p + q)^2$	Pythagoras im Dreieck ABC, Hypotenuse schreibt sich als Summe ihrer Abschnitte.
(5) $2a^2 = (p + q)(p - q) + (p + q)^2$ $= (p + q)[(p - q) + (p + q)]$ $= 2pc$ Also $a^2 = pc$.	Addiere (4) zu (3), klammere dann $(p + q)$ aus; es ist $q - q = 0$ in der eckigen Klammer und damit ergibt sich das Gewünschte.

c) Nur der Schritt (5) verläuft anders als in b): Subtrahiert man (3) von (4), ergibt sich mit einer analogen Argumentation $b^2 = q \cdot c$.

200 **3** *Pythagoras mit Halbkreisen*

$\frac{1}{2} \cdot \pi \left(\frac{c}{2}\right)^2 = \frac{1}{2} \cdot \pi \frac{c^2}{4} = \frac{1}{2} \cdot \pi \frac{a^2 + b^2}{4} = \frac{1}{2} \cdot \pi \frac{a^2}{4} + \frac{1}{2} \cdot \pi \frac{b^2}{4}$

Der Halbkreis über der Hypotenuse ist gleich der Summe der Halbkreise über den Katheten.

200 **4** *Gelenkpuzzle zum Beweis des Satzes von Pythagoras*
Schüleraktivität. Fallen sollten auf jeden Fall die Begriffe Hypotenuse, Kathete, Kathetenquadrat, Hypotenusenabschnitt ...

201 **5** *Spezialisieren (Hinzufügen einer Bedingung)*
In einem gleichschenkligen Dreieck mit Hypotenuse c sind die beiden Katheten a und b gleich lang, es gilt also $a = b$. Damit ist $a^2 + b^2 = 2a^2 = c^2$.

6 *Höhensatz*
Im Folgenden bezeichne H den Fußpunkt der Höhe h.

Beweisschritt	Begründung
(1) $a^2 = pc$	Kathetensatz für Kathete a
(2) $a^2 = h^2 + p^2$	Pythagoras im Dreieck CHB
(3) $pc = h^2 + p^2$	(1) = (2)
(4) $h^2 = pc - p^2$	Termumformung
(5) $h^2 = p(p + q) - p^2$	Setze von $c = p + q$ in (4)
(6) $h^2 = pq$	Ausmultiplizieren von (5)

Im rechtwinkligen Dreieck ist das Quadrat über der Hypotenusenhöhe flächengleich zu dem Rechteck aus den beiden durch die Höhe erzeugten Hypotenusenabschnitten.

202 **7** *Baskhara-Beweis (12. Jh.)*
Das große Quadrat hat einen Flächeninhalt von c^2. Dieser setzt sich zusammen aus dem Flächeninhalt von vier gleichen Dreiecken mit Hypotenuse c und Katheten a bzw. b und dem eines Quadrats mit Seitenlänge $(a - b)$. Es ist also
$c^2 = 4 \cdot \frac{1}{2} a \cdot b + (a - b)^2 = 2 \cdot a \cdot b + a^2 - 2 \cdot a \cdot b + b^2 = a^2 + b^2$.

8 *Garfield-Beweis*
Die beiden gelben Dreiecke sind kongruent. $\Rightarrow \overline{ED} = a$ und $\overline{BE} = b$
Flächeninhalt des Trapezes CADE: $A_T = \frac{1}{2}(a + b)(a + b) = \frac{1}{2}(a + b)^2$
Summe der Teilflächen: $A_S = 2 \cdot \left(\frac{1}{2} ab\right) + \frac{1}{2}c^2 = ab + \frac{1}{2}c^2$
$A_T = A_S \Rightarrow \frac{1}{2}(a + b)^2 = ab + \frac{1}{2}c^2 \Rightarrow a^2 + b^2 = c^2$

9 *Ein Beweis für die Umkehrung des Satzes des Pythagoras*
Angenommen, der Winkel bei C sei stumpf. Konstruiert man mit dem Thales-Kreis über der Grundseite c ein Dreieck ABC′ mit rechtem Winkel bei C′, welches ABC beinhaltet, so gilt $b' > b$ und $a' > a$.
Daher ist $a^2 + b^2 < (a')^2 + (b')^2 = c^2$
Das ist ein Widerspruch zur Voraussetzung, also kann der Winkel bei C kein stumpfer Winkel sein.

10 *Wurzelspirale*
a) Schüleraktivität.
b) An eine Strecke der Länge $\sqrt{n}$ wird wie in der Abbildung im Schülerband ein rechtwinkliges Dreieck konstruiert, so dass die beiden Katheten die Längen $\sqrt{n}$ bzw. 1 haben.
Für die Hypothenuse c gilt dann:
$c^2 = (\sqrt{n})^2 + 1^2 = n + 1$, also $c = \sqrt{n + 1}$
Diese Konstruktion kann für jedes beliebige $n \geq 1$ durchgeführt werden und führt jeweils von $\sqrt{n}$ zu $\sqrt{n + 1}$.

203 **11** *Der Beweis des Euklid zum Nachmachen*

Beweisschritt	Begründung
(1) $\gamma_1 + \gamma_2 = \gamma$	Hilfslinie teilt γ in γ_1 und γ_2
(2) $\overline{MA} = (MC)$	$\overline{MA}$, $\overline{MC}$ sind Radien des Kreises
(3) $\gamma_1 = \alpha$	Im gleichschenkligen Dreieck AMC sind die Basiswinkel gleich groß.
(4) $\overline{MB} = \overline{MC}$	$\overline{MB}$, $\overline{MC}$ sind Radien des Kreises.
(5) $\gamma_2 = \beta$	Im gleichschenkligen Dreieck MBC sind die Basiswinkel gleich groß.
(6) $\alpha + \beta + \gamma = 180°$	Winkelsumme im Dreieck ABC
(7) $\gamma_1 + \gamma_2 + \gamma = 180°$	Wegen (3), (5) und (6)
(8) $\gamma + \gamma = 180°$	Wegen (1)
(9) $2\gamma = 180°$	Division der Gleichung durch 2
(10) $\gamma = 90°$	„was zu beweisen war“

204 **12** *Kathetensatz*

a) (1) Nach Pythagoras gilt : $b^2 = h^2 + q^2$
(2) Ersetze h^2 durch $p \cdot q$ (Höhensatz)
(3) $b^2 = (p \cdot q) + q^2$
(4) $b^2 = q \cdot (q + p)$
(5) Ersetze $(q + p)$ durch c
(6) $b^2 = q \cdot c$

b) (1) Nach Pythagoras gilt: $a^2 = h^2 + p^2$
(2) Ersetze h^2 durch $p \cdot q$ (Höhensatz)
(3) $a^2 = (p \cdot q) + p^2$
(4) $a^2 = p \cdot (q + p)$
(5) Ersetze $(q + p)$ durch c
(6) $a^2 = p \cdot c$

13 *Pythagoras mit Rechtecken*

a) ■ Ein Rechteck mit den Seitenlängen x und 2x hat den Flächeninhalt $A = 2x^2$.
Am rechtwinkligen Dreieck gilt dann: $A_a + A_b = 2a^2 + 2b^2 = 2(a^2 + b^2) = 2c^2 = A_c$
Der „Satz des Pythagoras mit Rechtecken“ gilt in diesem Beispiel. Entsprechend kann man dies mit dem halben Flächeninhalt zeigen.

■ Ein Rechteck mit den Seitenlängen x und $(x \pm 2)$ hat den Flächeninhalt $A = x^2 \pm 2x$.
Am rechtwinkligen Dreieck gilt dann:
$A_a + A_b = a^2 \pm 2a + b^2 \pm 2b = (a^2 + b^2) \pm 2(a + b) = c^2 \pm 2(a + b) \neq A_c$
Der „Satz des Pythagoras mit Rechtecken“ gilt in diesem Beispiel nicht.

b) Pia hat recht. Die Summe der Flächeninhalte zweier Rechtecke über den Katheten eines rechtwinkligen Dreiecks ist gleich dem Flächeninhalt eines Rechtecks über der Hypotenuse, wenn die drei Rechtecke einander ähnlich sind.
Beweis:
Rechtecke sind zueinander ähnlich, wenn entsprechende Seitenlängen im gleichen Verhältnis stehen, wenn also für die Seitenlängen x und y gilt: $x : y = k$.
Der Flächeninhalt ist dann $A = \frac{1}{k} \cdot x^2$.
Am rechtwinkligen Dreieck gilt dann: $A_a + A_b = \frac{1}{k}a^2 + \frac{1}{k}b^2 = \frac{1}{k}(a^2 + b^2) = \frac{1}{k}c^2 = A_c$

204 **14** *Pythagoras mit Dreiecken*

Der Flächeninhalt A eines gleichseitigen Dreiecks mit Grundseite c und Höhe h beträgt $A = \frac{1}{2} \cdot h \cdot c$, wobei $h = \frac{\sqrt{3}}{2} \cdot c$ und damit $A = \frac{\sqrt{3}}{4} \cdot c^2$. Wie in Aufgabe 13 verändert sich der Satz des Pythagoras also nur um einen einheitlichen Faktor, der sich herauskürzen lässt. Dies gilt allgemein jedoch nur für Flächen, deren Inhalt lediglich von ihrer Grundseite (welche einer Dreiecksseite entspricht) abhängt. Bei gleichschenkligen Dreiecken ist dies nicht der Fall. Auch für die mit einem rechtwinkligen Dreieck an den Seiten, kann man keine solche Aussage treffen.

15 *Eine weitere Spirale*

a) $D = A + C = A + (A + B) = A + \big(A + (A + A)\big) = 4\,A$

b) Die im Schülerband abgebildete Konstruktion wird um einen Schritt fortgesetzt.

205 **16** *Der Satz des Pythagoras mit DGS*

a) Die Summe ist gleich der Fläche des großen Quadrats, wenn an C ein rechter Winkel ist. Die Summe ist kleiner, wenn dort ein stumpfer Winkel ist und größer, wenn dort ein spitzer Winkel ist.

b) Die Punkte liegen auf dem Thales-Kreis über AB.

17 *Die Möndchen des Hippokrates*

- In der ersten Figur entspricht die Fläche des Mondes der Summe der Flächeninhalte von Dreieck und Halbkreis mit Radius $r\frac{\sqrt{2}}{2}$ abzüglich der Fläche des Viertelkreises mit Radius r. Es ist also $A = \frac{1}{2}r^2 + \frac{\pi \cdot r^2}{4} - \frac{\pi \cdot r^2}{4} = \frac{1}{2}r^2$, was der Fläche des Dreiecks entspricht.
- In der zweiten Figur entspricht die Fläche der vier Monde zusammen der Summe von Quadratfläche und vier Halbkreisen mit jeweils Radius $\frac{a}{2}$ abzüglich der Fläche des Vollkreises mit Radius $\frac{\sqrt{2} \cdot a}{2}$, denn es ist $A = a^2 + \frac{4 \cdot 1}{2} \cdot \pi\left(\frac{a}{2}\right)^2 - \pi\left(\frac{\sqrt{2} \cdot a}{2}\right)^2 = a^2$.
- In der dritten Figur setzt sich die Fläche der beiden Monde zusammen aus der Summe von Dreiecksfläche und der des mittleren Kreises $\left(\text{Radius } \frac{b}{2}\right)$ und des kleinen Kreises $\left(\text{Radius } \frac{d}{2}\right)$ abzüglich der Fläche des großen Kreises $\left(\text{Radius } \frac{c}{2}\right)$. Damit ist $\frac{1}{2} \cdot b \cdot d + \frac{1}{2} \cdot \pi \cdot \left(\frac{b}{2}\right)^2 + \frac{1}{2} \cdot \pi \cdot \left(\frac{a}{2}\right)^2 - \frac{1}{2} \cdot \pi \cdot \left(\frac{a}{2}\right)^2 = \frac{1}{2} \cdot b \cdot d$, was dem Flächeninhalt des Dreiecks entspricht.

Kopfübungen

1. $\ldots = \sqrt[3]{7 \cdot 2 \cdot 2 \cdot 2} = \sqrt[3]{7 \cdot 8} = 2 \cdot \sqrt[3]{7}$
2. Ein Quadrat lässt sich bereits eindeutig konstruieren, wenn man die Länge einer Seite kennt.
3. Der Flächeninhalt des Ausgangsrechtecks beträgt $240\,m^2$. Dies soll dem Flächeninhalt des neues Rechtecks entsprechen, dessen eine Seite eine Länge von 16 m haben soll. Dies liefert $240\,m^2 = 16\,m \cdot x$ und damit $x = 15\,m$.
4. Volumen = Grundfläche · Höhe. Diese Formel gilt für das Volumen der Körper, deren Grundfläche mit der Höhe konstant bleibt.
5. Der Flächeninhalt des Rechtecks beträgt $8\,m^2$. Ein Quadrat gleichen Inhalts hat eine Seitenlänge von $\sqrt{8\,m^2} \approx 2{,}83\,m$, also etwa 3 m.
6. z. B. $-8, -\frac{15}{2}, -7, -\frac{13}{2}, -5$ mit Median -7
7. $y = 50x$

206 **18** *Der Beweis des Euklid zum Nachmachen*

(2) Die Höhe des Dreiecks ABE ist das Lot von B auf die Gerade AE und hat die gleiche Länge wie AC. ABE und ACE sind somit flächeninhaltsgleich.

(3) Die Drehung um A um 90° ist eine Kongruenzabbildung.

(4) Die Höhe von C auf die Gerade AF hat die gleiche Länge wie $\overline{AH}$.

207 **19** *Eine einfache Variation – ein schwieriges Problem*

a) $a = 3\,\text{cm},\ b = 4\,\text{cm} \Rightarrow c = \sqrt[3]{91}\,\text{cm} \approx 4{,}50\,\text{cm}$

$a = 5\,\text{cm},\ b = 12\,\text{cm} \Rightarrow c = \sqrt[3]{1853}\,\text{cm} \approx 12{,}28\,\text{cm}$

b) Hier kann man beliebige Werte für a und b wählen und wie in a) ein passendes c ausrechnen.

20 *Gibt es überhaupt ganzzahlige Lösungen für die Gleichung $a^3 + b^3 = c^3$?*

In dieser Aufgabe geht es darum, ein bisschen zu experimentieren und damit den historischen Weg anzudeuten, der zu der Vermutung geführt hat, dass die Gleichung keine ganzzahlige Lösung hat.
Ein weiteres Beispiel für ein „knappes Ergebnis“: $9^3 + 10^3 = 729 + 1000 = 1729 = 12^3 + 1$

6.3 Probleme lösen mit dem Satz des Pythagoras

208 **1** *Schon wieder zugeparkt?*

Die Frage, ob Frau Sauer zugeparkt ist oder nicht, entscheidet sich daran, ob das Auto der Diagonale nach in die Parklücke passt: Die Diagonale d berechnet sich zu
$d = \sqrt{(4{,}8\,\text{m})^2 + (1{,}8\,\text{m})^2} \approx 5{,}13\,\text{m}$.
Die Parklücke hat eine Breite von 5,4 m. Frau Sauer ist demnach nicht zugeparkt.

2 *Auf Umwegen zur Lösung*

a) Marion hat die Dreieckshöhe mithilfe des Satzes von Pythagoras berechnet, dann den zweiten Hypotenusenabschnitt mithilfe des Höhensatzes, danach die Länge x mithilfe des Satzes von Pythagoras.

b) (1) Pythagoras: $h = \sqrt{10^2 - 8^2}\,\text{cm} = 6\,\text{cm}$
Höhensatz: $6^2 = 8 \cdot x \Rightarrow x = 4{,}5\,\text{cm}$

(2) x ist Hypotenuse in einem rechtwinkligen Dreieck mit den Kathetenlängen 7 cm und 5 cm.
Satz des Pythagoras: $x = \sqrt{74}\,\text{cm} \approx 8{,}6\,\text{cm}$

210 **3** *Dachbalken*

a) Ohne Berücksichtigung des Überstandes bildet der Dachbalken die Hypotenuse des Dreiecks mit Kathetenlänge von 10 cm bzw. (6 – 3) cm. Die Gesamtlänge des Balkens ist also gegeben durch $\sqrt{(3\,\text{m})^2 + (10\,\text{m})^2} + 2 \cdot 0{,}5 \approx 11{,}44\,\text{m}$.

b) Die gegebene Höhe h des Daches entspricht der Höhe einer Pyramide mit rechteckiger Grundseite. Deren halbe Diagonale bildet zusammen mit h ein rechtwinkliges Dreieck, dessen Hypotenuse die gesuchte Länge eines Dachbalkens ohne Überstand ist. Ist die Diagonale bekannt, lässt sich also die Länge des gesuchten Balkens mit Pythagoras ermitteln. Die Diagonale der Grundseite hat eine Länge von $\sqrt{(9\,\text{m})^2 + (8\,\text{m})^2} \approx 12{,}04\,\text{m}$.
Damit hat der Dachbalken eine Länge von $\sqrt{(0{,}5 \cdot 12{,}04)^2 + (5\,\text{m})^2} + 0{,}5\,\text{m} \approx 8{,}33\,\text{m}$.

210 **4** *Zelterneuerung*

a) Die Zeltseiten bestehen aus gleichschenkligen Dreiecken der Höhe h. Ein passender Reißverschluss sollte mindestens so lang sein wie h. Es ist $h = \sqrt{(1\,m)^2 + (2\,m)^2} \approx 2{,}24\,m$. Folglich wäre der Kauf eines Reißverschlusses von 2,3 m Länge sinnvoll.

b) Die Oberfläche O des Zeltes setzt sich aus dem Inhalt von vier gleichschenkligen Dreiecken zusammen, von denen zwei eine Grundseite von 3 m und zwei eine von 2 m Länge haben. Die Höhe des Dreiecks mit Grundseite von 2 m ist bereits aus Teil a) bekannt. Analog berechnet sich auch die Höhe des Dreiecks mit Grundseite von 3 m. Es ist also $O = 2 \cdot 0{,}5 \cdot 3\,m \cdot \sqrt{5}\,m + 2 \cdot 0{,}5 \cdot 2\,m \cdot \sqrt{(1{,}5\,m)^2 + (2\,m)^2} \approx 11{,}71\,m^2$. Folglich werden also ungefähr 3 Dosen Imprägnierspray benötigt.

211 **5** *Gleichschenklige Trapeze*

a) $x = \sqrt{(0{,}5 \cdot (7\,cm - 4\,cm))^2 + (2\,cm)^2} = 2{,}5\,cm$

b) $x = \sqrt{(6 + 0{,}5 \cdot (8 - 6))^2\,cm^2 + (4\,cm)^2} \approx 8{,}06\,cm$

6 *Einbeschriebenes Quadrat*

Der Radius des Kreises entspricht der Hälfte der Diagonalen des Quadrats mit Seitenlänge s. Zwei benachbarte Winkelhalbierende bilden im Quadrat zusammen mit s ein rechtwinkliges Dreieck mit Hypotenuse s.

Damit ergibt sich $s = \sqrt{(6\,cm)^2 + (6\,cm)^2} \approx 8{,}49\,cm$.

7 *Tangram*

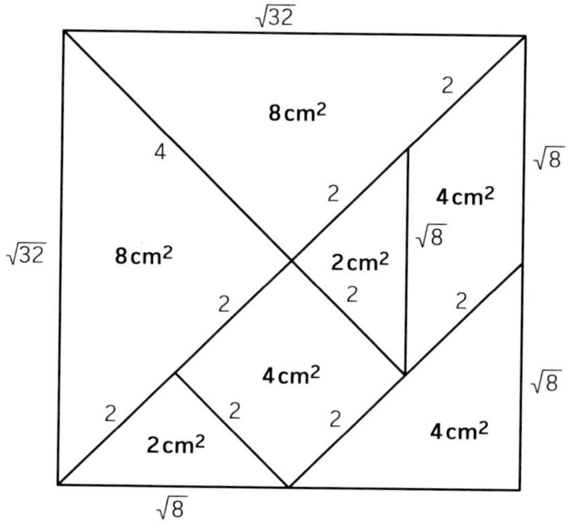

Alle Seitenlängen sind in cm angegeben.

8 *Aus einem amerikanischen Schulbuch I*

Sally fährt mit ihrem Motorrad ein rechtwinkliges Dreieck ab, dessen Hypotenuse c zu ermitteln ist. Die Länge der Katheten a und b ist gegeben durch $a = 60\frac{km}{h} \cdot 2\,h = 120\,km$ bzw. $b = 45\frac{km}{h} \cdot 2\,h = 90\,km$. Damit ergibt sich $c = \sqrt{(120\,km)^2 + (90\,km)^2} = 150\,km$. Die gesamte zu fahrende Strecke beläuft sich also auf 360 km. Folglich wird Sally mit ihrer Tankfüllung das Ziel nur bis auf einen Radius von 10 km erreichen. Durch langsameres Fahren könnte sie ihren Spritverbrauch von vornherein so geschickt reduzieren, dass sie die gesamte Strecke bewältigen kann.

211 **9** *Aus einem amerikanischen Schulbuch II*

Verbindet man die Enden jeweils benachbarter Propellerblätter, erhält man ein Quadrat, dessen Diagonalen gerade die Propellerblätter sind. Laut Aufgabe hat das Quadrat eine Seitenlänge von 36 Fuß. Bezeichnet man die halbe Diagonale des Quadrats mit x, so gilt $2 \cdot x^2 = (36\,\text{ft})^2$ und damit $x \approx 25{,}464\,\text{ft}$.
Dies entspricht einer Länge von $2 \cdot x \approx 15{,}52\,\text{m}$ pro Propellerblatt.

212 **10** *Wie funktioniert das Echolot?*

Mit einer Geschwindigkeit von $1510\,\frac{\text{m}}{\text{s}}$ legt der Schall in 0,5 s eine Distanz von 755 m zurück. Laut Skizze im Buch gilt damit $x = \sqrt{\left(\frac{755}{2}\,\text{m}\right)^2 - \left(\frac{18}{2}\,\text{m}\right)^2} \approx 377{,}39\,\text{m}$.

11 *Straßensteigungen*

a) Es ist $\frac{h}{a} = \frac{9}{100}$. Außerdem gilt $a^2 + h^2 = (7\,\text{km})^2$. Teilt man beide Seiten der Gleichung durch a^2, erhält man $1 + \frac{9}{100} = \frac{49\,\text{km}^2}{a^2}$ und somit $a \approx 6{,}70\,\text{km}$.
Dies liefert sofort $h \approx 2{,}03\,\text{km}$.

b) Es ist $\frac{6}{100} = \frac{h}{a} = \frac{h}{12\,\text{km}}$, also $h = 0{,}72\,\text{km}$.
Die Länge der Strecke beträgt also $\sqrt{(12\,\text{km})^2 + (0{,}72\,\text{km})^2} \approx 12{,}02\,\text{km}$.

12 *Behindertenrampen*

a) Die Horizontale a hat eine Länge von $a = \sqrt{(600\,\text{cm})^2 - (62\,\text{cm})^2} \approx 596{,}79\,\text{cm}$. Damit beträgt die Steigung der Rampe $\frac{62\,\text{cm}}{596{,}79\,\text{cm}} \approx 0{,}1 = 10\,\%$, was nicht den Vorgaben entspricht.

b) Es ist $0{,}06 = \frac{h}{a} = \frac{1{,}2\,\text{m}}{a}$, also $a = 20\,\text{m}$. Damit ergibt sich die Länge l der Rampe:
$l = \sqrt{a^2 + h^2} = \sqrt{(20\,\text{m})^2 + (1{,}2\,\text{m})^2} \approx 20{,}04\,\text{m}$.

c) Wegen Pythagoras gilt $a^2 + h^2 = l^2$ und weiter $1 + \frac{h^2}{a^2} = \frac{l^2}{a^2}$.
Setzt man in diese Gleichung die Steigung $\frac{h}{a} = 0{,}06$ und außerdem $a = \frac{h}{0{,}06}$ ein, erhält man $l^2 = 1{,}0036 \cdot a^2 = \frac{1{,}0036 \cdot h^2}{0{,}06^2}$. Somit lautet die allgemeine Formel für die Mindestlänge l der Rampe in Abhängigkeit von der Höhe h: $l(h) \approx \sqrt{278{,}78 \cdot h}$.

d) Schüleraktivität.

13 *Der Weg nach Simonskall*

a)

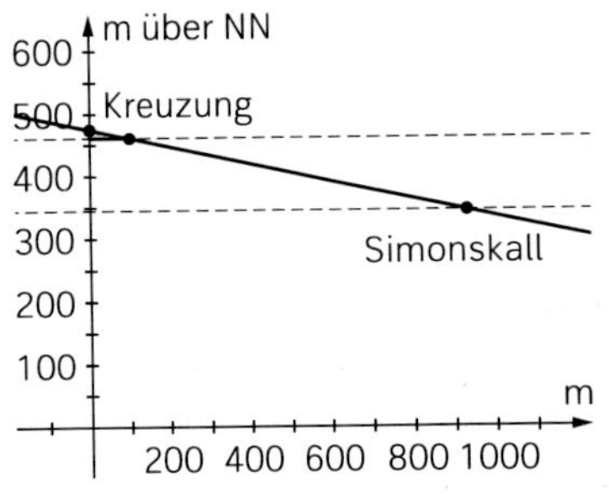

b) Der überwundene Höhenunterschied ist $h = 130\,\text{m}$.
Für die Steigung gilt: $-0{,}14 = \frac{h}{a} = \frac{130\,\text{m}}{a}$, also ist $a = 928{,}6\,\text{m}$.
Also hätte die Straße eine Länge $l = \sqrt{a^2 + h^2} = 937{,}66\,\text{m}$.

c) In Wirklichkeit ist die Strecke sehr viel länger. Die Angabe des Gefälles bezieht sich also nicht auf die ganze Strecke, sondern gibt das maximale Gefälle auf einem Teilstück der Straße an.

212 **14** *Die große Olympiasprungschanze in Garmisch-Partenkirchen*

Hier ist nur eine zeichnerische Lösung möglich:
Nach Konstruktion und einer anschließenden Messung ergibt sich eine Turmhöhe von mindestens 59,4 m.

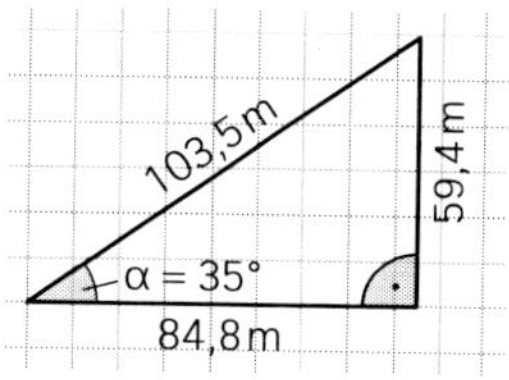

213 **15** *Aus einer Wanderkarte*

Zwischen zwei Höhenlinien liegt ein Höhenunterschied von 50 m. Der blau gezeichnete Weg schneidet 11 Höhenlinien; er überwindet also einen Höhenunterschied von rund 550 m. Seine Länge in der Zeichnung ist etwa 40 mm, das sind in Wirklichkeit 1200 m (horizontale Entfernung zwischen Anfangs- und Endpunkt).
Durchschnittliche Steigung: etwa 46 %
Tatsächliche Weglänge: etwa 1320 m

16 *Kantenmodelle*

Bei einer quadratischen Grundfläche von 49 cm² hat jede Pyramide eine Grundseite von 7 cm. Die Diagonale d der Grundfläche berechnet sich zu $d = \sqrt{2 \cdot (7\,\text{cm})^2} \approx 9{,}90\,\text{cm}$.
Mit der Höhe h der Pyramide bildet die Hälfte dieser Diagonalen nun ein rechtwinkliges Dreieck, dessen Hypotenuse gerade eine Schrägkante k der Pyramide ist, und es gilt folglich $k = \sqrt{\left(\frac{d}{2}\right)^2 + h^2} \approx \sqrt{(4{,}95\,\text{cm})^2 + h^2}$. Unter Berücksichtigung des Umfangs der quadratischen Grundfläche von $4 \cdot 7\,\text{cm} = 28\,\text{cm}$ ergibt sich die benötigte Gesamtlänge l des Drahtes mit der allgemeinen Formel $l(h) = 28\,\text{cm} + 4 \cdot \sqrt{(4{,}95\,\text{cm})^2 + h^2}$. Man findet also $l(4\,\text{cm}) \approx 53{,}46\,\text{cm}$ sowie $l(20\,\text{cm}) \approx 110{,}41\,\text{cm}$.

17 *Holzarbeiten*

Da der hergestellte Balken eine mit seiner Länge konstante quadratische Querschnittsfläche haben soll, ist der kleinste Durchmesser des Baumstammes entscheidend. Die Seitenlänge s der Querschnittsfläche ergibt sich zu $s = \sqrt{2 \cdot \left(\frac{52}{2}\right)^2 \text{cm}^2} \approx 36{,}77\,\text{cm}$. Das Volumen B des gefertigten Balkens beträgt demnach $V_B = (36{,}77\,\text{cm})^2 \cdot 1100\,\text{cm} = 1{,}49\ \text{m}^3$.
Der Baumstamm ist, geometrisch gesehen, ein Kegelstumpf.
Sein Volumen ist:

$V_K = \frac{\pi}{3} h \left(r_2^2 + r_2 r_1 + r_1^2\right) = \frac{\pi}{3} \cdot 1100 \cdot (30^2 + 30 \cdot 26 + 26^2) = 2{,}714 \cdot 10^6\ \text{cm}^3 = 2{,}7\ \text{m}^3$

Damit beträgt das Brennholzvolumen $V_B - V_K = 1{,}21\ \text{cm}^3$.

18 *Ballonfahrt*

a)

Höhe in km	Sichtweite in km
Augenhöhe 0,0016	4,51
Burgturm 0,03	19,55
Fernsehturm 0,370	68,66
Ballon 0,12	39,1
Flugzeug 3,5	211,16
Satellit GEO 35 700	21 326,46

213 **18** b) $s^2 + 6370^2 = (h + 6370)^2$

Durch Umformung erhält man die exakte Formel.

h^2 ist gegenüber 12 740 h so klein, dass es vernachlässigt werden kann. Selbst bei z. B. einer Höhe von 36 km weicht die Faustformel (≈ 677,23 km, exakt: 678,19 km) um weniger als 1 km (rund 0,14 %) ab.

c) Der Junge geht in seiner Behauptung davon aus, dass die Sichtweite eine mit der Höhe lineare Größe ist. Laut b) ist dies nicht der Fall und seine Aussage ist demnach falsch.

214 **19** *Telefonkabel*

Das Kabel misst verlegt wie in der Abbildung $(52 + 105 + 60)\,m = 217\,m$.
Legt man es direkt von A nach D, so ist dafür eine Distanz von $\sqrt{(52\,m)^2 + (165\,m)^2} = 173\,m$ zu überwinden. Dies spart 44 m Kabel ein.

20 *Straßenbau*

a) Für die rote Strecke ergibt sich eine Länge von $\sqrt{(5\,km)^2 + (3\,km)^2} + \sqrt{(6\,km)^2 + (8\,km)^2} \approx 15{,}83\,km$, für die schwarze Strecke eine Länge von $\sqrt{(7\,km)^2 + (5\,km)^2} + \sqrt{(6\,km)^2 + (4\,km)^2} \approx 15{,}81\,km$. Auf der roten Strecke würde man demnach gegenüber der schwarzen Strecke einen vernachlässigbar kleinen Umweg fahren.

b) Die kürzeste Verbindung wäre die Strecke direkt von A nach B; diese hätte eine Länge von $\sqrt{(5\,km + 6\,km)^2 + (11\,km)^2} \approx 15{,}56\,km$

21 *Berechnungen von Größen in geometrischen Figuren*

a) $h = \sqrt{4^2 - 2^2 \approx 3{,}46}$

b) U hat einen Umfang von $U = \sqrt{5^2 + 1{,}5^2} + \sqrt{3^2 + 2{,}5^2} + \sqrt{2{,}5^2 + 1{,}5^2} = 12{,}041$.

c) $s - \sqrt{2^2 + 5^2} \approx 5{,}39$, $e = \sqrt{8^2 + 5^2} \approx 9{,}43$.

d) Die Diagonale l der quadratischen Grundfläche ist gegeben durch $l = \sqrt{3^2 + 3^2} \approx 4{,}24$.
Damit ist $d = \sqrt{l^2 + 3^2} \approx 5{,}20$.

e) Die Diagonale d der quadratischen Grundfläche ist gegeben durch $d = \sqrt{4^2 + 4^2}$.
Damit ist $s = \sqrt{\left(\frac{d}{2}\right)^2 + 3^2} \approx 4{,}12$ und $h' = \sqrt{s^2 - 2^2} \approx 3{,}61$.

f) Das einbeschriebene gleichmäßige Sechseck hat eine Seitenlänge s von $s = \sqrt{2{,}5^2 + 2{,}5^2} \approx 3{,}54$, sein Umfang beträgt demnach ungefähr 21,21 LE.

Kopfübungen

1. −0,025
2. ... vier gleich langen Seiten.
3. $(m + 1) \cdot (m - 1) = m^2 - 1 = 9999$, also $m - 100$ oder $m = -100$.
4. Die verbleibende weiße Fläche K entspricht der zwei gleich großer Kreise mit einem Radius von 1 mm und hat eine Größe von $2 \cdot \pi \cdot (1\,mm)^2 \approx 6{,}28\,mm^2$. Die gesamte Rechteckfläche hat einen Inhalt von $8\,mm^2$. Die Größe der gesuchten Fläche beträgt demnach ungefähr $1{,}72\,mm^2$.
5. $\frac{4}{7} = \frac{8}{14}$ und $\frac{5}{7} = \frac{10}{14}$; dazwischen liegt also $\frac{9}{14}$.
6. Per Baumdiagramm sieht man, dass die Wahrscheinlichkeit, mindestens ein Fleischgericht zu bekommen, bei $\frac{1}{3}$ liegt.
7. Mit der Funktionsgleichung $y(x) = -2x - 1$ ergeben sich folgende Werte:

x	−2	−1	0	1	2
y	5	3	−1	−3	−5

215 **22** *Dreidimensionale Koordinatensysteme*

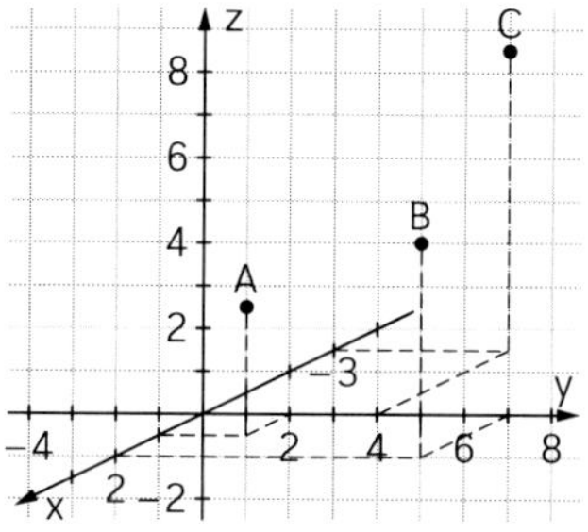

23 *Abstand zum Ursprung*

a) Zunächst berechnet man die grüne Strecke mit Pythagoras angewandt auf das rot ausgefüllte Dreieck durch $\sqrt{x_1^2 + y_1^2}$. Damit berechnet man dann die blaue Strecke, also den Abstand, mit Pythagoras angewandt auf das blau ausgefüllte Dreieck:

$d = \sqrt{\sqrt{x_1^2 + y_1^2}^2 + z_1^2} = \sqrt{x_1^2 + y_1^2 + z_1^2}$.

b) Mit $A = (1|2|3)$, $B = (2|7|5)$, $C = (-3|4|7)$ findet man $d_A = \sqrt{1^2 + 2^2 + 3^2} = 3{,}74$, $d_B = \sqrt{2^2 + 7^2 + 5^2} = 8{,}83$, $d_C = \sqrt{(-3)^2 + 4^2 + 7^2} = 8{,}6$.
Punkt C ist also am weitesten vom Ursprung entfernt.

c) $d = \sqrt{3^2 + 4^2 + 5^2} = 7{,}07$

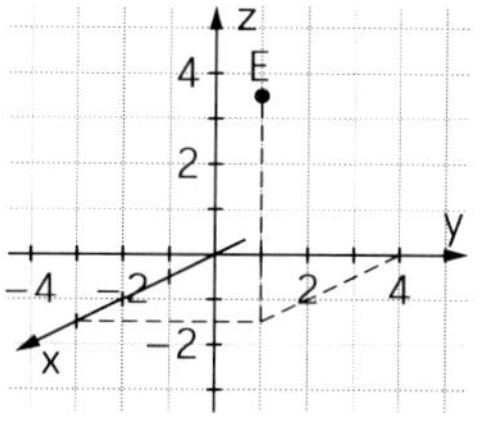

24 *Abstand zwischen Punkten*

a) Den Abstand d zweier Punkte $P(x_1, y_1, z_1)$ und $Q(x_2, y_2, z_2)$ im dreidimensionalen Raum bestimmt man mit der gleichen Argumentation wie in Aufgabe 23a) über

$d = \sqrt{(x_2 - x_1)^2 + (y_2 - y_1)^2 + (z_2 - z_1)^2}$.

b) $\overline{AB} = \sqrt{(2-1)^2 + (7-2)^2 + (5-3)^2} \approx 5{,}48$

$\overline{AC} = \sqrt{(-3-1)^2 + (4-2)^2 + (7-3)^2} = 6$

$\overline{BC} = \sqrt{(2-(-3))^2 + (7-4)^2 + (5-7)^2} \approx 6{,}16$

c) Es ist $\overline{AB} = \overline{BC} = \overline{CD} = \overline{DA} = \sqrt{36} = 6$.
Außerdem gilt für die Länge der Diagonalen d der quadratischen Grundfläche

$d = \sqrt{(3-(-3))^2 + (-3-3)^2 + (0)^2} \approx 8{,}49\,\text{cm}$.

Die Höhe der Pyramide beträgt 5 LE, wie sofort ersichtlich ist. Damit beträgt die Kantenlänge

$s = \sqrt{\left(\frac{d}{2}\right)^2 + (5\,\text{cm})^2} \approx 36{,}35\,\text{cm}$.

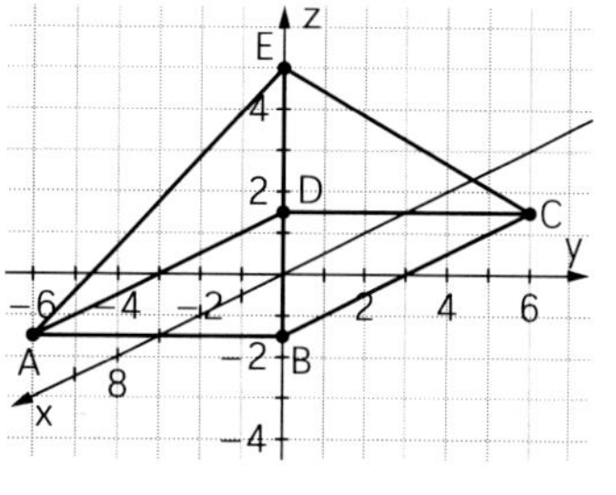

215 **25** *Positionen von Flugzeugen*

Der Abstand der beiden gegebenen Punkte beträgt

$\sqrt{(17-24)^2\,\text{km}^2 + (14-17)^2\,\text{km}^2 + (8-9)^2\,\text{km}^2} \approx 7{,}68\,\text{km}$.

Das Flugzeug fliegt demnach mit einer Geschwindigkeit von $\frac{7{,}68\,\text{km}}{0{,}017\,\text{h}} \approx 451{,}76\,\frac{\text{km}}{\text{h}}$.

216 **26** *„Fliegen oder Laufen"*

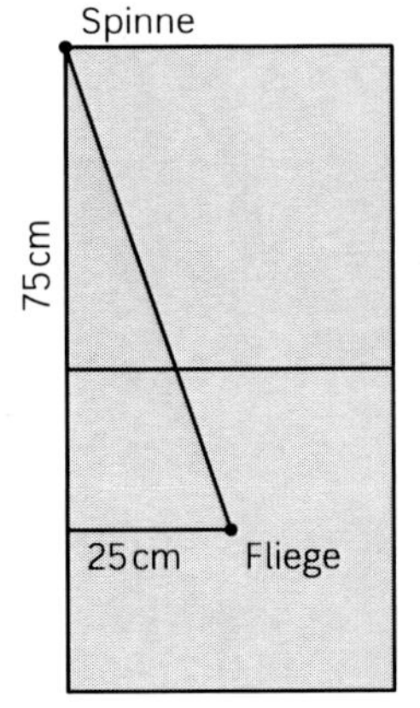

Zunächst berechnet man den rot gepunkteten Weg. Dabei geht man davon aus, dass die Fliege genau in der Mitte der Vorderseite sitzt. Bis zur linken oberen Ecke krabbelt die Fliege also die Hälfte der Diagonale des vorderen Quadrats

$\frac{1}{2} \cdot \sqrt{50^2 + 50^2}\,\text{cm} = 35{,}36\,\text{cm}$.

Insgesamt ist dieser Weg dann $50\,\text{cm} + 35{,}36\,\text{cm} = 85{,}36\,\text{cm}$ lang.
Die Flugbahn kann man dann als Hypotenuse des Dreiecks, das als Katheten die beiden Abschnitte des rot gepunkteten Wegs hat, ansehen. Also rechnet man mit dem Satz des Pythagoras:

$\sqrt{50^2 + 35{,}36^2}\,\text{cm} = 61{,}24\,\text{cm}$.

Den kürzesten Krabbelweg erhält man, indem man das Würfelnetz aufzeichnet (in nebenstehender Zeichnung sind nur die beiden relevanten Seiten des Netzes aufgezeichnet). Dann ist die kürzeste Strecke zwischen der Fliege und der Spinne die Hypotenuse eines Dreiecks mit den Katheten 25 cm und 75 cm.
Man berechnet: $\sqrt{75^2 + 25^2}\,\text{cm} = 79{,}06\,\text{cm}$.

27 *„Abkürzung"*

a) Ein Spaziergänger startet ausgehend vom Punkt unten links. Wählt er dann die Abkürzung A_1B_1, spart er am meisten Wegstrecke ein, denn verglichen mit den anderen möglichen Schrägwegen geht er den kleinsten Teil der Gesamtstrecke auf dem vorgegebenen Parkweg.

b) Die Strecke $\overline{A_1K}$ ist 14 m lang. Nimmt der Spaziergänger den offiziellen Weg, so geht er zwischen A_1 und B_1 $14\,\text{m} + 14\,\text{m} = 28\,\text{m}$.
Die einzelnen Abkürzungen ergeben folgende Längen: $\overline{A_1B_1} = \sqrt{14^2 + 14^2}\,\text{m} = 19{,}8\,\text{m}$,
prozentuale Ersparnis: $\frac{28 - 19{,}8}{28} \approx 0{,}293 = 29{,}3\,\%$
$4\,\text{m} + \overline{A_2B_1} = 4\,\text{m} + \sqrt{10^2 + 14^2}\,\text{m} = 21{,}2\,\text{m}$
prozentuale Ersparnis: $\frac{28 - 21{,}2}{28} \approx 0{,}243 = 24{,}3\,\%$
$4\,\text{m} + \overline{A_2B_2} + 4\,\text{m} = 8\,\text{m} + \sqrt{10^2 + 10^2}\,\text{m} = 22{,}1\,\text{m}$,
prozentuale Ersparnis: $\frac{28 - 22{,}1}{28} \approx 0{,}211 = 21{,}1\,\%$
$4\,\text{m} + \overline{A_2B_3} + 10\,\text{m} = 14\,\text{m} + \sqrt{10^2 + 4^2}\,\text{m} = 24{,}8\,\text{m}$,
prozentuale Ersparnis: $\frac{28 - 24{,}8}{28} \approx 0{,}114 = 11{,}4\,\%$
Die Vermutung aus a) lässt sich also rechnerisch bestätigen.

28 *Spitzbogen*

a) Die Gleichung erhält man mithilfe des Satzes von Pythagoras aus dem eingezeichneten Dreieck; dieses Dreieck ist rechtwinklig, da die Strecke von C auf $\overline{AB}$ die Mittelsenkrechte von $\overline{AB}$ ist.
$\Rightarrow r = \frac{3}{8}a$

b)

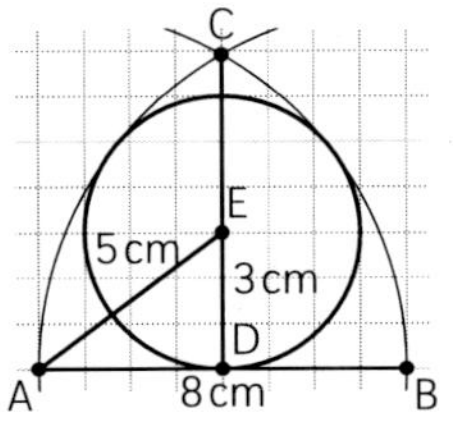

Kapitel 7 Statistik und Wahrscheinlichkeitsrechnung

Didaktische Hinweise

Baumdiagramme sind ein wichtiges Hilfsmittel bei mehrstufigen Zufallsversuchen. Im Abschnitt **7.1** *Zufallsversuche und Baumdiagramme* erweitern sie zusammen mit den Pfadregeln die Kompetenzen bei der Berechnung von Wahrscheinlichkeiten. Die Pfadregeln sind dabei eigentlich nicht neu. im Rahmen der Prozentrechnung wurden sie zumindest implizit verwendet.
Um die angesprochenen Situationen übersichtlich zu halten, werden häufig Glücksräder verwendet. Glücksräder sind einfach zu basteln (siehe Seite 228). So können zum einen zunächst Erfahrungen im Spiel gemacht werden (Schätzen der Gewinnwahrscheinlichkeit), die dann theoretisch abgesichert werden. Zum anderen kann nach dem Rechnen (theoretische Wahrscheinlichkeiten) auch eine empirische Überprüfung der Ergebnisse erfolgen. Trotz der durch die Baumdiagramme ermöglichte Chance, die Binomialverteilung zu behandeln, wird auf diese Möglichkeit verzichtet.
Abgerundet wird der Lernabschnitt durch die Anwendung der Wahrscheinlichkeitsrechnung im Sport (2. grüne Ebene). An den Aufgaben wird deutlich, was die Wahrscheinlichkeitsrechnung beim Modellieren leisten kann und wo die Grenzen liegen.

Im Lernabschnitt **7.2** *Vierfeldertafeln* steht im Zentrum die in der Realität häufig auftretende Situation, dass bei einer statistischen Erhebung zwei verschiedene Merkmale (z. B. Geschlecht, spielt Musikinstrument) mit je zwei verschiedenen Ausprägungen (weiblich/männlich bzw. spielt ein/spielt kein Musikinstrument) beobachtet und protokolliert werden. Die erhobenen Daten kann man mit einer Vierfeldertafel bzw. einem Baumdiagramm darstellen. An verschiedenen Beispielen werden typische Fragestellungen erörtert, wie z. B. die nach dem statistischen Zusammenhang zweier Merkmale. Erfahrungen, die an einem Beispiel gemacht werden, können auf ähnlich gelagerte Probleme übertragen werden. Dabei erweist sich das Arbeiten mit absoluten Zahlen und Vierfeldertafeln als besonders hilfreich. Nicht versäumen sollte man dabei die Diskussion der in dem Exkurs aufgeworfenen Fragen, die sich an einem Beispiel aus der Medizin entzünden. An eine Systematisierung der in diesem Lernabschnitt implizit auftretenden Fragen rund um „bedingte Wahrscheinlichkeiten“ ist nicht gedacht, ebenso wenig an ein Eingehen auf die Bayes'sche Regel.

Der Lernabschnitt **7.3** *Daten darstellen und kritisch analysieren* baut auf dem Statistikkapitel in Band 8 auf, wobei nun das Schwergewicht auf dem Erkennen von unbewusst oder bewusst fehlerhaften und irreführenden Darstellungen liegt. Die Kompetenz zum Lesen von Diagrammen kann zum Kern der Allgemeinbildung gezählt werden. Das Basiswissen fasst Methoden zur Erzeugung irreführender grafischer Darstellungen zusammen. Diese Kenntnisse ermöglichen es in den anschließenden vertiefenden Übungen entsprechende Darstellungen, die Fehlinterpretationen nahelegen, kritisch zu analysieren. Einen gewissen Höhepunkt bildet die Aufgabe 14 „Diagramme auf dem Prüfstand“, in der anhand einer Checkliste die Kompetenzen zur Interpretation von Diagrammen und Bildern vertieft wird. Die Verfügbarkeit dieser Kompetenzen können die Schülerinnen und Schüler in einem Quiz schließlich selbst überprüfen (Aufgabe 19).

Lösungen

7.1 Zufallsversuche und Baumdiagramme

224 **1** *„Höhere Augenzahl gewinnt“*

a) Schüleraktivität.

b) Schüleraktivität.

c)

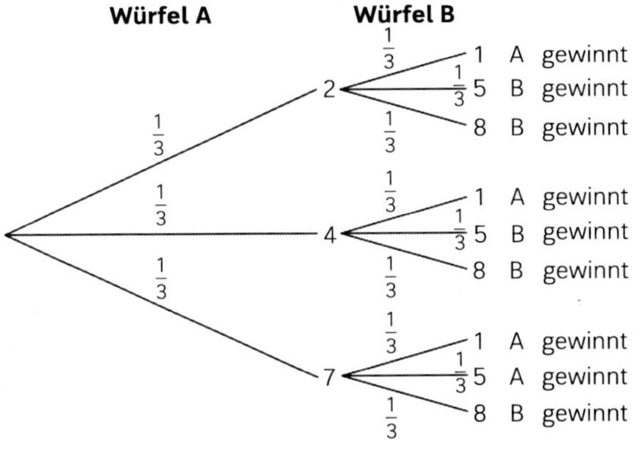

d) A gewinnt mit einer Wahrscheinlichkeit von $4 \cdot \frac{1}{9} = \frac{4}{9}$. Die Wahrscheinlichkeit mit Würfel B zu gewinnen ist höher.

225 **2** *Ampeln sind meistens rot*

a) $120 + 80 = 200$, $\frac{80}{200} = 0{,}4$

b) Zweimal Rot entspricht dem untersten Pfad. Die Zahlen an den „Zweigen“ entsprechen den Wahrscheinlichkeiten.

c) Die Zahlen entsprechen den absoluten Häufigkeiten.

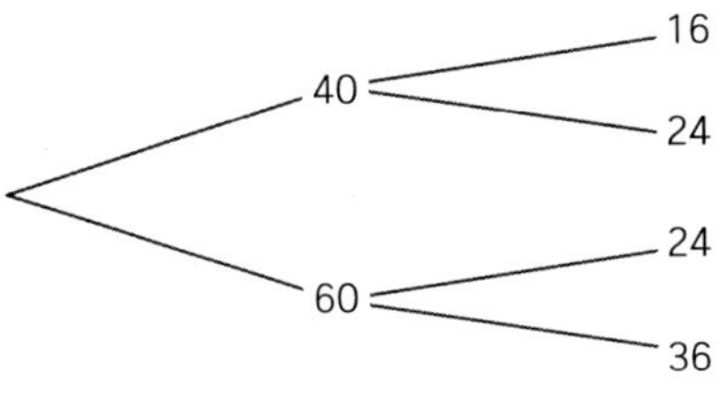

d) Die Wahrscheinlichkeit für eine „Grüne Welle“ beträgt 0,16.

227 **3** *Doppeltes Glück*

Die Wahrscheinlichkeit zwei Asse zu ziehen beträgt: $\frac{4}{32} \cdot \frac{3}{31} = \frac{3}{248}$

227 **4** *Spiel mit der Urne*

a) $p(RR) = \frac{9}{25}$ und $p(\text{genau einmal Rot}) = \frac{12}{25}$ bzw. $p(\text{mindestens einmal Rot}) = \frac{21}{25}$

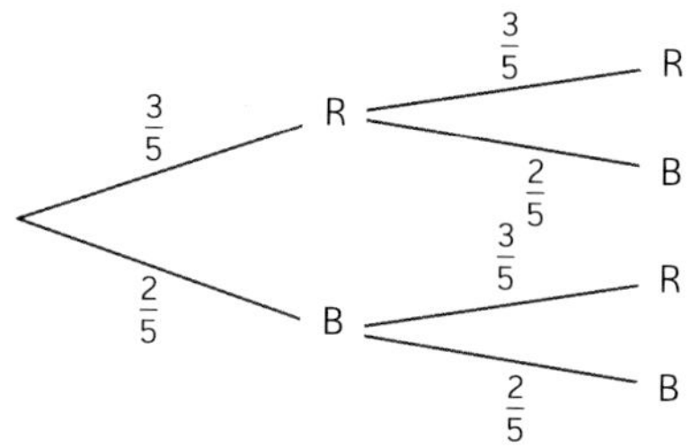

b) $p(RR) = \frac{3}{10}$ und $p(\text{genau einmal Rot}) = \frac{6}{10}$ bzw. $p(\text{mindestens einmal Rot}) = \frac{9}{10}$

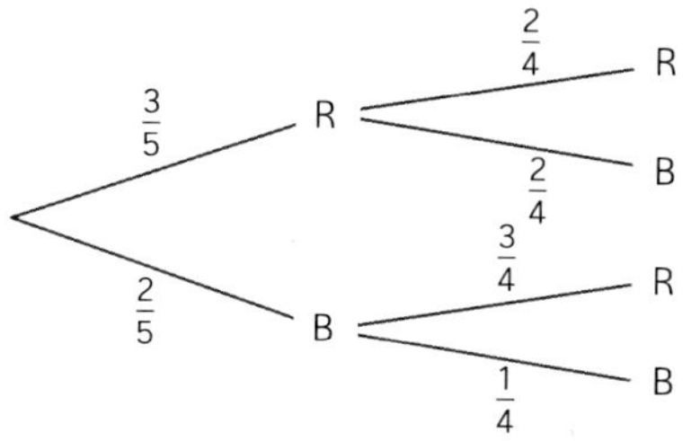

5 *Irrgarten*

a) (1) Raum A und Raum B sind gleichwahrscheinlich
(2) Raum B ist wahrscheinlicher

b) (1) 1. $p(A) = \frac{1}{4} \cdot \frac{1}{2} + \frac{1}{4} + \frac{\frac{1}{4} \cdot 1}{2} = \frac{1}{2}$ 2. $p(A) = \frac{100}{200} = \frac{1}{2}$

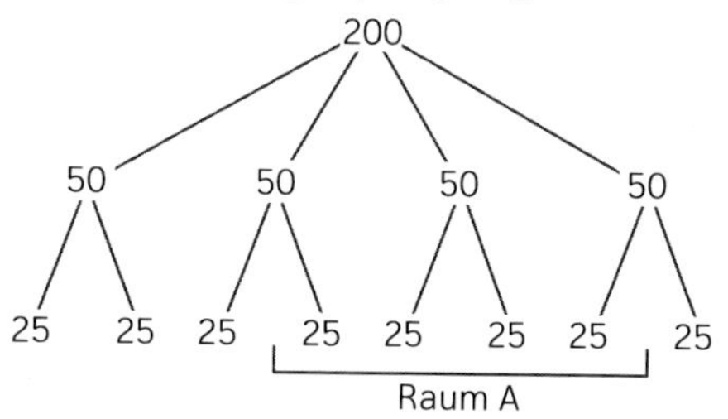

(2) 1. $p(A) = \frac{1}{2} \cdot \frac{1}{2} \cdot \frac{1}{2} + \frac{1}{2} \cdot \frac{1}{2} \cdot \frac{2}{3} = \frac{7}{24}$ 2. $p(A) = \frac{175}{600} = \frac{7}{24}$

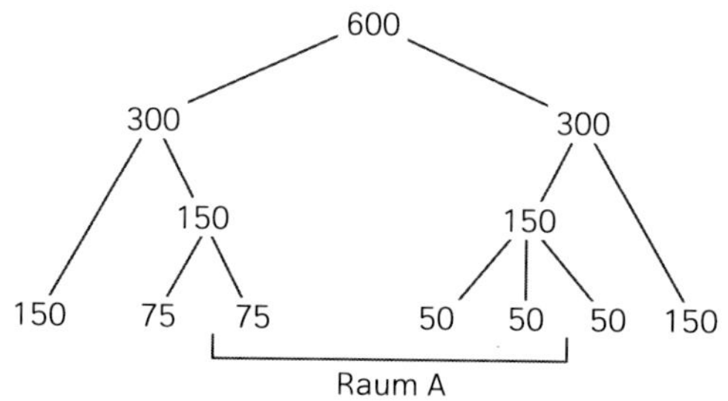

228 **6** *Marktforschung*

a) 0,60 b) 0,58

228 Projekt

a) Schüleraktivität.

b) Schüleraktivität.

c) $p(\text{A gewinnt}) = \frac{4}{9}$

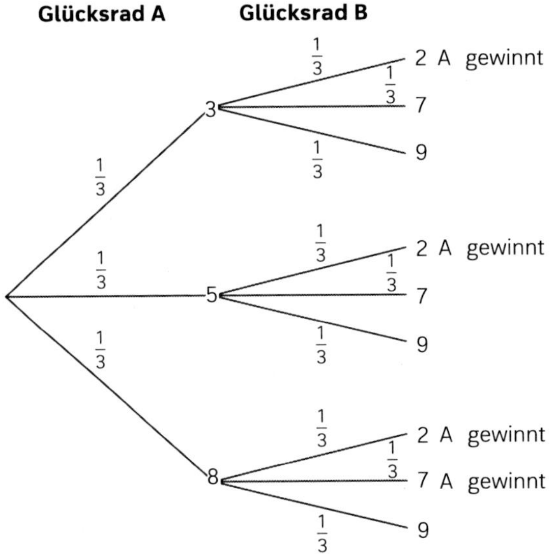

d) Schüleraktivität.

229

7 *Wer gewinnt?*

a) (1) X gegen Y

$p(X) = 4 \cdot \frac{1}{2} \cdot \frac{1}{4} = \frac{1}{2}$

X gewinnt mit einer Wahrscheinlichkeit von 50 % gegen Y.

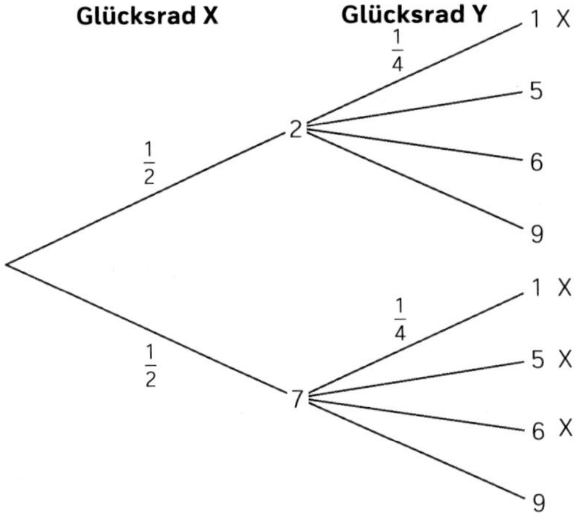

229 **7** a) (2) X gegen Z

$p(X) = 4 \cdot \frac{1}{2} \cdot \frac{1}{5} = \frac{4}{10}$

X gewinnt mit einer Wahrscheinlichkeit von 40 % gegen Z.

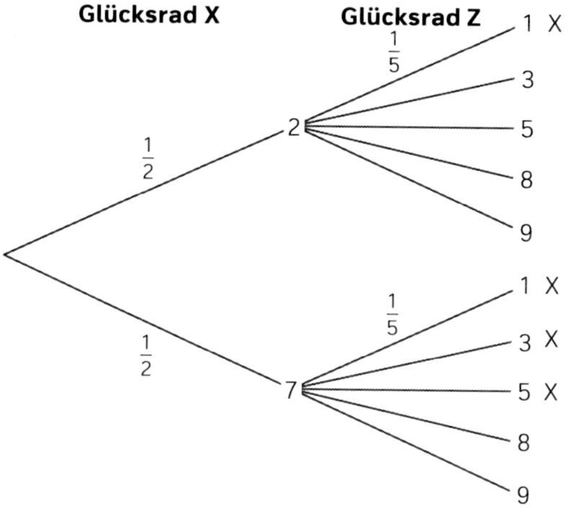

b) $p(\text{X gewinnt gegen Y}) = \frac{4}{8} = \frac{1}{2}$; $p(\text{X gewinnt gegen Z}) = \frac{4}{10} = \frac{2}{5}$

c) Z. B. 4 und 5 oder 5 und 6

229 **8** *Kreisel und Würfel*

a) Die Wahrscheinlichkeit für jedes Ergebnis ist: $p = \frac{1}{6} \cdot \frac{1}{4} = \frac{1}{24}$

b)

Augensumme	p
2	$\frac{1}{24}$
3	$\frac{2}{24}$
4	$\frac{3}{24}$
5	$\frac{4}{24}$
6	$\frac{4}{24}$
7	$\frac{4}{24}$
8	$\frac{3}{24}$
9	$\frac{2}{24}$
10	$\frac{1}{24}$

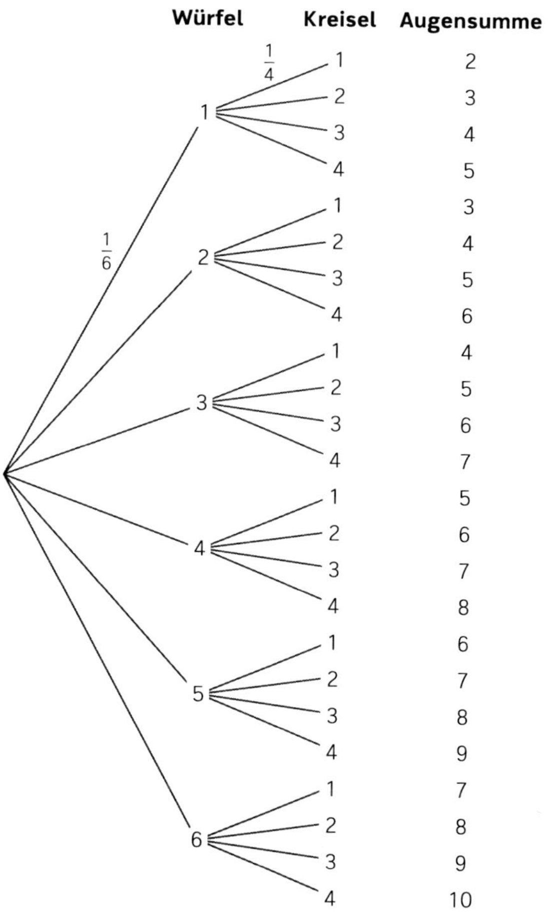

229 **Kopfübungen**

1. $\frac{2}{5} \cdot \frac{15}{2} = 3$
2. (2) Trapez
3. $\frac{1}{12}$
4. 50 cm
5. $-7,3$
6. $4 \times S$, $4 \times I$, $2 \times P$, $1 \times M$
7. $f(x) = \frac{12}{x}$

230 **9** *Mathematik und Sport*

a) Schüleraktivität.
Von oben nach unten: 2 : 1 für Thomas; 2 : 1 für Leon; 2 : 1 für Thomas; 2 : 1 für Leon; 2 : 0 für Leon

b) Ja, Leon kann das Match gewinnen, allerdings mit einer geringeren Wahrscheinlichkeit als Thomas, siehe c).

c) $p(\text{Leon gewinnt}) = 0{,}6 \cdot 0{,}4 \cdot 0{,}4 + 0{,}4 \cdot 0{,}6 \cdot 0{,}4 + 0{,}4 \cdot 0{,}4 = \frac{44}{125} = 0{,}352$

7.2 Vierfeldertafeln

231 **1** *Fußball – wirklich die gefährlichste Sportart?*

In diesem Zeitungsartikel werden nur sehr wenige Informationen angegeben. Von der Hälfte aller Sportverletzungen sind Fußballspielerinnen und -spieler betroffen. Jedoch werden keine weiteren Informationen z. B. über die Schwere der Verletzungen gegeben. Daher kann man nicht pauschal davon reden, dass Fußball die gefährlichste Sportart sei. Außerdem wird nicht darauf eingegangen, wie hoch der Anteil an Fußballspielerinnen und Spielern unter allen Sportlern ist.

2 *Flugstatistiken*

a) Die Wahrscheinlichkeit, dass alle drei Triebwerke in einer Stunde gleichzeitig ausfallen beträgt $0{,}00004 \cdot 0{,}00004 \cdot 0{,}00004 = 0{,}000000000000064$.
Dass alle drei Triebwerke gleichzeitig ausfallen, kommt also nur alle $\frac{1}{0{,}000000000000064} \approx 1{,}6 \cdot 10^{13} = 16000000000000$ Stunden vor.

b) Die Ereignisse bei den Dichtungen sind nicht unabhängig. Es genügt ein vergesslicher Mechaniker, der sich um alle drei Triebwerke kümmert und seinen Fehler beibehält.

3 *Krankheitssymptome*

a)
- Anteil der Meningitis Erkrankungen: $\frac{2}{100000} = 0{,}00002 = 0{,}002\,\%$
- Anteil steifer Hals: $\frac{5000}{100000} = 0{,}05 = 5\,\%$

b)
- Anteil der Fälle einer Meningitis Erkrankung mit steifen Hals: $\frac{1}{2} = 0{,}5 = 50\,\%$
- Anteil der Fälle mit steifen Hals, in denen eine Meningitis vorliegt:
$\frac{1}{5000} = 0{,}0002 = 0{,}02\,\%$
Der Arzt hat mit seiner Aussage recht, da das Risiko nur bei 0,02 % liegt.

232 4 *Mitgliederverwaltung*

a)

		Geschlecht		gesamt
		männlich	**weiblich**	
Altersgruppe	**Jugendlicher**	217	101	318
	Erwachsener	158	71	229
gesamt		375	172	547

b) (1) Anteil der männlichen Mitglieder: 68,6 %
(2) Anteil der jugendlichen Mitglieder: 58,1 %
(3) Anteil der weiblichen jugendlichen Mitglieder: 18,5 %
(4) Anteil der weiblichen Mitglieder unter allen Erwachsenen: 31,4 %
(5) Anteil der Erwachsenen unter allen weiblichen Mitgliedern: 41,3 %
Der Unterschied zwischen (4) und (5) entsteht durch die unterschiedliche Bezugsbasis bei der Errechnung des Prozentwertes.

c) (1) Anteil der männlichen Jugendlichen: 68,2 %
(2) Anteil der männlichen jugendlichen Mitglieder: 39,7 %

d)

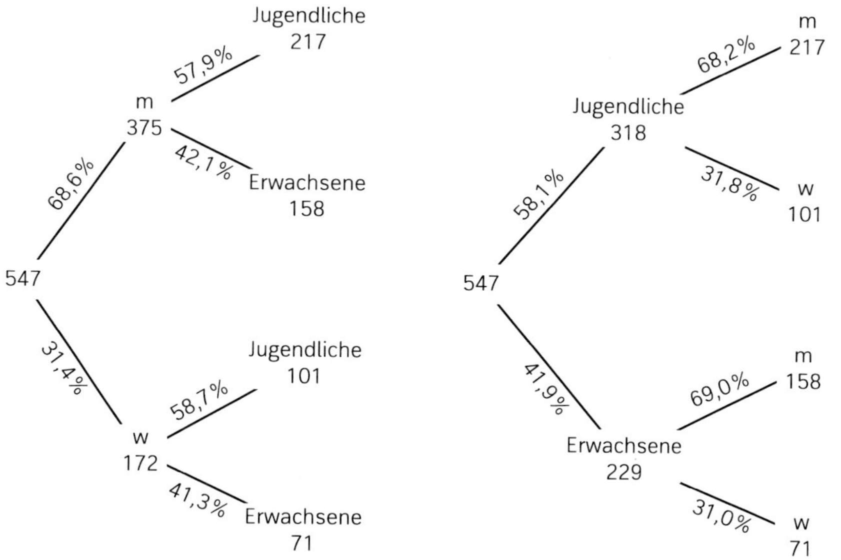

234 **5** *Notenstatistik mit Vierfeldertafel*

a)

	Mädchen	Jungen	gesamt
Mathenote 2 oder besser	28	14	42
Mathenote 3 oder schlechter	51	43	94
gesamt	**79**	**57**	**136**

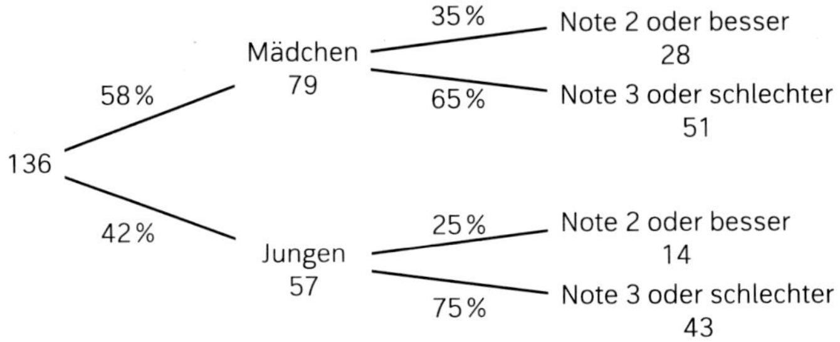

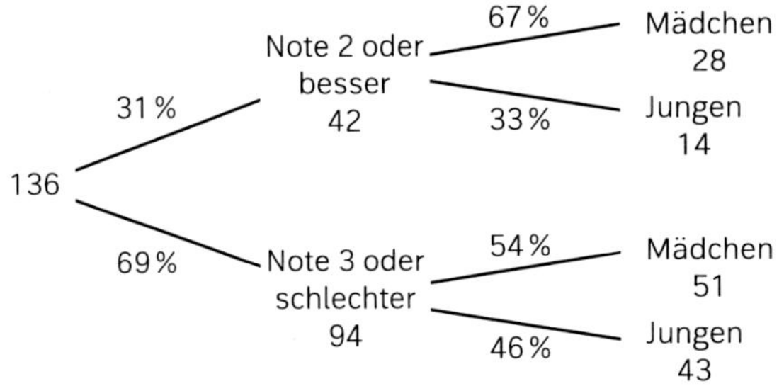

b) – P (Jungen mit Note 2 oder besser) = $\frac{14}{136} \approx 0{,}103 = 10{,}3\,\%$

– P (Mädchen | Note 2 oder besser) = $\frac{28}{42} = 0{,}\overline{6} = 66{,}6\,\%$

6 *Vierfeldertafel – aber richtig*

Zählt man in der ersten Vierfeldertafel in der ersten Spalte die Pkw zusammen erhält man 56, im Feld für die Gesamtzahl steht aber 66. Das muss also falsch sein.

235 **7** *Fehlende Daten ergänzen*

a)

	Junge	Mädchen	
Fußball	82	22	104
kein Fußball	224	336	560
	306	358	664

b) Diese Vierfeldertafel ist nicht zu vervollständigen, weil es im Feld für die Summe der Jungen einen Widerspruch gibt.

c) Hier gibt es beliebig viele Möglichkeiten, z. B.

	Junge	Mädchen	
Tennis	13 %	30 %	43 %
kein Tennis	25 %	32 %	57 %
	38 %	62 %	100 %

235 **7** d)

	Junge	Mädchen	
Reiten	0,06	0,2	**0,26**
kein Reiten	0,46	0,28	**0,74**
	0,52	**0,48**	**1**

8 *Garantie*

a)

	Werk A	**Werk B**	**gesamt**
Beanstandung	18 %	6 %	**24 %**
keine Beanstandung	42 %	34 %	**76 %**
gesamt	**60 %**	**40 %**	**100 %**

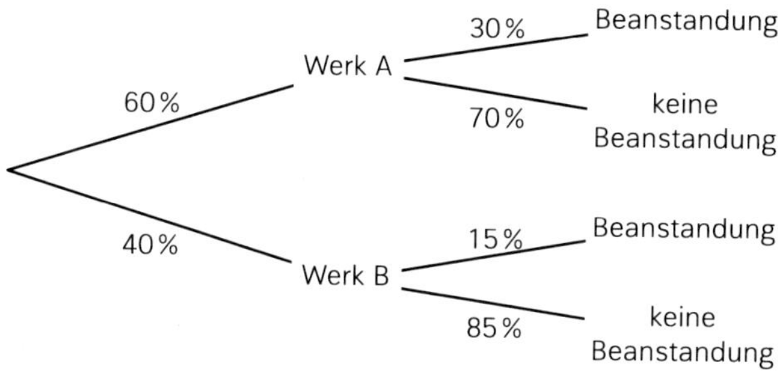

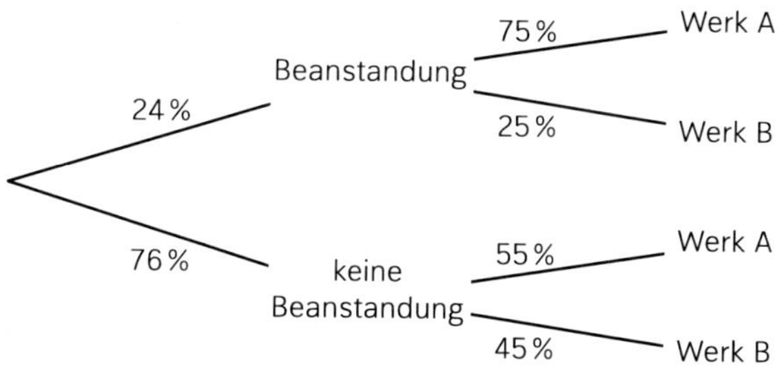

b) In 24 % der Fälle kommt es zu Beanstandungen, davon sind 75 % Wagen aus Werk A und nur 25 % Wagen aus Werk B. Der Chef hat also recht mit seiner Vermutung.

9 *Zwei Artikel – gleiche Datenbasis?*

Vierfeldertafel zum linken Bericht (Basis 1 Mio.)

	m	**w**	
A	44 022	42 978	87 000
$\overline{A}$	445 544	467 456	913 000
	489 566	510 434	1 000 000

Damit lassen sich die Angaben im rechten Bericht vergleichen:
männlicher Anteil an der Gesamtbevölkerung: 49,0 %
Ausländeranteil bei Männern: 9,0 %
Ausländeranteil bei Frauen: 8,4 %
Rundet man bei den Daten zum linken Bericht auf eine Nachkommastelle bei den Prozentangaben, so stimmen die Werte überein. Man kann also davon ausgehen, dass die gleichen Datensätze zugrunde liegen.

235 10 *Bevölkerungsstatistik*

Einwohnerzahlen in der Vierfeldertafel in Millionen

	Frauen	Männer	
Jünger als 15 Jahre			2,44
älter als 15 Jahre			15,4
			17,84

Letzte Spalte: $2{,}44 = 0{,}137 \cdot 17{,}84$ und $15{,}4 = 17{,}84 - 2{,}73$

Nun muss man ein lineares Gleichungssystem mit 2 Variablen lösen:

x = Gesamtzahl der Männer in NRW

y = Gesamtzahl der Frauen in NRW

I. $0{,}143 \cdot x + 0{,}13 \cdot y = 2{,}44$

II. $x + y = 17{,}84$

Lösung mit Einsetzungsverfahren:

Aus II. folgt: $y = 17{,}84 - x$

Eingesetzt in I. ergibt für die Zahl der Menschen unter 15 Jahre:

$0{,}143 \cdot x + 0{,}13 \cdot (17{,}84 - x) = 2{,}44$

Auflösen dieser Gleichung nach x liefert $x = 9{,}29$ und diesen Wert eingesetzt in II. ergibt $y = 8{,}55$.

Damit lassen sich jetzt die Zahlen für die noch leeren Felder berechnen:

	Frauen	Männer	
Jünger als 15 Jahre	1,11	1,33	2,44
älter als 15 Jahre	7,44	7,96	15,4
	8,55	9,29	17,84

236 11 *Eine Umfrage*

a) Vierfeldertafeln

	Frauen	Männer	
wollen kaufen	380	310	590
wollen nicht kaufen	120	290	410
	500	500	1000

	> 40 Jahre	≤ 40 Jahre	
wollen kaufen	100	490	590
wollen nicht kaufen	160	250	410
	260	740	1000

	Frauen	Männer	
> 40 Jahre	220	40	260
≤ 40 Jahre	280	160	740
	500	500	1000

Es werden mehr jüngere als ältere Menschen das Produkt kaufen. Etwas mehr als ein Viertel der befragten Personen war über 40 Jahre alt. Das Produkt wird eher von Frauen als von Männern gekauft werden, das Verhältnis liegt bei fast 2 : 1.

236 **11** b) *Der Nachrichtenticker:*
„Soeben hat das *Institut für Marktforschung die* Umfrageergebnisse zum voraussichtlichen Käuferverhalten für das Produkt ABCXYZ, das kurz vor der Markteinführung steht, bekannt gegeben. Von 1000 befragten Personen (je 50 % Männer bzw. Frauen), wollen 60 % das Produkt kaufen. Dabei überwiegen die jungen Kaufinteressenten mit fast 75 % deutlich gegenüber den älteren. Voraussichtlich werden die jungen Kaufinteressentinnen die jungen männlichen Kaufinteressenten deutlich übertreffen.
Einschränkend muss man aber dazu sagen, dass die Altersverteilung bei den Befragten sehr unterschiedlich war. Das Verhältnis von jung/alt betrug bei den Frauen ≈ 4 : 3, während es bei den Männern dagegen 9 : 1 entsprach."

12 *Vegetarier*

a)

	Männer	Frauen	
Vegetarier	1 187 760	5 612 240	6,8 Mio.
Kein Vegetarier	38 404 240	35 595 760	74 Mio.
	39 592 000	41 208 000	80,8 Mio.

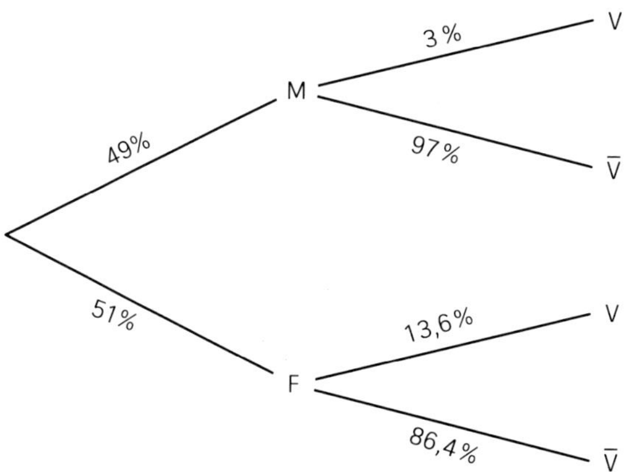

b) Es sind rund 5,6 Mio. Frauen Vegetarier, das sind 13,6 %.
c) 47,5 %

13 *Wahltag*

Vierfeldertafeln für Wahlprognose von Institut A

	Wähler Partei X	Wähler Partei Y	
gegen Umgehung	17 885	8446	26 331
für Umgehung	41 938	3974	8169
	22 080	12 420	34 500

Vierfeldertafeln für Wahlprognose von Institut B

	Wähler Partei X	Wähler Partei Y	
gegen Umgehung	15 649	10 322	25 971
für Umgehung	3671	4858	8539
	19 320	15 180	34 500

236 **13** a) Der unbekannte Wähler hat die Partei X mit einer Wahrscheinlichkeit von $P_X = \frac{17\,885}{17\,885 + 8446} \approx 0{,}679 = 67{,}9\,\%$ gewählt und die Partei Y nur mit einer Wahrscheinlichkeit von $P_Y = \frac{8446}{17\,885 + 8446} \approx 0{,}321 = 32{,}1\,\%$, wenn man die Wahlprognose vom Institut A zugrunde legt.

b) Wenn man von der Wahlprognose vom Institut B ausgeht, dann hat der unbekannte Wähler die Partei X mit einer Wahrscheinlichkeit von $P_X = \frac{15\,649}{15\,649 - 10\,322} \approx 0{,}603 = 60{,}3\,\%$ gewählt und die Partei Y nur mit einer Wahrscheinlichkeit von $P_Y = \frac{10\,322}{15\,649 - 10\,322} \approx 0{,}397 = 39{,}7\,\%$.

Im Vergleich zu Institut A liegen die Wahrscheinlichkeiten für Partei X und Y näher beieinander.

237 **14** *Jahresbericht zu Unfällen*

Vierfeldertafel mit Anzahl der Unfälle

	Unfälle mit Personenschaden	**Unfälle ohne Personenschaden**	
Unfälle mit Alkoholeinwirkung	120 701	31 829	152 530
Unfälle ohne Alkoholeinwirkung	171 394	2 090 087	2 261 481
	292 095	2 121 916	2 414 011

Die gesuchten Wahrscheinlichkeiten sind:

(1) $P = \frac{2\,121\,916}{2\,414\,011} \approx 0{,}879 = 87{,}9\,\%$ oder auch $1 - 0{,}121 = 0{,}879$

(2) $P = \frac{171\,394}{292\,095} \approx 0{,}587 = 58{,}7\,\%$

(3) $P = \frac{120\,701}{152\,530} \approx 0{,}791 = 79{,}1\,\%$

15 *Risikobewertung*

	infiziert	**nicht infiziert**	**gesamt**
Test +	95	3996	**4091**
Test –	5	95904	**95909**
gesamt	**100**	**99900**	**100000**

$P(\text{infiziert} \mid \text{positiver Test}) = \frac{95}{4091} \approx 0{,}023 = 2{,}3\,\%$

Das Risiko, bei einem positiven Test wirklich mit dem Virus infiziert zu sein, liegt bei 2,3 %.

238 **16** *„Montagsfahrräder“*

a)

	Montag	**andere Tage**	**gesamt**
OK	90	380	**470**
nicht OK	10	20	**30**
gesamt	**100**	**400**	**500**

b) $P(\text{Montag} \mid \text{nicht OK}) = \frac{10}{30} \approx 0{,}333 = 33{,}3\,\%$

Das Risiko, unter allen defekten Fahrrädern ein Montagsfahrrad erwischt zu haben, beträgt 33,3 %.

238 **17** *Der Schein kann trügen*

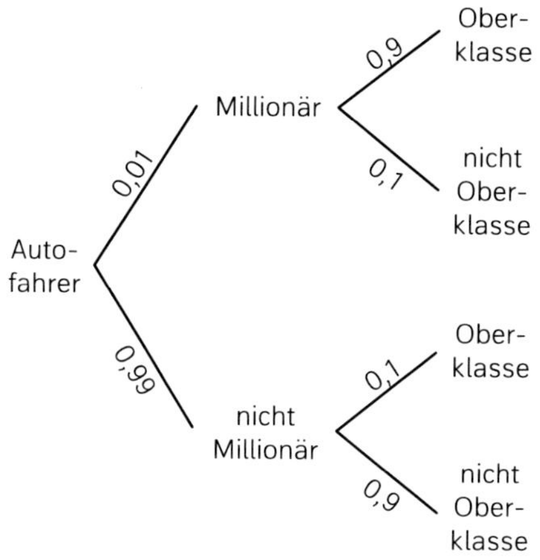

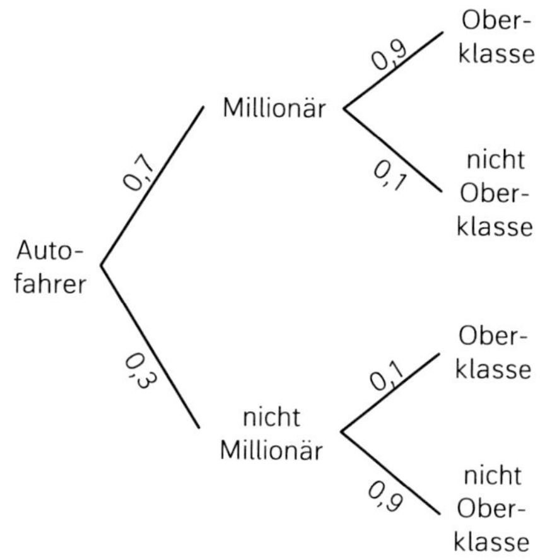

a) $P = \frac{0{,}01 \cdot 0{,}9}{0{,}01 \cdot 0{,}9 + 0{,}99 \cdot 0{,}1} = \frac{0{,}009}{0{,}009 + 0{,}099}$
$\approx 0{,}083 = 8{,}3\,\%$

b) $P = \frac{0{,}7 \cdot 0{,}9}{0{,}7 \cdot 0{,}9 + 0{,}3 \cdot 0{,}1} = \frac{0{,}63}{0{,}63 + 0{,}03}$
$\approx 0{,}955 = 95{,}5\,\%$

18 *Berufseignungstest*

	A (geeignet)	**$\overline{A}$ (nicht geeignet)**	
B (Test bestanden)	480	20	500
$\overline{B}$ (Test nicht bestanden)	120	380	500
	600	400	1000

Um die Sicherheit der Vorhersage zu beurteilen, muss man ermitteln, wie hoch die Wahrscheinlichkeit ist, dass ein Bewerber, der den Test bestanden hat, auch tatsächlich geeignet ist.
Wahrscheinlichkeit für das Bestehen des Tests (B):
$P(B) = 0{,}6 \cdot \frac{480}{600} + 0{,}4 \cdot \frac{20}{400} = 0{,}5$
Wahrscheinlichkeit, dass ein Bewerber den Test besteht und geeignet ist (A):
$P(A \text{ und } B) = 0{,}6 \cdot \frac{480}{600} = 0{,}48$
Wahrscheinlichkeit, dass ein Bewerber, der den Test bestanden hat, wirklich geeignet ist:
$P(B \mid A) = \frac{0{,}48}{0{,}5} = 0{,}96 = 96\,\%$
Die Vorhersage ist mit 96 % recht sicher.

Kopfübungen

1. 5, 6, 7, 8
2. $6\sqrt{6}\,\text{cm}^3$
3. a) 19 b) −33 c) 2
4. 1 km = 1000 m; 1 h = 3600 s; $1\,\text{km/h} = \frac{5}{18}\,\text{m/s}$
5. Sei x die Länge der kürzeren Seite. $U = x + x + 10x + 10x = 22x$
   $A = x \cdot 10x = 10x^2$
6. $P(\text{Quadratzahl}) = \frac{2}{6} = \frac{1}{3}$
   Bei 150 Würfen kann man also 50 Quadratzahlen erwarten.
7. Der Graph eines proportionalen Zusammenhangs ist immer linear/eine Gerade.

239 **19** *Musik und Sport in der eigenen Klasse*
Schüleraktivität.

20 *Nachbarschaftshilfe*

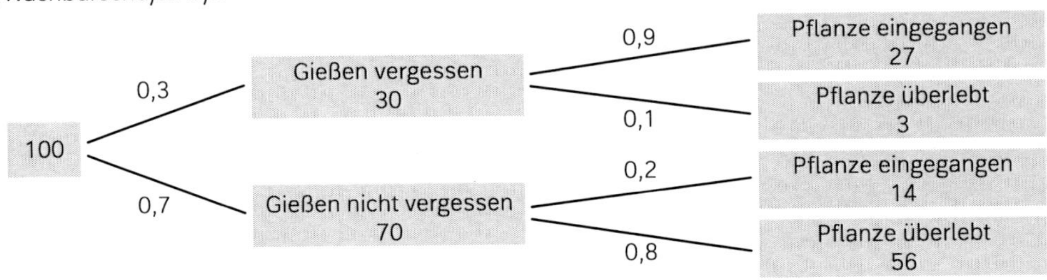

P (Gießen vergessen | Pflanze eingegangen) = $\frac{27}{41} \approx 0{,}659 = 65{,}9\,\%$

Die Wahrscheinlichkeit, dass die Nachbarin die Pflanze nicht gegossen hat, liegt bei 65,9 %. Herr Wiesels Aussage ist also durchaus berechtigt.
Bei 100 Urlauben kann man erwarten, dass in 59 der Urlaube die Pflanze überlebt und in 41 nicht.

7.3 Daten darstellen und kritisch analysieren

240 **1** *Internetnutzung weltweit*

a) Es entsteht durch die Überschrift der Eindruck, dass in den Schwellenländern das Internet mehr genutzt wird als in den Industrieländern. Prozentual gesehen ist jedoch die Internetnutzung in den Industrieländern viel höher als in den Schwellenländern.
b) 3,2 Milliarden Menschen nutzen weltweit das Internet. Von 1,1 Milliarden Menschen in den Industrieländern sind gerade einmal 0,1 Milliarden Menschen (ca. 9 %) ohne Internetanschluss. Von 6,1 Milliarden Menschen in den Schwellenländern sind 4 Milliarden Menschen (ca. 66 %) und von 1 Milliarde in den Entwicklungsländern 0,9 Milliarden Menschen (90 %) offline.

2 *Regen*

a) Die Niederschlagsmenge nimmt im Jahr 99 (31 inch) im Vergleich zum Jahr 98 (42 inch) am stärksten, nämlich um ca. 11 inch, ab.
b) Beachte die Achsenskalierung der y-Achse.
c) Die y-Achse ist nicht in gleichen Schritten eingeteilt. Dadurch entsteht der Eindruck, dass im Jahr 98 im Vergleich zum Jahr 97 die Niederschlagsmenge am stärksten abnimmt. Hier beträgt die Änderung aber nur ca. 9 inch.

241 **3** *Unterschiedliche Diagramme – kaum zu glauben, gleiche Daten*

a) Indem man die Werte der Gewinne (in Millionen €) im entsprechenden Jahr abliest und in den drei Diagrammen vergleicht, kann man erkennen, dass es sich jeweils um die gleichen Werte handelt.
b) Die y-Achse ist unterschiedlich skaliert, wodurch verschiedene Darstellungen des gleichen Sachverhalts zustande kommen.
c) Man würde die Darstellung (3) der Darstellungen (1) und (2) vorziehen, wenn es um die Frage geht, wie sich der Jahresgewinn von 2014 im Vergleich zu 2010 erhöht hat.

241 **4** *Wie man sich auf den ersten Blick täuschen kann*

Bei der Darstellung mit Piktogrammen sollten die Werte der Datenreihe dem Flächeninhalt des Piktogramms entsprechen. Hier wurde der Umsatz in der Bio-Industrie 2012 im Vergleich zum Jahr 2000 ungefähr verdreifacht. Der Flächeninhalt der Möhre müsste also verdreifacht werden und nicht nur die Höhe des Piktogramms.

5 *Trinkwasserversorgung*

a) Schüleraktivität.

b) **Trinkwasserproduktion**

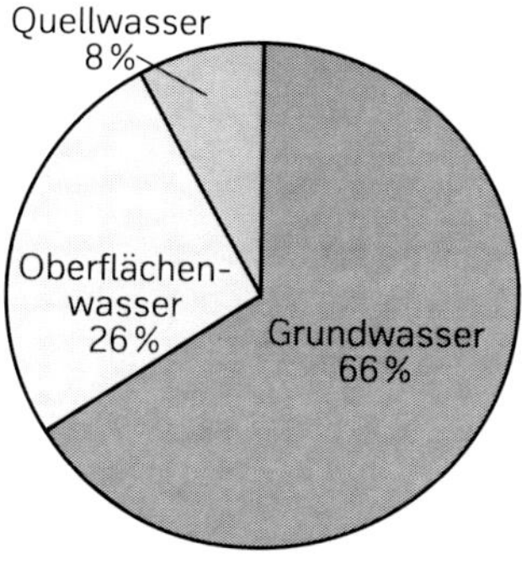

c) Es gibt die Möglichkeit drei einzelne Tonnen in verschiedenen Größen zu zeichnen oder eine Tonne mit verschiedenen Füllhöhen. Hier ist nur letztere abgebildet.

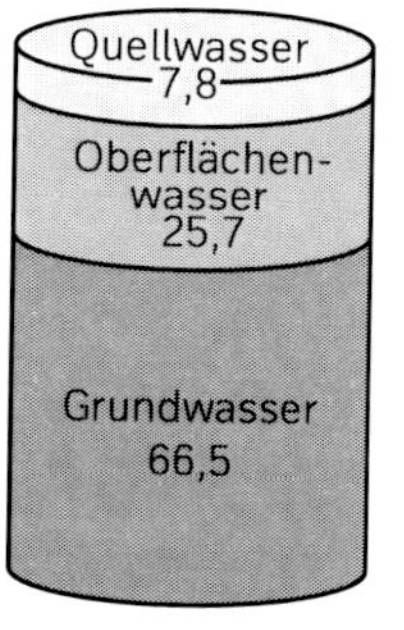

Bei der ersten Möglichkeit muss beachtet werden, dass die Wassertonne, die das Oberflächenwasser angibt, 3,25-mal so groß ist wie das der Tonne, die das Quellwasser angibt und die Tonne, die das Grundwasser angibt, 8,25-mal so groß ist wie das der Tonne, die das Quellwasser angibt. Die Tonne des Quellwassers muss also um den Faktor $\sqrt{3{,}25}$ bzw. um den Faktor $\sqrt{8{,}25}$ vergrößert werden, damit der Eindruck entsteht, dass die Tonnen um $\left(\sqrt{3{,}25}\right)^2 = 3{,}25$ bzw. $\left(\sqrt{8{,}25}\right)^2 = 8{,}25$ größer werden.

243 **6** *Diagramme haben Namen*

a) A = Streudiagramm B = Balkendiagramm C = Liniendiagramm
D = Kreisdiagramm E = Boxplot F = Piktogramm

b)
- Streudiagramm
  In einem Koordinatensystem protokollierte Messpunkte. Die Einteilungen der Koordinatenachsen (die Skalen) sind in der Regel linear, der Schnittpunkt beider Achsen ist meistens ihr gemeinsamer Nullpunkt, und er heißt Ursprungspunkt. Der Nullpunkt wird manchmal unterdrückt, um bestimmte Messbereiche besonders hervorzuheben. Streudiagramme werden bevorzugt zur unbewerteten Darstellung von Messergebnissen verwendet.
- Liniendiagramm
  Eine durchgezogene Linie, die Werte eines Streudiagramms verbindet oder mittelt. Liniendiagramme werden dann gern verwendet, wenn Veränderungen oder Entwicklungen von Daten veranschaulicht werden sollen.
- Balkendiagramm
  Horizontale (auch Stabdiagramm) oder vertikale (auch Säulendiagramm) Anordnung von Balken gleicher Breite in gleichen Abständen. Sie sind dann vorteilhaft, wenn die absoluten Häufigkeiten weniger Daten verglichen werden sollen.

243 6

- Kreisdiagramm
  Eine in meistens farbige Segmente aufgeteilte Kreisfläche. Sie eignet sich besonders zur Darstellung von Anteilen (Prozente, relative Häufigkeit).
- Boxplot
  Siehe im Schülerband S. 276. Boxplotdiagramme eignen sich besonders zur Darstellung von Strukturen von Datenmengen.
- Piktogramm
  Siehe im Schülerband Exkurs S. 245.

7 *Diagramme vergleichen*

a)

	A	B	C	D	E
Diagramm 1	9350	9450	9550	9650	9750
Diagramm 2	9350	9450	9550	9650	9750

Beide Diagramme stellen den gleichen Sachverhalt dar. Jedoch ist es beim ersten Diagramm enorm schwierig eine Wertetabelle zu erstellen, da die Skalierung der y-Achse nicht gut gewählt wurde. Es lassen sich keine exakten Werte ablesen.

b) Die Skalierung der y-Achse unterscheidet die beiden Diagramme. Im zweiten Diagramm wird nicht bei Null angefangen, nur der Bereich zwischen 9100 und 9800 wird betrachtet und somit kleinere Intervalle verwendet. So lassen sich die absoluten Häufigkeiten der verschiedenen Gruppen vergleichen.

8 *Wasserverbrauch*

a) **Wasserverwendung**

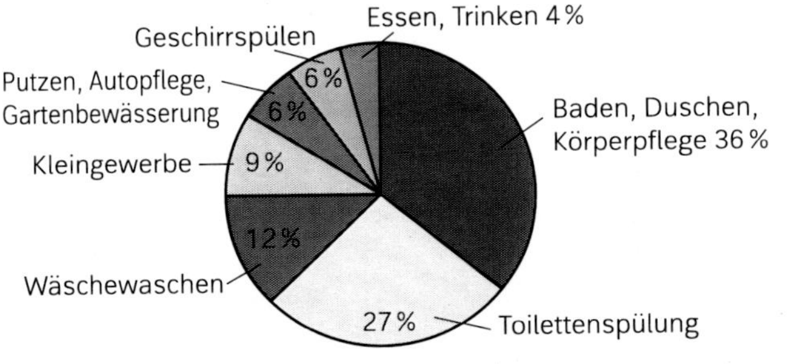

Das Kreisdiagramm gibt die Anteile besser wieder als das Diagramm im Buch in Form eines Wassertropfens, weil die Flächen beim Tropfen nicht so offensichtlich zu vergleichen sind.

b) **Wasserverbrauch in Deutschland**

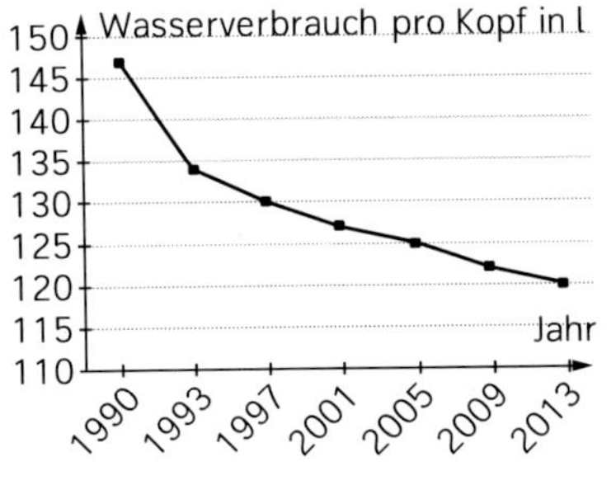

244 **9** *Aus einem amerikanischen Buch über Statistik*

a) In der ersten Grafik hat der Meteorologe die Messwerte für 1993, 1996 und 1998 einfach unterdrückt, um damit einen offensichtlich nicht vorhandenen Trend zu belegen.

b) Im zweiten Fall sind die Messergebnisse durch eine Linie verbunden.
Man kann erkennen, dass die Werte von 1992 bis 1998 um den Mittelwert 5 streuen. Ob die beiden Werte für 1999 und 2000 den Trend zu stetig wachsenden Hurricanezahlen belegen, muss sich noch erweisen.

10 *Sensationsmeldung?*

Tatsächlich streuen die Ergebnisse um den Mittelwert (= 303) um weniger als 1 Prozent. Aber mit zwei Manipulationen, Nullpunktunterdrückung und extrem gedehnter Skala im Endbereich, werden große Unterschiede suggeriert, die in der Realität nicht vorhanden sind.

245 **11** *Irreführende Grafiken*

a) In beiden Fällen soll durch manipulierte grafische Darstellungen ein starker positiver Eindruck beim Betrachter entstehen.
Grafik 1: Mit dem unterdrückten Nullpunkt (er liegt ≈ 50 cm unter der Grafik und einer schräg nach unten abgesenkten Zeitskala wird suggeriert, dass viel weniger Geld als vor vier Jahren zur Verfügung steht. Tatsächlich haben die zur Verfügung stehen Gelder in fünf Jahren um ≈ 0,08 % abgenommen, also um weniger als 0,02 % pro Jahr.
Grafik 2: Hier wird mit einem unterdrückten Nullpunkt für die senkrechte Achse und einer auf der rechten Hälfte gestauchten waagerechten Skala gearbeitet.. Aber das Schlimmste ist das Suggerieren eines Kindergeldzuwachses durch wachsende Piktogramme. Die Fläche des Kinderwagens wächst von 1998 bis 2009 um den Faktor 16 (was einer jährlichen Wachstumsrate von ≈ 28,7 % entspräche), wohingegen in diesen 11 Jahren das Kindergeld tatsächlich nur um ≈ 52 % gestiegen ist, was bei exponentiellem Wachstum nur ≈ 1,4 % pro Jahr bedeuten würde. Das aber liegt deutlich unter der durchschnittlichen jährlichen Inflationsrate in dieser Zeit.

b) Dass sich der Haushalt des Bundesverteidigungsministeriums in den Jahren 1998 bis 2002 kaum verändert hat könnte man z. B. in Form eines Balkendiagramms mit einer Skalierung der y-Achse, die bei 0 beginnt und in 2 Mrd. Schritten eingeteilt wird, zeigen.

12 *Speiseeisumsatz*

a) Die Flächen wurden nicht verdoppelt, sondern nur deren Höhe. Das Auge orientiert sich allerdings an der Größe der Flächen bei zweidimensionalen Darstellungen, nicht aber an deren Höhe.

b) Das Piktogramm ist in dieser Form generell ungeeignet. Besser ist ein Balkendiagramm mit waagerechten Balken, bestehend z. B. aus kleinen Eistüten, die in den folgenden zwei Jahren verdoppelt werden.

13 *Piktogramme*

Das zweite Diagramm gibt den Sachverhalt der Verdreifachung richtig wieder, da der Flächeninhalt der kleinen Figur verdreifacht wurde. Das erste Piktogramm wurde um den Faktor $k = 3$ vergrößert, die Fläche ist also um $3^2 = 9$ vergrößert worden. Hier entsteht der Eindruck, als sei das dargestellte Merkmal verneunfacht worden.

246 **14** *Diagramme auf dem Prüfstand*

Offene Aufgabenstellung, die zur Diskussion und dem kritischen Nachfragen unter den Schülerinnen und Schülern anhand selbstgefundener Beispiele aus der Medienwelt dient.

246 **15** *E-Bikes*

a) Es werden sowohl die absoluten Zahlen (in Form eines Liniendiagramms) der verkauften E-Bikes in Deutschland als auch die relativen Häufigkeiten der Anteile der E-Bikes an allen verkauften Rädern im Zeitraum von 2005 und 2014 dargestellt. Der Verkauf der E-Bikes in Deutschland steigt seit 2005 bis 2014 stetig an.

b) Die y-Werte werden direkt an den jeweiligen Punkt geschrieben. Dadurch können keine Ablesefehler entstehen und die Werte können der Grafik exakt entnommen werden.

247 **16** *Fastfood*

Diese Werte lassen sich nicht in einem Kreisdiagramm darstellen, da die angegebenen Prozentzahlen zusammen nicht 100 % ergeben. Das ergibt sich daraus, dass beispielsweise die befragten Personen mehrere Antworten geben konnten.

17 *Öl*

a) Die Grafik gibt die Zahl der weltweiten Ölreserven und -ressourcen an, sowie den weltweiten Ölverbrauch im Jahr 2013. Die Daten passen zunächst zusammen, jedoch gibt die abgebildete Öltonne die Beziehungen zwischen den Daten nicht korrekt wieder.

b) Bei konstantem Verbrauch reichen die gewinnbaren Ölreserven noch ca. 52 Jahre, also bis 2065.

c) Bei konstantem Verbrauch reichen alle bekannten Ölreserven noch ca. 156 Jahre, also bis 2169.

d) Die Grafik informiert über wichtige Daten zum Thema Ölressourcen. Jedoch werden die Zahlen nicht anschaulich dargestellt. Die Daten stehen in keinem Verhältnis zur abgebildeten Öltonne. Aussagekräftiger sind Abbildungen, die in direkter Beziehung zu den angegebenen Daten stehen.

18 *Erdbeeren*

Eine Erhöhung um 100 % heißt, der Umsatz wurde jährlich verdoppelt. Somit muss das Piktogramm der Erdbeere jährlich in der Höhe und Breite um den Faktor $\sqrt{2}$ vergrößert werden. Die Fläche des vergrößerten Piktogramms erweckt dann den Eindruck, als sei der Umsatz um den Faktor $(\sqrt{2})^2 = 2$ vergrößert worden.

Kopfübungen

1. $-4{,}6$
2. $U = 8x + 8y = 8(x + y)$; $A = 4xy + 3xy + 2xy + xy = 10xy$
3. Quadrat, Rechteck, Raute, Parallelogramm
4. Z. B.: $y = x - 1$ und $y = -0{,}5x - 4$ mit $S(-2|-3)$
5. Z. B.: $\frac{1}{3} = 0{,}\overline{3}$; $\frac{7}{9} = 0{,}\overline{7}$
6. 67 Lose sollten vorbereitet werden.
7. $A = 6\,cm^2$

248 **19** *Ein Quiz – was ist richtig?*

1. B ist richtig
2. B ist richtig
3. A und B sind richtig
4. E eignet sich am besten
5. D ist am besten geeignet, B, C, E nicht verwendbar
6. B ist richtig
7. C ist richtig